高等学校"十三五"规划教材

大学化学学习指导

刘 玮 周为群 主编

U0201065

化学工业出版社

·北京·

内容简介

《大学化学学习指导》是高等学校"十三五"规划教材《大学化学》（周为群、朱琴玉主编）的配套参考书。全书共十三章，章节顺序与主教材一致，每章包含"学习要求""本章要点""解题示例""习题解答""自测试卷"和"自测试卷参考答案"六个部分。

本书可作为高等院校理工类非化学化工专业、农林类、医药类等专业学生本科化学基础课程的参考书，也可供青年教师作为参考资料使用。

图书在版编目（CIP）数据

大学化学学习指导/刘玮，周为群主编. —北京：化学工业出版社，2020.9（2024.9重印）

高等学校"十三五"规划教材

ISBN 978-7-122-37169-0

Ⅰ. ①大… Ⅱ. ①刘…②周… Ⅲ. ①化学-高等学校-教学参考资料 Ⅳ. ①O6

中国版本图书馆 CIP 数据核字（2020）第 094737 号

责任编辑：李 琰 宋林青 　　　　　　　　装帧设计：关 飞

责任校对：刘 颖

出版发行：化学工业出版社（北京市东城区青年湖南街 13 号 邮政编码 100011）

印 装：北京天宇星印刷厂

787mm×1092mm 1/16 印张 13¾ 字数 346 千字 2024 年 9 月北京第 1 版第 5 次印刷

购书咨询：010-64518888 　　　　　　　售后服务：010-64518899

网 址：http://www.cip.com.cn

凡购买本书，如有缺损质量问题，本社销售中心负责调换。

定 价：35.00 元

  《大学化学学习指导》是化学工业出版社出版的《大学化学》（周为群、朱琴玉主编）的配套参考书。本书可作为高等院校非化学化工类各专业的《大学化学》《普通化学》和《无机及分析化学》等课程的教学或自学参考书。

  《大学化学学习指导》的章节顺序与化学工业出版社出版的教材《大学化学》一致，每章的内容包括"学习要求""本章要点""解题示例""习题解答""自测试卷"和"自测试卷参考答案"六个部分。"学习要求"明确了应该掌握、熟悉和了解的内容；"本章要点"概括了每章的重要知识点；"解题示例"可帮助学生掌握难懂和容易混淆的概念；"习题解答"主要针对教材各章的习题进行解析，供学生学习和复习时参考；"自测试卷"根据每章的教学大纲和考试要求，并参考近年来高等院校考研试题组编写而成，便于学生掌握扎实的基础理论知识、提高分析和解决问题的能力；"自测试卷参考答案"给出了试卷解答，部分题目做了详细解析，可帮助学生了解自己对每章内容的掌握程度，培养自主学习的能力。

  《大学化学学习指导》编写人员（按姓氏笔画）：朱琴玉、刘玮、杨文、张振江、周为群、曹洋。刘玮和周为群任主编。其中，第一章和第七章由朱琴玉负责编写，第二章和第三章由杨文负责编写，第四章和第五章由刘玮负责编写，第六章、第九章和第十章由曹洋负责编写，第八章由周为群负责编写，第十一章、第十二章和第十三章由张振江负责编写，刘玮负责统稿。本书的出版得到了苏州大学材料与化学化工学部历届领导的指导和大力支持，得到了苏州大学材料与化学化工学部公共化学与教育系和其他部门师生的支持与帮助，还得到了化学工业出版社的帮助，在此一并表示衷心的感谢！

  我们力求提供给读者一本与教材配套，同时又可相对独立的简明、实用的学习指导参考书。由于水平有限，书中难免有疏漏或不足之处，敬请各位同行和读者批评指正，使本书不断完善。

编者

2020 年 4 月于苏州

目 录

第一章
气体与溶液

一、学习要求

1. **掌握**：理想气体状态方程及其应用；道尔顿分压定律；溶液组成标度的表示法及其计算；渗透压力的概念；胶团的结构式。

2. **熟悉**：稀溶液的蒸气压下降、沸点升高和凝固点降低等依数性；稀溶液定律和渗透压力的意义；溶胶的性质。

3. **了解**：晶体渗透压和胶体渗透压及大分子溶液。

二、本章要点

（一）气体

1. 理想气体的状态方程式 $pV = nRT$

2. 道尔顿气体分压定律

（1）混合气体的总压等于各组成气体的分压之和

$$p_总 = p_1 + p_2 + p_3 + \cdots$$

（2）各组分气体的分压等于其摩尔分数 x 乘以总压：

$$p_1 = x_1 p_总 \qquad x_1 = \frac{n_1}{n_1 + n_2 + \cdots}$$

$$p_2 = x_2 p_总 \qquad x_2 = \frac{n_2}{n_1 + n_2 + \cdots}$$

（二）分散系

由一种或几种物质以细小的颗粒分散在另一种物质中所形成的系统称为**分散系统**，简称**分散系**。被分散的物质称为**分散相**（或称分散质），容纳分散相的物质称为**分散介质**（或称分散剂）。

（三） 溶液组成标度的表示方法

1. 物质的量浓度

用符号 c_B 表示，定义为溶质 B 的物质的量 n_B 除以溶液的体积 V。即

$$c_B = \frac{n_B}{V}$$

2. 质量浓度

用符号 ρ_B 表示，定义为溶质 B 的质量 m_B 除以溶液的体积 V。即

$$\rho_B = \frac{m_B}{V}$$

3. 质量摩尔浓度

用符号 b_B 表示，定义为溶质 B 的物质的量 n_B 除以溶剂 A 的质量 m_A（单位为 kg）。即

$$b_B = \frac{n_B}{m_A}$$

4. 质量分数、摩尔分数和体积分数

质量分数用符号 w_B 表示，定义为物质 B 的质量 m_B 除以混合物的质量 $\sum m_i$。即

$$w_B = m_B / \sum m_i$$

对于溶液而言，溶质 B 和溶剂 A 的质量分数分别为

$$w_B = \frac{m_B}{m_A + m_B} \qquad w_A = \frac{m_A}{m_A + m_B}$$

摩尔分数又称为物质的量分数，用符号 x_B 表示，定义为物质 B 的物质的量 n_B 除以混合物的物质的量 $\sum n_i$。即

$$x_B = n_B / \sum n_i$$

若溶液由溶质 B 和溶剂 A 组成，则溶质 B 和溶剂 A 的摩尔分数分别为

$$x_B = \frac{n_B}{n_A + n_B} \qquad x_A = \frac{n_A}{n_A + n_B}$$

式中，n_B 为溶质 B 的物质的量；n_A 为溶剂 A 的物质的量。显然 $x_A + x_B = 1$。
体积分数用符号 φ_B 表示，定义为物质 B 的体积 V_B 除以混合物的体积 $\sum V_i$。即

$$\varphi_B = V_B / \sum V_i$$

（四） 稀溶液的依数性

不同的溶质分别溶于某种溶剂中，所得的溶液的性质往往各不相同。但是溶液的浓度较稀时，有一类性质只与溶液的浓度有关，而与溶质的本性无关。这类性质包括溶液的蒸气压下降、溶液的沸点升高、溶液的凝固点下降和溶液的渗透压等，我们称之为**稀溶液的依数性**（依赖于溶质粒子数的性质）。

1. 溶液的蒸气压下降

（1） 蒸气压

溶液开始蒸发速率大，但随着水蒸气密度的增大，凝聚速率也随之增大，最终必然达到

蒸发速率与凝聚速率相等的平衡状态。在平衡时，水面上的蒸气浓度不再改变，这时水面上的蒸气压力称为该温度下的饱和蒸气压，简称**蒸气压**，用符号 p 表示，单位是帕（斯卡）（Pa）或千帕（斯卡）（kPa）。

（2）溶液的蒸气压下降

溶液的蒸气压下降：在一定温度下，溶液的蒸气压（p）低于纯溶剂的蒸气压（p^0）。

拉乌尔定律 $$\Delta p = K b_B$$

式中，Δp 为难挥发性非电解质稀溶液的蒸气压下降值；b_B 为溶液的质量摩尔浓度；K 为比例常数。

2. 溶液的沸点升高与凝固点降低

（1）溶液的沸点升高

液体的**沸点**是液体的蒸气压等于外压时的温度。

液体的正常沸点是指外压为标准大气压即 101.3 kPa 时的沸点。

溶液的沸点升高：溶液的沸点高于纯溶剂的沸点。

溶液沸点升高的原因是溶液的蒸气压低于纯溶剂的蒸气压。

$$\Delta T_b = K_b b_B$$

式中，K_b 为溶剂的质量摩尔沸点升高常数，它只与溶剂的本性有关。

在一定条件下，难挥发性非电解质稀溶液的沸点升高只与溶液的质量摩尔浓度成正比，而与溶质的本性无关。

（2）溶液的凝固点降低

物质的**凝固点**是指在一定外压下（一般是 101.3 kPa）物质的液相与固相具有相同蒸气压，可以平衡共存时的温度。对于稀溶液而言，溶液的凝固点降低与溶液的蒸气压下降成正比。

溶液的凝固点降低：溶液的凝固点低于纯溶剂的凝固点。

$$\Delta T_f = K_f b_B$$

式中，K_f 为溶剂的质量摩尔凝固点降低常数，它只与溶剂的本性有关。

难挥发性非电解质稀溶液的凝固点降低与溶液的质量摩尔浓度成正比，而与溶质的本性无关。

3. 溶液的渗透压力

（1）渗透现象与渗透压力

渗透：溶剂分子透过半透膜自动扩散的过程。

产生**渗透现象**必须具备的两个条件：一是要有半透膜存在；二是膜两侧单位体积内溶剂分子数不相等，即存在浓度差。

渗透压力：为了阻止渗透的进行，必须在溶液液面上施加一额外的压力。

（2）溶液的渗透压力与浓度及温度的关系

van't Hoff 定律：难挥发性非电解质稀溶液的渗透压力与温度、浓度的关系为：

$$\Pi V = n_B R T$$

$$\Pi = c_B R T$$

式中，Π 为溶液的渗透压力，kPa；n_B 为溶液中溶质的物质的量，mol；V 是溶液的体积，L；c_B 为溶液的物质的量浓度，$mol \cdot L^{-1}$；T 为绝对温度，K；R 为气体常数，$8.314\ J \cdot K^{-1} \cdot mol^{-1}$。

它表明在一定温度下，稀溶液渗透压力的大小与溶液的浓度成正比，也就是说，与单位体积溶液中溶质微粒数的多少有关，而与溶质的本性无关。

对于稀的水溶液来说，其物质的量浓度与质量摩尔浓度近似相等，即 $c_B \approx b_B$，因此，

$$\Pi \approx b_B RT$$

4. 渗透压力的意义

渗透浓度：渗透活性物质的物质的量除以溶液的体积称为溶液的渗透浓度，用符号 c_{os} 表示，单位为 mol·L^{-1} 或 mmol·L^{-1}。

医学上常用渗透浓度来比较溶液渗透压力的大小。

渗透压力相等的溶液称为**等渗溶液**。渗透压力不相等的溶液，相对而言，渗透压力高的称为**高渗溶液**，渗透压力低的则称为**低渗溶液**。在医学上，溶液的等渗、低渗和高渗是以血浆的渗透压力为标准来衡量的。

若将红细胞置于渗透浓度为 $280 \sim 320$ mmol·L^{-1} 的等渗溶液中，可见红细胞既不会膨胀，也不会皱缩，维持原来的形态不变。

若将红细胞置于渗透浓度小于 280 mmol·L^{-1} 的低渗溶液或纯水中，可以看到红细胞逐渐膨胀，最后破裂，医学上称之为溶血。

若将红细胞置于渗透浓度大于 320 mmol·L^{-1} 的高渗溶液中，会导致红细胞逐渐皱缩，这种现象称为胞浆分离。若此现象发生于血管中，将产生"栓塞"。

5. 胶体溶液

胶体是分散系的一种，其分散相粒子的直径在 $1 \sim 100$ nm 范围内，即一种或几种物质以 $1 \sim 100$ nm 的粒径分散于另一种物质中所构成的分散系统称为胶体分散系。

(1) 溶胶的制备

通常用分散法或凝聚法制备溶胶。

(2) 溶胶的性质

溶胶的光学性质——丁达尔效应：用一束聚焦的白光照射置于暗处的溶胶，在与光束垂直的方向观察，可见一束光锥通过溶胶，此即为丁达尔效应。

溶胶的动力学性质：胶粒在介质中不停地作不规则运动的现象称为**布朗运动**（Brown 运动）。

由于 Brown 运动使胶体粒子不易下沉，所以溶胶具有动力学稳定性。

溶胶的电学性质：在电场作用下胶粒发生定向移动的现象称为**电泳**。在直流电作用下分散介质发生定向移动的现象称为**电渗**。

(3) 胶团的结构

胶团是由胶粒和扩散层构成的，其中胶粒又是由胶核和吸附层组成的。胶核是溶胶中分散相分子、原子或离子的聚集体，是胶粒或胶团的核心；胶核能选择吸附介质中的某种离子或表面分子解离而形成带电离子。由于电势离子的静电引力作用，又吸引了介质中部分与胶粒所带电性相反的离子。电势离子与部分反离子紧密结合在一起构成了吸附层，另一部分反离子因扩散作用分布在吸附层外围，形成了与吸附层电性相反的扩散层，这种由吸附层和扩散层构成的电量相等、电性相反的两层结构称为**扩散双电层**。扩散层以外的均匀溶液为胶团间液，它是电中性的。溶胶是指由胶团和胶团间液构成的分散系。

(4) 溶胶的稳定性

溶胶是热力学不稳定系统，具有自发聚结的趋势，应该很容易聚结而沉降。但溶胶具有

相对稳定性，主要是由于布朗运动、溶剂化作用和胶粒的带电。

溶胶的稳定性是相对的，如果失去了稳定因素，胶粒就会相互聚结而沉降，这种现象称为聚沉。引起溶胶聚沉的因素很多，例如加入电解质、溶胶的相互作用、加热、溶胶的温度和浓度以及异电溶胶之间的相互作用等。其中最主要的是加入电解质所引起的聚沉。

（5）大分子化合物溶液

由许多原子组成的分子量大于 10^4 的一类化合物称为大分子（也称高分子）化合物。

大分子溶液比溶胶更稳定，这是它的一个重要特征。大分子电解质溶液稳定的原因是大分子离子带有相同的电荷和大离子高度溶剂化形成溶剂膜。大分子非电解质溶液主要由于长链上的基团高度溶剂化形成溶剂化膜，从而增大了稳定性。

加入无机盐使大分子溶液沉淀的作用称为**盐析**。使大分子溶液盐析所需无机盐的最低浓度称为盐析浓度。盐析浓度越大说明盐析能力越低。

大分子溶液的盐析与溶胶的聚沉有区别。

（6）凝胶与胶凝

凝胶：外观均匀并具有一定形状的弹性半固体。

胶凝：形成凝胶的过程。

三、解题示例

1. 将一钢制圆筒容器中的 $5.00\ mol$ 石墨和 $5.00\ mol\ O_2$ 的混合物点火燃烧，石墨全部变成 CO 和 CO_2。当容器冷却至原来的温度时，压力增加 17.0%。试计算最后混合气体中 O_2、CO 和 CO_2 的摩尔分数。

解： 石墨燃烧反应为

$$C(s) + \frac{1}{2}O_2(g) = CO(g)$$

$$C(s) + O_2(g) = CO_2(g)$$

当燃烧产物为 CO 时，反应后气体物质的量增加 1 倍；当燃烧产物为 CO_2 时，反应前后气体物质的量不变。

现设生成 CO 的物质的量为 $x\ mol$，则燃烧后气体物质的量的增量为 $\left(x - \frac{1}{2}x\right)\ mol$，又因为温度和体积不变时，压力与气体物质的量成正比，所以

$$\frac{\left(x - \frac{1}{2}x\right)}{5.00} = 17.0\%$$

$$x = 1.70$$

即　　　　　$n(CO) = 1.70\ mol，n(CO_2) = 5.00 - 1.70 = 3.30\ mol$

$$n(O_2) = 5.00 - 3.30 - \frac{1}{2} \times 1.70 = 0.85\ mol$$

所以最后混合气体中

$$n(总) = 3.30 + 1.70 + 0.85 = 5.85\ mol$$

$$x(O_2) = \frac{n(O_2)}{n(总)} = \frac{0.85}{5.85} = 0.145$$

$$x(CO) = \frac{n(CO)}{n(总)} = \frac{1.70}{5.85} = 0.291$$

$$x(CO_2) = \frac{n(CO_2)}{n(总)} = \frac{3.30}{5.85} = 0.564$$

2. 下列商品溶液是常用试剂，试计算它们的物质的量浓度、质量摩尔浓度和摩尔分数。

(1) 浓盐酸含 HCl 37%（质量分数，下同），密度 1.19 g·mL^{-1}。

(2) 浓氨水含 NH$_3$ 28%，密度 0.90 g·mL^{-1}。

解：(1) $c = \dfrac{\dfrac{m}{M}}{\dfrac{1}{\rho}} = \dfrac{0.37}{36.5} \times 1.19 \times 1000 = 12.1 \text{ mol·L}^{-1}$

$$b = \frac{\dfrac{m}{M}}{1-w} \times 1000 = \frac{\dfrac{0.37}{36.5}}{1-0.37} \times 1000 = 16.1 \text{ mol·kg}^{-1}$$

$$x = \frac{\dfrac{0.37}{36.5}}{\dfrac{0.37}{36.5} + \dfrac{0.63}{18}} = 0.22$$

(2) $c = \dfrac{0.28}{17} \times 0.90 \times 1000 = 14.8 \text{ mol·L}^{-1}$

$$b = \frac{\dfrac{m}{M}}{1-w} \times 1000 = \frac{\dfrac{0.28}{17}}{1-0.28} \times 1000 = 22.9 \text{ mol·kg}^{-1}$$

$$x = \frac{\dfrac{0.28}{17}}{\dfrac{0.28}{17} + \dfrac{0.72}{18}} = 0.29$$

3. 在 250 g 水中溶解 0.638 g 尿素 [CO(NH$_2$)$_2$]，则该尿素溶液的凝固点是多少？（水的 $K_f = 1.86$ K·kg·mol^{-1}）

解： $\Delta T_f = K_f b_B = K_f \dfrac{m_B}{M_B m_A}$

$$= 1.86 \times \frac{0.638}{60 \times 0.25}$$

$$= 0.079$$

因此，该尿素溶液的凝固点是 -0.079℃。

4. 将某非挥发性物质 1.62 g 溶于 50 g 水中，测得该溶液的沸点升高了 0.290 K，求该物质的摩尔质量是多少？（水的 $K_b = 0.512$ K·kg·mol^{-1}）

解： 设所求物质的摩尔质量为 M_B

根据 $\Delta T_b = K_b b_B$ $\qquad 0.290 = 0.512 \times \dfrac{\dfrac{1.62}{M_B}}{\dfrac{50}{1000}}$

得 $M_B = \dfrac{0.512 \times 1.62}{0.290 \times 0.05} = 57.2 \ g \cdot mol^{-1}$

5. 在25℃时，某大分子化合物10.0 g溶于2.25 L水中所得溶液的渗透压为0.17 kPa，计算此大分子化合物的分子量。

解： $\Pi V = n_B RT = \dfrac{m_B}{M_B} RT$

$$M_B = \dfrac{m_B RT}{\Pi V} = \dfrac{10.0 \times 8.314 \times (273+25)}{0.17 \times 2.25} \approx 6.5 \times 10^4$$

6. 用50 mL的0.04 mol·L^{-1} AgNO$_3$溶液和50 mL的0.03 mol·L^{-1} KI溶液制备AgI溶胶，分别加入含下述电解质的溶液：KCl、K$_2$SO$_4$、K$_3$[Fe(CN)$_6$]，其聚沉能力大小次序如何？

解： $KI + AgNO_3 \Longrightarrow AgI + KNO_3$

AgNO$_3$过量，所以胶粒带正电。

因此上述三种电解质聚沉能力大小为：K$_3$[Fe(CN)$_6$] > K$_2$SO$_4$ > KCl

7. 计算32.5 g·L^{-1}葡萄糖溶液和16 g·L^{-1}生理盐水的渗透浓度（用mmol·L^{-1}表示），并判断这两种溶液在临床上属于高渗、等渗还是低渗溶液。

解： 葡萄糖（C$_6$H$_{12}$O$_6$）的摩尔质量为180 g·mol^{-1}，50.0 g·L^{-1}葡萄糖溶液的渗透浓度为

$$c_{os} = \dfrac{32.5 \times 1000}{180} = 180.6 \ mmol \cdot L^{-1}$$

在临床上属于低渗溶液。

NaCl的摩尔质量为58.5 g·mol^{-1}，生理盐水的渗透浓度为

$$c_{os} = 2 \times \dfrac{16.0 \times 1000}{58.5} = 547 \ mmol \cdot L^{-1}$$

在临床上属于高渗溶液。

四、习题解答

1. 市售浓硫酸的密度为1.84 kg·L^{-1}，质量分数为96%，试求该溶液的$c(H_2SO_4)$和$x(H_2SO_4)$。

解： $c = \dfrac{1.84 \times 1000 \times 0.96}{98} = 18.02 \ mol \cdot L^{-1}$

$n_B = 18.02 \ mol$，$n_A = \dfrac{1.84 \times 1000 \times 0.04}{18} = 4.09 \ mol$

故 $x = \dfrac{18.02}{18.02+4.09} = 0.815$

2. 什么是稀溶液的依数性？稀溶液的依数性包括哪些性质？

解： 只与溶液的浓度有关，而与溶质的本性无关的性质称为稀溶液的依数性。稀溶液的依数性包括溶液的蒸气压下降、溶液的沸点升高、溶液的凝固点下降和溶液的渗透压。

3. 乙醚的正常沸点为 34.5℃，在 40℃时往 100g 乙醚中至少加入多少摩尔不挥发溶质才能防止乙醚沸腾？

解： $\Delta T_b = 40 - 34.5 = 5.5$ K

又因为 $\Delta T_b = K_b b_B$

所以 $5.5 = 2.02 \times \dfrac{n}{0.10}$

$n = 0.27$ mol

4. 苯的凝固点为 5.50℃，$K_f = 5.12$ K·kg·mol^{-1}。现测得 1.00 g 单质砷溶于 86.0 g 苯所得溶液的凝固点为 5.30℃，通过计算推算砷在苯中的分子式。

解： $M_{As} = 75$ g·mol^{-1}

$$b_{As原子} = \frac{n_{As}}{m_{苯}} = \frac{\dfrac{1.00}{75}}{86.0 \times 10^{-3}} = 0.16 \text{ mol·kg}^{-1}$$

$\Delta T_f = K_f(苯) \times b_{As分子}$

$5.50 - 5.30 = 5.12 \times b_{As分子}$

故 $b_{As分子} = 0.039$ mol·kg^{-1}

$\dfrac{b_{As原子}}{b_{As分子}} \approx 4$

因此可以知道砷在苯溶液中的分子式为 As_4。

5. 取谷氨酸 0.749 g 溶于 50.0 g 水中，凝固点为 -0.188℃，试求谷氨酸的摩尔质量。

解： 已知：$K_f(H_2O) = 1.86$ K·kg·mol^{-1}

因为 $\Delta T_f = K_f b_{Glu}$

$0.188 = 1.86 b_{Glu}$

所以 $b_{Glu} = 0.101$ mol·kg^{-1}

又有：$b_{Glu} = \dfrac{n_{Glu}}{m(H_2O)} = \dfrac{\dfrac{m_{Glu}}{M_{Glu}}}{m(H_2O)} = \dfrac{\dfrac{0.749}{M_{Glu}}}{50.0 \times 10^{-3}} = 0.101$ mol·kg^{-1}

所以 $M_{Glu} = 148$ g·mol^{-1}

6. 当 10.4 g $NaHCO_3$ 溶解在 200 g 水中时，溶液的凝固点为 -2.30℃，通过计算说明在溶液中每个 $NaHCO_3$ 解离成几个离子？写出解离方程式。

解： 已知：$K_f(H_2O) = 1.86$ K·kg·mol^{-1}

因为 $\Delta T_f = K_f \times b_{离子}$

$2.30 = 1.86 \times b_{离子}$

所以 $b_{离子} = 1.24$ mol·kg^{-1}

$$b_{NaHCO_3} = \frac{\dfrac{m_{NaHCO_3}}{M_{NaHCO_3}}}{m(H_2O)} = \frac{\dfrac{10.4}{84}}{200.0 \times 10^{-3}} = 0.62 \text{ mol·kg}^{-1}$$

$\dfrac{b_{离子}}{b_{NaHCO_3}} = 2$

所以每个 $NaHCO_3$ 电离出 2 个离子。可能的解离方程式是：$NaHCO_3 \Longrightarrow Na^+ + HCO_3^-$

7. 医学临床上用的葡萄糖等渗液的冰点为 $-0.543℃$，试求此葡萄糖溶液的质量分数和血浆的渗透压（血浆的温度为 37℃）。

解：$\Delta T_f = K_f b$

$$b = \frac{\Delta T_f}{K_f} = \frac{0.543}{1.86} = 0.292 \text{ mol} \cdot \text{kg}^{-1}$$

$$w = \frac{0.292 \times 180}{0.292 \times 180 + 1000} = 0.0499$$

$\Pi = bRT = 0.292 \times 8.314 \times (273 + 37) = 752.6 \text{ kPa}$

8. 排出下列稀溶液在 310 K 时，渗透压由大到小的顺序，并说明原因。

(1) $c(C_6H_{12}O_6) = 0.10 \text{ mol} \cdot \text{L}^{-1}$

(2) $c(NaCl) = 0.10 \text{ mol} \cdot \text{L}^{-1}$

(3) $c(Na_2CO_3) = 0.10 \text{ mol} \cdot \text{L}^{-1}$

解：$c_{os}(C_6H_{12}O_6) = c = 0.10 \text{ mol} \cdot \text{L}^{-1}$ $c_{os}(NaCl) = 2c = 0.20 \text{ mol} \cdot \text{L}^{-1}$

$c_{os}(Na_2CO_3) = 3c = 0.30 \text{ mol} \cdot \text{L}^{-1}$ $c_{os}(1) < c_{os}(2) < c_{os}(3)$

$\Pi = c_{os}RT$ 所以 $\Pi(1) < \Pi(2) < \Pi(3)$

9. 将 1.01 g 胰岛素溶于适量水中配制成 100 mL 溶液，测得 298 K 时该溶液的渗透压为 4.34 kPa，试问该胰岛素的摩尔质量为多少？

解：胰岛素是非电解质 $\Pi = c_{os}RT = cRT$

又 $c = \dfrac{n}{V} = \dfrac{\dfrac{m}{M}}{V} = \dfrac{\dfrac{1.01}{M}}{100 \times 10^{-3}}$ 代入数据，计算得到：

$M = 5766 \text{ g} \cdot \text{mol}^{-1}$

10. 什么是分散系统？根据分散相粒子的大小，液体分散系统可分为哪几种类型？

解：由一种或几种物质以细小的颗粒分散在另一种物质中所形成的系统称为分散系统。

根据分散相粒子的大小，液体分散系统可分为真溶液、胶体分散系和粗粒分散系。

11. 写出下列两种情况下形成的胶体的胶团的结构式。若聚沉以下这两种胶体，试分别将 $MgSO_4$、$K_3[Fe(CN)_6]$ 和 $AlCl_3$ 三种电解质按聚沉能力大小的顺序排列。

(1) 100 mL 0.005 mol·L^{-1} KI 溶液和 100 mL 0.01 mol·L^{-1} AgNO$_3$ 溶液混合制成的 AgI 溶胶；

(2) 100 mL 0.005 mol·L^{-1} AgNO$_3$ 溶液和 100 mL 0.01 mol·L^{-1} KI 溶液混合制成的 AgI 溶胶。

解：

(1) $KI + AgNO_3 = AgI + KNO_3$

0.5 mmol   1 mmol

由上式关系可知 AgNO$_3$ 过量，因此溶胶的胶团结构为：

$$[(AgI)_m \cdot nAg^+ \cdot (n-x)NO_3^-]^{x+} \cdot xNO_3^-$$

胶粒带正电，因此主要是电解质的阴离子起聚沉的作用，即

SO_4^{2-}、$[Fe(CN)_6]^{3-}$、Cl^- 起作用。

因此根据电荷数排列：

聚沉能力的顺序为：$K_3[Fe(CN)_6] > MgSO_4 > AlCl_3$

聚沉值的顺序为：$K_3[Fe(CN)_6] < MgSO_4 < AlCl_3$

（2） $KI + AgNO_3 = AgI + KNO_3$

  1 mmol 0.5 mmol

由上式关系可知 KI 过量，因此溶胶的胶团结构为：

$$[(AgI)_m \cdot nI^- \cdot (n-x)K^+]^{x-} \cdot xK^+$$

胶粒带负电，因此主要是电解质的阳离子起到聚沉的作用，即 K^+、Mg^{2+}、Al^{3+} 起作用。

因此根据电荷数排列：

聚沉能力的顺序为：$K_3[Fe(CN)_6] < MgSO_4 < AlCl_3$

聚沉值的顺序为：$K_3[Fe(CN)_6] > MgSO_4 > AlCl_3$

12. 溶胶有哪些性质？试论述这些性质与胶体的结构有何关系。

解：（1）光学性质：用一束聚焦的白光照射置于暗处的溶胶，从侧面可见到圆锥形光束，称为丁达尔效应。这是由于溶胶的分散相粒子的直径略小于入射光的波长，光发生散射。

（2）动力学性质：溶胶中的胶粒在分散介质中作不规则的运动，这种运动称为布朗运动。这种运动是由胶粒受溶剂水分子不规则地撞击产生的。

（3）电学性质：在电场作用下胶粒发生定向移动的现象称为电泳。这是由溶胶的胶粒带电引起的。在直流电作用下分散介质发生定向移动的现象称为电渗。因为整个胶体系统呈电中性，所以若胶体粒子带某种电荷，则分散介质必定带相反电荷。

* 13. Urea（N_2H_4CO）is a product of metabolism of proteins. An aqueous solution is 32.0% urea by mass and has a density of 1.087 $g \cdot L^{-1}$. Calculate the molality of urea in the solution.

Solution：Assuming the mass of the solution is 100 gram，from the formula of molality，

$$b_{urea} = \frac{n_{urea}}{m_{H_2O}} = \frac{\dfrac{0.320}{60.06}}{(100-32.0) \times 10^{-3}} = 7.84 \ mol \cdot kg^{-1}$$

* 14. Calculate the freezing and boiling points of a solution that contains 30.0 g of urea，N_2H_4CO，in 250 g of water. Urea is a nonvolatile nonelectrolyte.

Solution：From molecular formula of urea，the molecular weight is 60.06 $g \cdot mol^{-1}$

（1）From Table 1-4，K_f for water is 1.86 $K \cdot kg \cdot mol^{-1}$

From the relation $\Delta T_f = K_f b_B$

$$\Delta T_f = K_f \frac{n}{m_k} = K_f \frac{\dfrac{m}{M}}{m_k} = 1.86 \times \frac{\dfrac{30.0}{60.06}}{250 \times 10^{-3}} = 3.72 \ K$$

The temperature at which the solution freezes is 3.72 K below the freezing point of pure water，or $T_f = -3.72℃$

（2）From Table 1-3，K_b for water is 0.512 $K \cdot kg \cdot mol^{-1}$

From the relation $\Delta T_b = K_b b_B$

$$\Delta T_b = K_b \frac{n}{m_k} = K_b \frac{\dfrac{m}{M}}{m_k} = 0.512 \times \frac{\dfrac{30.0}{60.06}}{250 \times 10^{-3}} = 1.024 \ K$$

The boiling point of the solution is 1. 024 K higher than the boiling point of pure water, or $T_b = 101.024℃$

** 15. Four beakers contain $0.01 \ mol \cdot L^{-1}$ aqueous solutions of C_2H_5OH, $NaCl$, $CaCl_2$ and CH_3COOH, respectively. Which of these solutions has the lowest freezing point? Explain.

Solution：Each solution has the same molarity （$0.01 \ mol \cdot L^{-1}$）, but the solute（溶质）of each solution is different. $NaCl$ and $CaCl_2$ belong to strong electrolyte（电解质）and CH_3COOH belongs to weak electrolyte, whereas C_2H_5OH belongs to nonelectrolyte.

The ionic equations of $CaCl_2$ and $NaCl$ list here：

$$NaCl =\!\!=\!\!= Na^+ + Cl^- \qquad CaCl_2 =\!\!=\!\!= Ca^{2+} + 2Cl^-$$

Because the more ions released from the electrolyte, the more colligative properties formed, $CaCl_2$ has the most decrease in freezing point, i. e. the $CaCl_2$ aqueous solution has the lowest freezing point.

五、自测试卷 （共 100 分）

一、选择题 （每题 2 分，共 40 分）

1. 含 25 g 硫酸的 250 mL 硫酸溶液的物质的量浓度是 （   ）

A. 0.49　　　　　　B. 0.1　　　　　　C. 0.98　　　　　　D. 1.02

2. 将 0.225 g 某电解质 AB 溶于 60.0 g 水中，使冰点降低了 0.15℃，这种化合物的摩尔质量是 （   ）（已知水的 $K_f = 1.86 \ K \cdot kg \cdot mol^{-1}$）

A. 83　　　　　　B. 46.5　　　　　　C. 93　　　　　　D. 180

3. 将 5.2 g 非电解质溶质溶解于 125 g 水中，该溶质的沸点为 100.39℃。该溶质的摩尔质量近似等于 （   ）（已知水的 $K_b = 0.512 \ K \cdot kg \cdot mol^{-1}$）

A. 27　　　　　　B. 54　　　　　　C. 108　　　　　　D. 216

4. 在 500 g 水中含有 22.5 g 葡萄糖，这一溶液中葡萄糖（分子量为 180）的渗透浓度是 （   ）

A. 130　　　　　　B. 250　　　　　　C. 380　　　　　　D. 500

5. 下列各组溶液以相等体积混合，其渗透压最接近血浆渗透压的是 （   ）

A. $0.15 \ mol \cdot L^{-1} \ NaCl + 0.3 \ mol \cdot L^{-1} \ KCl$

B. $0.3 \ mol \cdot L^{-1} \ NaCl + 0.3 \ mol \cdot L^{-1}$ 葡萄糖

C. $0.3 \ mol \cdot L^{-1} \ NaCl + 0.3 \ mol \cdot L^{-1} \ KCl$

D. $0.15 \ mol \cdot L^{-1} \ NaCl + 0.3 \ mol \cdot L^{-1}$ 葡萄糖

6. 用半透膜将溶液Ⅰ（$0.5 \ mol \cdot L^{-1} \ NaCl$ 溶液）和溶液Ⅱ（$0.2 \ mol \cdot L^{-1}$ 葡萄糖溶液和 $0.1 \ mol \cdot L^{-1} \ Na_2CO_3$ 溶液的混合溶液）隔开，下列说法正确的是 （   ）

A. Ⅰ为低渗，Ⅱ为高渗，水从Ⅱ渗入Ⅰ

B. Ⅰ为高渗，Ⅱ为低渗，水从Ⅱ渗入Ⅰ

C. Ⅰ为低渗，Ⅱ为高渗，水从Ⅰ渗入Ⅱ

D. Ⅰ为高渗，Ⅱ为低渗，水从Ⅰ渗入Ⅱ

7. 在四份等量水中，分别加入相同质量的葡萄糖（$M_r = 180$），$NaCl$（$M_r = 58.5$），

$CaCl_2$（$M_r=111$），Na_2CO_3（$M_r=106$），其中凝固点最高的是（　　）

  A. 葡萄糖   B. NaCl   C. $CaCl_2$ D. Na_2CO_3

  8. 能使红细胞发生溶血现象的溶液是（　　）

  A. $1/5\ mol \cdot L^{-1}\ NaHCO_3$

  B. 将 $9\ g \cdot L^{-1}\ NaCl$ 溶液与 $50\ g \cdot L^{-1}$ 葡萄糖溶液混合

  C. $50\ g \cdot L^{-1}$ 葡萄糖

  D. $5\ g \cdot L^{-1}\ NaCl$

  9. 溶质的存在能使溶液产生哪一种物理性质的变化（　　）

  A. 凝固点升高 B. 沸点降低   C. 蒸气压下降   D. 渗透压下降

  10. 下列说法中正确的是（　　）

  A. $50\ g \cdot L^{-1}$ 葡萄糖溶液（$M_r=180$）和 $50\ g \cdot L^{-1}$ 蔗糖溶液（$M_r=342$）的渗透压相等

  B. $0.1\ mol \cdot L^{-1}$ 葡萄糖溶液和 $0.1\ mol \cdot L^{-1}\ NaCl$ 溶液的凝固点相同

  C. $300\ mmol \cdot L^{-1}$ 葡萄糖溶液和 $300\ mmol \cdot L^{-1}$ 蔗糖溶液为等渗溶液

  D. 任何溶液，只要它们的质量摩尔浓度相同，它们的依数性相同

  11. 用理想半透膜将 $0.05\ mol \cdot L^{-1}$ 蔗糖溶液和 $0.05\ mol \cdot L^{-1}\ NaCl$ 溶液隔开时，将会发生的是（　　）

  A. Na^+ 从 NaCl 溶液向蔗糖溶液渗透 B. 蔗糖分子从蔗糖溶液向 NaCl 溶液渗透

  C. 水分子从 NaCl 溶液向蔗糖溶液渗透 D. 水分子从蔗糖溶液向 NaCl 溶液渗透

  12. 使红细胞发生胞浆分离现象的溶液是（　　）

  A. $50\ g \cdot L^{-1}$ 葡萄糖（$M_r=180$）溶液

  B. 生理盐水

  C. $0.2\ mol \cdot L^{-1}\ NaHCO_3$ 溶液

  D. 将 $9\ g \cdot L^{-1}\ NaCl$ 溶液与 $50\ g \cdot L^{-1}$ 葡萄糖溶液混合

  13. 欲使两种溶液间不发生渗透，应使两溶液（　　）（A、B、C、D 中的基本单元均以溶质的分子式表示）

  A. 物质的量浓度相同   B. 质量摩尔浓度相同

  C. 质量浓度相同   D. 渗透浓度相同

  14. 下列因素中与非电解质稀溶液的渗透压无关的是（　　）

  A. 溶质的本性   B. 单位体积溶质的粒子数

  C. 溶液中其它物质的含量   D. 溶液的质量摩尔浓度

  15. 与非电解质稀溶液的蒸气压降低、沸点升高、凝固点降低有关的因素为（　　）

  A. 溶液的体积   B. 溶液的温度

  C. 溶质的本性   D. 单位体积的溶液中溶质颗粒总数

  16. 对 As_2S_3 负溶胶，聚沉能力最大的溶液是（　　）

  A. $AlCl_3$ B. $BaCl_2$ C. KCl   D. $MgSO_4$

  17. 对 $Fe(OH)_3$ 正溶胶，聚沉值最小的溶液是（　　）

  A. $MgCl_2$ B. Na_3PO_4 C. Na_2SO_4 D. $AlCl_3$

  18. 区别溶胶和大分子溶液，最简单的方法是（　　）

  A. 利用电泳法观察胶粒泳动方向 B. 观察能否透过半透膜

C. 观察颗粒大小   D. 观察丁达尔效应的强弱

19. 向大分子溶液中加入电解质，能使大分子化合物沉淀，这一过程为（　　）

A. 脱水   B. 胶凝   C. 盐析   D. 离浆

20. 利用 KI 与过量的 $AgNO_3$ 作用制备 AgI 溶胶时，欲使此溶胶聚沉，聚沉能力最大的是（　　）

A. $CaCl_2$ B. $AlCl_3$ C. Na_2SO_4 D. Na_3PO_4

二、填空题（每个空格 1 分，共 10 分）

1. 在水中加入少量的食盐，其蒸气压会_____，凝固点会_____，沸点会_____。

2. 分散系可分为_____、_____和_____。

3. 将红细胞置于低渗溶液中，会导致_____，若置于高渗溶液中，会导致_____。

4. 将相同质量的 A、B 两物质（均为不挥发的非电解质）分别溶于水配成 1 L 溶液，在同一温度下，测得 A 溶液的渗透压力小于 B 溶液，则 A 物质的分子量_____B 物质的分子量。

5. 若将临床上使用的两种或两种以上的等渗溶液以任意体积混合，所得混合溶液是_____溶液。

三、简答题（每题 2.5 分，共 10 分）

1. 稀溶液的依数性包括哪些？

2. 产生渗透现象的必备条件是什么？

3. 水的渗透方向是什么？

4. 为什么在淡水中游泳眼睛会红肿并感到疼痛？

四、计算题（每题 10 分，共 40 分）

1. 200 g 水中加入 95% H_2SO_4 50 g，测得该溶液的密度为 1.13 $kg·L^{-1}$，计算此溶液的质量摩尔浓度和物质的量浓度。

2. 2.6 g 非挥发性的非电解质溶解于 63.4 g 水中，该溶质的沸点为 100.35℃，试计算该溶质的摩尔质量（已知水的 $K_b = 0.512$ K·kg·mol^{-1}）。

3. 溶解 3.24 g 硫于 40 g 苯中，苯的凝固点降低 1.60 K，求此溶液中的硫分子量是由几个硫原子组成的（苯的 $K_f = 5.12$ K·kg·mol^{-1}，硫的原子量为 32）。

4. 10.0 g 某高分子非电解质化合物溶于 1 L 水中所配制成的溶液在 27℃时的渗透压力为 0.432 kPa，计算此高分子化合物的摩尔质量。

六、自测试卷参考答案

一、选择题

1	2	3	4	5	6	7	8	9	10
D	C	B	B	D	B	A	D	C	C
11	12	13	14	15	16	17	18	19	20
D	C	D	A	D	A	B	D	C	D

二、填空题

1. 下降，降低，升高

2. 真溶液、胶体分散系、粗分散系

3. 溶血，胞浆分离

4. 大于

5. 等渗

三、简答题

1. 溶液的蒸气压下降，沸点升高，凝固点下降，溶液的渗透压

2. 半透膜的存在，膜两边溶液有渗透浓度差

3. 从稀溶液向浓溶液渗透或从纯溶剂向溶液渗透

4. 水向眼睛中渗透

四、计算题

1. $b = 2.4 \text{ mol} \cdot \text{kg}^{-1}$，$c = 2.2 \text{ mol} \cdot \text{L}^{-1}$

2. $M = 60 \text{ g} \cdot \text{mol}^{-1}$

3. S_8

4. $M = 57736 \text{ g} \cdot \text{mol}^{-1}$

第二章
化学热力学基础

一、学习要求

1. **掌握**： 热力学第一定律、第二定律和第三定律的基本内容；化学反应的标准摩尔焓变的各种计算方法；不同反应类型的标准平衡常数表达式，并能从该表达式来理解化学平衡的移动；有关化学平衡的计算，包括运用多重平衡规则进行的计算。

2. **熟悉**： 热力学能、焓、熵和吉布斯函数等状态函数的概念；化学反应的标准摩尔熵变和标准摩尔吉布斯函数变的计算方法；会用 ΔG 来判断化学反应的方向，并了解温度对 ΔG 的影响。

3. **了解**： 经验平衡常数和标准平衡常数以及标准平衡常数与标准吉布斯函数变的关系。

二、本章要点

（一） 基本概念和术语

1. 系统与环境

根据系统（也称体系）与环境之间的关系，可将系统分为三类。

  敞开系统：在系统与环境之间既有物质交换，又有能量交换。

  封闭系统（也称密闭系统）：在系统与环境之间没有物质交换，只有能量交换。

  孤立系统（也称隔离系统）：在系统与环境之间既没有物质交换也没有能量交换。

2. 状态与状态函数

系统的状态是系统所有宏观性质的综合表现。

确定系统存在状态的宏观物理量称为系统的状态函数。

3. 过程与途径

系统状态发生变化时，变化的经过称为过程。

系统由始态到终态完成一个变化过程的具体步骤称为途径。

（二） 热力学第一定律

1. 热和功

热（Q）和功（W）是系统的状态发生变化时，系统与环境之间交换的能量，与过程密切相关，热和功不是状态函数。

热力学规定：系统从环境吸热，Q 为正值；系统向环境放热，Q 为负值。

系统从环境中得功，W 为正值；系统对环境做功，W 为负值。

2. 热力学能（也称内能）

系统中物质所有能量的总和。

3. 热力学第一定律

能量不能自生自灭，能量在转化过程中总量保持不变。能量守恒原理无论对宏观世界或微观世界都是适用的，其应用于热力学系统就称为热力学第一定律。

系统热力学能的改变值 ΔU 等于系统与环境之间的能量传递，这就是热力学第一定律的数学表达式：

$$\Delta U = Q + W$$

（三） 热化学

1. 等容反应热和等压反应热

若系统在变化过程中不做非体积功，且体积始终保持不变（$\Delta V = 0$），则：

$$Q_V = \Delta U$$

即等容反应热等于系统的热力学能变化。

若系统在变化过程中，压强始终保持不变且不做非体积功，则：

$$Q_p = \Delta H$$

即在等压过程中，系统吸收的热量全部用来增加系统的焓。

2. 热化学方程式

（1）反应进度 ξ：用以表示化学反应进行的程度，

$$\xi = \frac{n_B(t) - n_B(0)}{\upsilon_B} = \frac{\Delta n_B}{\upsilon_B}$$

（2）标明了物质的聚集状态、反应条件和反应热的化学方程式称为热化学方程式，

$$O_2(g) + 2H_2(g) =\!=\!= 2H_2O(l)；\Delta_r H_{m,298}^{\ominus} = -571.6 \text{ kJ} \cdot \text{mol}^{-1}$$

（3）热力学标准状态：U、H 等都是状态函数，只有当产物和反应物的状态确定之后，ΔU、ΔH 等才有定值。为了表达状态函数，必须对各种物质规定一个共同的基准状态，称为物质的标准状态，简称标准态。

物质的标准态规定如下。

① 气体物质的标准态是在指定温度为 T，该气体处于标准压力 100 kPa 下的状态。在混合气体中，某一组分气体的标准态是指混合气体中该组分气体的分压值为 100 kPa，标准态压力的符号为 $p^{\ominus}$。

② 溶液中溶质的标准态，是在指定温度 T 和标准压力 $p^{\ominus}$ 时，质量摩尔浓度 b 为

1 mol·kg^{-1}时溶质的状态。当质量摩尔浓度为 1 mol·kg^{-1} 时，记作 $b^{\ominus}=1$ mol·kg^{-1}，$b^{\ominus}$ 称作标准质量摩尔浓度。

在很稀的水溶液中，质量摩尔浓度 b 与物质的量浓度 c 数值近似相等，可将溶质的标准质量摩尔浓度 $b^{\ominus}$ 改用标准浓度 $c^{\ominus}$ 代替，$c^{\ominus}=1$ mol·L^{-1}。

③ 液体和固体的标准态是指处于标准态压力下纯固体或纯液体的物理状态。固体物质在该压力和指定温度下如果具有几种不同的晶形，给出热力学数值时必须注明晶形。

在热力学标准态的规定中，只指定压力为标准压力 $p^{\ominus}$（100 kPa），并没有指定温度，即温度可以任意选取，通常选取 298 K。

3. 盖斯定律

化学反应不论是一步完成还是分几步完成，其反应热是相同的。

在利用盖斯定律进行计算时应注意以下几点。

① 正逆反应在同一条件下进行时，$\Delta_r H_m$ 绝对值相等，符号相反。

② 反应的 $\Delta_r H_m^{\ominus}$ 数值与反应计量方程式的写法有关。

③ 反应的 $\Delta_r H_m^{\ominus}$ 数值与反应计量方程式中物质的聚集状态有关。

④ 在应用盖斯定律进行计算时，所选取的有关反应，数量越少越好，以避免误差积累。

4. 生成焓和燃烧焓

（1）由元素的稳定单质生成 1 mol 某物质时的热效应叫作该物质的生成焓。如果生成反应在标准态和指定温度（通常为 298 K）下进行，这时的生成焓称为该温度下的标准生成焓，用 $\Delta_f H_m^{\ominus}$ 表示。

（2）在标准状态下，1 mol 物质完全燃烧所产生的热量称为该物质的标准燃烧焓，以 $\Delta_c H_m^{\ominus}$ 表示。

$$\Delta_r H_m^{\ominus}=\sum_B \nu_B \Delta_f H_m^{\ominus}(B)$$

$$\Delta_r H_m^{\ominus}=-\sum_B \nu_B \Delta_c H_m^{\ominus}(B)$$

（四）热力学第二定律

1. 化学反应的自发性

自发过程的特点：自发过程具有方向性；自发过程有一定的限度；进行自发过程的系统具有做有用功（非体积功）的能力。

2. 熵

系统的混乱度在热力学中用物理量**熵**来表征。

$$\Delta S=\frac{Q_r}{T}$$

3. 热力学第二定律

熵增加原理 "孤立系统的熵永不减少"。

$$\Delta S(系统)+\Delta S(环境)>0 \qquad 过程自发$$
$$\Delta S(系统)+\Delta S(环境)<0 \qquad 不可能发生的过程$$

4．标准摩尔熵

（1）热力学第三定律：在热力学温度 0 K 时，任何纯物质的完美晶体的熵值等于零。

（2）在标准态下 1 mol 物质的熵值称为该物质的标准摩尔熵（简称标准熵），用符号 $S_m^{\ominus}$ 表示。

$$\Delta_r S_m^{\ominus} = \sum_B \nu_B S_m^{\ominus}(B)$$

（五）　吉布斯函数及其应用

1．吉布斯函数（吉布斯自由能）

（1）定义式：$G = H - TS$

（2）对某化学反应来说：$\Delta_r G_m^{\ominus} = \sum_B \nu_B \Delta_f G_m^{\ominus}(B)$

一个化学反应在定温、定压且不做非体积功的条件下进行时，$\Delta_r G_m$ 值可判断化学反应的方向：

$$\Delta_r G_m < 0 \quad 反应正向自发进行$$

$$\Delta_r G_m = 0 \quad 反应系统处于平衡状态$$

$$\Delta_r G_m > 0 \quad 反应逆向自发进行$$

（3）吉布斯-亥姆霍兹方程式：$\Delta_r G_m = \Delta_r H_m - T\Delta_r S_m$

它表明，$\Delta_r G_m$ 作为化学反应自发性的标准，实际上包含焓变（$\Delta_r H_m$）和熵变（$\Delta_r S_m$）两个因素。同时也表明，对于一些反应，温度升高或降低，也能使反应的方向发生逆转。

焓变、熵变与反应的自发性。

（ⅰ）当焓变很小或趋于零，熵变是较大的正值或负值时，熵变是决定反应自发性的主要因素。$\Delta_r S_m > 0$，则 $\Delta_r G_m < 0$，反应自发；$\Delta_r S_m < 0$，则 $\Delta_r G_m > 0$，反应非自发。

（ⅱ）当熵变很小或趋于零，而焓变是一个较大的负值或正值时，焓变是反应自发进行的主要推动力。$\Delta_r H_m < 0$，则 $\Delta_r G_m < 0$，反应自发；若 $\Delta_r H_m > 0$，则 $\Delta_r G_m > 0$，反应非自发。

（ⅲ）焓变为负值，熵变为正值，无论系统的温度如何改变，吉布斯函数变总是负值，反应均自发。

（ⅳ）焓变为正值，熵变为负值，任何温度下，系统的吉布斯函数变均为正值，反应均非自发。

2．标准生成吉布斯函数

在指定温度和标准态下，由稳定单质生成 1 mol 某物质的吉布斯函数变称为该物质的标准生成吉布斯函数 $\Delta_f G_m^{\ominus}$。

$$\Delta_r G_m^{\ominus} = \sum_B \nu_B \Delta_f G_m^{\ominus}(B)$$

3．ΔG 与温度的关系

$$\Delta G_T^{\ominus} = \Delta H_{298}^{\ominus} - T\Delta S_{298}^{\ominus}$$

反应的摩尔吉布斯函数变不像反应的摩尔焓变和摩尔熵变受温度的影响那样可以忽略，

其受温度的影响很显著，对有些反应，温度的改变，可能引起反应自发方向的改变。

（ⅰ）$\Delta_r H_m < 0$，$\Delta_r S_m < 0$，低温时正向反应自发。

（ⅱ）$\Delta_r H_m > 0$，$\Delta_r S_m > 0$，低温时若 $\Delta_r H_m > T\Delta_r S_m$，正向反应非自发。

在此需要注意，等温等压下反应是否自发的判据是反应的吉布斯函数变 $\Delta_r G_m < 0$，而不是反应的标准吉布斯函数变 $\Delta_r G_m^{\ominus} < 0$，即 $\Delta_r G_m^{\ominus}$ 不像 $\Delta_r G_m$ 那样可用来判断反应在指定条件下是否为自发。但 $\Delta_r G_m^{\ominus}$ 是十分重要的数据，可用来定性估计反应的可能性。

（六）化学平衡

1. 可逆反应与化学平衡

（1）道尔顿分压定律：某一气体在气体混合物中产生的分压等于在相同温度下它单独占有整个容器时所产生的压力；而气体混合物的总压力等于其中各气体分压之和。

（2）标准平衡常数：在一定温度下，反应处于平衡状态时，生成物的活度以方程式中化学计量数为乘幂的乘积，除以反应物的活度以方程式中化学计量数的绝对值为乘幂的乘积，等于一常数。

$$\frac{a_G^g a_H^h}{a_A^a a_D^d} = K^{\ominus}$$

$$\Delta_r G^{\ominus} = -RT\ln K^{\ominus}$$

在标准平衡常数表达式中，气态的组分用相对分压表示，溶液中的组分用相对浓度表示。

标准平衡常数的大小是化学反应进行完全程度的标志，其值越大，表示平衡时产物的浓度（或分压）越大，即正反应进行得越完全。标准平衡常数的数值与浓度（或分压）无关，它只是温度的函数。

书写标准平衡常数的表达式时应注意以下几点。

（ⅰ）在标准平衡常数表达式中，体系中各组分的相对压力或相对浓度的乘幂应与化学反应方程式中相应的化学计量系数一致。

（ⅱ）纯固体或纯液体的组分不出现在标准平衡常数的表达式中。

（ⅲ）正反应的平衡常数与逆反应的平衡常数互为倒数。

（ⅳ）若某反应是几个反应的加和，则总反应的标准平衡常数为各分反应标准平衡常数的乘积。

（3）多重平衡规则：一个给定化学反应计量方程式的平衡常数，不取决于反应过程中经历的步骤，无论反应分几步完成，其平衡常数表达式完全相同。

2. 化学反应进行的程度

$$\text{转化率：}\alpha = \frac{\text{某反应物已转化的量}}{\text{某反应物的总量}} \times 100\%$$

（七）化学平衡的移动

1. 勒夏特列平衡移动原理：假如改变平衡系统的条件之一，如温度、压强或浓度，平衡就向减弱这个改变的方向移动。

2. 温度对化学平衡的影响：改变标准平衡常数，从而引起平衡的移动。

$$\ln \frac{K_2^{\ominus}}{K_1^{\ominus}} = \frac{\Delta_r H_m^{\ominus}}{R} \left(\frac{1}{T_1} - \frac{1}{T_2} \right)$$

三、解题示例

1. 450 g 水蒸气在 1.013×10^5 Pa 和 100℃凝结成水。已知在 100℃时，水的蒸发热为 2.26 kJ·g^{-1}。求此过程的 W、Q 和 ΔH、ΔU。

解：发生的反应为：$H_2O(g) \longrightarrow H_2O(l)$

$\Delta n = n_0 - n = 0 - 450 \div 18 = -25$ mol

$W = -p\Delta V = -\Delta nRT = 25 \times 8.314 \times 10^{-3} \times 373$

$\quad = 77.53$ kJ

$Q = -2.26 \times 450 = -1017$ kJ

$\Delta U = Q + W = -1017 + 77.53 = -939.5$ kJ

$\Delta H = Q_p = Q = -1017$ kJ

2. 巨能钙是一种优秀的补钙剂，它的组成为 $Ca(C_4H_7O_5)_2$。经精密氧弹测定其恒容燃烧热为 -3133.1 kJ·mol^{-1}。试求算其标准摩尔燃烧焓和标准摩尔生成焓。

解：标准摩尔燃烧焓是指 298.15 K 和 100 kPa，下列理想燃烧反应的焓变：

$$Ca(C_4H_7O_5)_2(s) + 7O_2(g) =\!=\!= CaO(s) + 8CO_2(g) + 7H_2O(l)$$

$$\Delta U_m^{\ominus} = -3133.1 \text{ kJ·mol}^{-1}$$

查表可知：

$\Delta_f H_m^{\ominus}(CaO, s)$：$-635.1$ kJ·mol^{-1}，$\Delta_f H_m^{\ominus}(CO_2, g)$：$-393.5$ kJ·mol^{-1}，$\Delta_f H_m^{\ominus}(H_2O, l)$：$-285.8$ kJ·mol^{-1}。

$\Delta_c H_m^{\ominus} = \Delta U_m^{\ominus} + nRT = -3133.1 + [(8-7) \times 8.314 \times 298.15 \times 10^{-3}]$

$\quad = -3030.62$ kJ·mol^{-1}

$\Delta_f H_m^{\ominus} = \Delta_f H_m^{\ominus}(CaO, s) + 8\Delta_f H_m^{\ominus}(CO_2, g) + 7\Delta_f H_m^{\ominus}(H_2O, l) - \Delta_c H_m^{\ominus}$

$\quad = [(-635.1) + 8(-393.5) + 7(-285.8)] - (-3130.62)$

$\quad = -2653.1$ kJ·mol^{-1}

3. 根据下述热化学方程式计算 HgO（s）的生成热：

$$2 HgO(s) \longrightarrow 2 Hg(l) + O_2(g), \quad \Delta_r H_m^{\ominus} = 181.7 \text{ kJ·mol}^{-1}$$

解：先将反应式反向书写并将所有物质的系数除以 2，以便使讨论的系统符合对生成热所下的定义，即由单质直接反应生成 1 mol HgO（s）：

$$Hg(l) + \frac{1}{2}O_2(g) \longrightarrow HgO(s)$$

再将分解热的 $\Delta_r H_m^{\ominus}$ 的正号改为负号并除以 2，即得 HgO(s) 的生成热：

$$Hg(l) + \frac{1}{2}O_2(g) \longrightarrow HgO(s), \quad \Delta_f H_m^{\ominus} = -90.85 \text{ kJ·mol}^{-1}$$

4. 已知葡萄糖在 298K 时的热值为 -16.74 kJ·g^{-1}。如果一个不运动的健康人平均每天需要 6300 kJ 能量以维持生命活动，那么，某一病人每天只吃 50g 面包（热值为 2 kJ·g^{-1}）

和 500 g 牛奶（热值为 3 kJ·g^{-1}），该病人每天还需要输入多少 10%（g·mL^{-1}）的葡萄糖注射液？（注：单位质量某种燃料完全燃烧放出的热量叫作这种燃料的热值。）

解： 病人每天只能摄入的能量为：

$$2×50(面包)+3×500(牛奶)=1600 \text{ kJ}$$

病人每天缺少的能量为：$6300-1600=4700 \text{ kJ}$

葡萄糖热值为 -16.74 kJ·g^{-1}，缺少的能量相当于葡萄糖

$$4700÷(-16.74)=-281 \text{ g}$$

病人需要输 10%（g·mL^{-1}）的葡萄糖注射液 2810 mL。

5. 反应 $CCl_4(l)+H_2(g)\Longrightarrow HCl(g)+CHCl_3(l)$ 的 $\Delta_r G_m^\ominus(298 \text{ K})=-103.8$ kJ·mol^{-1}。若实验值 $p(H_2)=1.0×10^6$ Pa 和 $p(HCl)=1.0×10^4$ Pa，反应的自发性增大还是减少？

解： 因为：$Q=\dfrac{p(HCl)/p^\ominus}{p(H_2)/p^\ominus}=\dfrac{1.0×10^4/1.0×10^5}{1.0×10^6/1.0×10^5}=0.01$

$$\begin{aligned}\Delta_r G_m(298 \text{ K})&=-103.8+(0.00831×298)\ln 0.01\\&=-103.8-11.4\\&=-115.2 \text{ kJ·mol}^{-1}\end{aligned}$$

与 $\Delta_r G_m^\ominus(298 \text{ K})$ 值相比，$\Delta_r G_m(298 \text{ K})$ 值更负，因此比标准状态条件下具有更大的自发性。

6. $CO(g)+Cl_2(g)\Longrightarrow COCl_2(g)$ 在恒温恒容条件下进行，已知 373K 时 $K^\ominus=1.5×10^8$。反应开始时，$c_0(CO)=0.0350$ mol·L^{-1}，$c_0(Cl_2)=0.0270$ mol·L^{-1}，$c_0(COCl_2)=0$。计算 373 K 反应达到平衡时各物种的分压和 CO 的平衡转化率。

解：

	$CO(g)$	$+$	$Cl_2(g)$	$\Longrightarrow$	$COCl_2(g)$
开始 $c_B/(\text{mol·L}^{-1})$	0.0350		0.0270		0
开始 p_B/kPa	108.5		83.7		0
变化 p_B/kPa	$-(83.7-x)$		$-(83.7-x)$		$(83.7-x)$
平衡 p_B/kPa	$24.8+x$		x		$(83.7-x)$

$$K^\ominus=\frac{p(COCl_2)/p^\ominus}{[p(CO)/p^\ominus][p(Cl_2)/p^\ominus]}=\frac{(83.7-x)/100}{\left(\dfrac{24.8+x}{100}\right)\left(\dfrac{x}{100}\right)}=1.5×10^8$$

因为 $K^\ominus$ 很大，x 很小，可假设 $83.7-x≈83.7$，$24.8+x≈24.8$

则：

$$\frac{83.7×100}{24.8x}=1.5×10^8 \quad x=2.3×10^{-6}$$

平衡时：$p(CO)=24.8$ kPa $\quad p(Cl_2)=2.3×10^{-6}$ kPa

$$p(COCl_2)=83.7 \text{ kPa}$$

$$\alpha(CO)=\frac{p_0(CO)-p_{eq}(CO)}{p_0(CO)}$$

$$=\frac{108.5-24.8}{108.5}×100\%$$

$$=77.1\%$$

7. 某容器中充有 $N_2O_4(g)$ 和 $NO_2(g)$ 的混合物，$n(N_2O_4):n(NO_2)=10:1$。在

308 K，0.100 MPa 条件下，发生反应：$N_2O_4(g) \Longrightarrow 2NO_2(g)$；$K^\ominus(308\ K)=0.315$

（1）计算平衡时各物质的分压。

（2）使该反应系统体积减小到原来的 1/2，反应在 308 K、0.2 MPa 条件下进行，平衡向何方移动？在新的平衡条件下，系统内各组分的分压改变了多少？

解：（1）解：反应在恒温恒压条件下进行，以 1mol N_2O_4 为计算基准。

$$N_2O_4(g) \Longrightarrow 2NO_2(g)$$

开始时 n_B/mol   1.00   0.100

平衡时 n_B/mol $1.00-x$ $0.10+2x$

平衡时 p_B/kPa $[(1.00-x)/(1.10+x)]\times100$ $[(0.10+2x)/(1.10+x)]\times100$ $n_总=1.10+x$

$$K^\ominus=\frac{[p(NO_2)/p^\ominus]^2}{[p(N_2O_4)/p^\ominus]}=\frac{\left(\dfrac{0.10+2x}{1.10+x}\right)^2}{\dfrac{1.00-x}{1.10+x}\times100}=0.315$$

$x=0.234$

$p(N_2O_4)=(1.00-x)\div(1.00+x)\times100=57.4\ kPa$

$p(NO_2)=(0.10+2x)\div(1.00+x)\times100=42.6\ kPa$

（2） $N_2O_4(g) \Longrightarrow 2NO_2(g)$

开始时 n_B/mol   1.00   0.100

平衡时 n_B/mol $1.00-y$ $0.10+2y$

平衡时 p_B/kPa $[(1.00-y)/(1.10+y)]\times200$ $[(0.10+2y)/(1.10+y)]\times200$ $n_总=1.10+y$

$$0.315=\frac{\left(\dfrac{0.10+2y}{1.10+y}\times\dfrac{200}{100}\right)^2}{\dfrac{1.00-y}{1.10+y}\times\dfrac{200}{100}}$$

$8.32y^2+0.832y-0.327=0$

$y=0.154$

$p(N_2O_4)=\dfrac{1.00-0.154}{1.10+0.154}\times200=135\ kPa$

$p(NO_2)=200-135=65\ kPa$

$\Delta p(N_2O_4)=135-57.4=77.6\ kPa$

$\Delta p(NO_2)=65-42.6=22.4\ kPa$

8. 分析下列反应自发进行的温度条件。

（1）$2N_2(g)+O_2(g)\longrightarrow 2N_2O$ $\Delta_r H_m^\ominus=163\ kJ\cdot mol^{-1}$

（2）$Ag(s)+1/2Cl_2(g)\longrightarrow AgCl(s)$ $\Delta_r H_m^\ominus=-127\ kJ\cdot mol^{-1}$

（3）$HgO(s)\longrightarrow Hg(l)+1/2O_2(s)$ $\Delta_r H_m^\ominus=91\ kJ\cdot mol^{-1}$

（4）$H_2O_2(l)\longrightarrow H_2O(l)+1/2O_2(g)$ $\Delta_r H_m^\ominus=-98\ kJ\cdot mol^{-1}$

解：反应自发进行的前提是反应的 $\Delta_r G_m^\ominus<0$，由吉布斯-亥姆霍兹公式 $\Delta_r G_m^\ominus=\Delta_r H_m^\ominus-T\Delta_r S_m^\ominus$，$\Delta_r G_m^\ominus$ 值与温度有关，反应温度的变化可能使 $\Delta_r G_m^\ominus$ 符号发生变化。

（1）$\Delta_r H_m^\ominus>0$，$\Delta_r S_m^\ominus<0$（$\Delta n<0$），在任何温度下，$\Delta_r G_m^\ominus>0$，反应都不能自发进行。

(2) $\Delta_r H_m^{\ominus} < 0$，$\Delta_r S_m^{\ominus} < 0$，在较低温度下，$\Delta_r G_m^{\ominus} < 0$，即反应温度不能过高。

（3）$\Delta_r H_m^{\ominus} > 0$，$\Delta_r S_m^{\ominus} > 0$（$\Delta n > 0$），若使反应自发进行（$\Delta_r G_m^{\ominus} < 0$），必须提高温度，即反应在较高温度时自发进行。

（4）$\Delta_r H_m^{\ominus} < 0$，$\Delta_r S_m^{\ominus} > 0$，在任何温度时，$\Delta_r G_m^{\ominus} < 0$，即在任何温度下反应均能自发进行。

四、习题解答

1. 一隔板将一刚性绝热容器分为左、右两侧，左室气体压力大于右室气体的压力。现将隔板抽去，左、右气体的压力达到平衡。若以全部气体为体系，则 ΔU、Q、W 为正还是为负或为零？

解： 因为此体系是绝热刚性容器，对于绝热过程 $Q=0$，刚性容器是指在变化过程中容器的体积不变，因此体积功为零，即 $W=0$。根据热力学第一定律 $\Delta U=Q+W$，故 $\Delta U=0$。

2. 计算下列体系的热力学能变化。

（1）体系吸收了 100 J 的热量，并且体系对环境做了 540 J 的功。

（2）体系放出 100 J 热量，并且环境对体系做了 635 J 的功。

解： 根据热力学第一定律 $\Delta U=Q+W$

（1）$\Delta U=Q+W=100+(-540)=-440$ J

（2）$\Delta U=Q+W=(-100)+635=535$ J

3. 298 K 时，水的蒸发热为 43.93 kJ·mol^{-1}。计算蒸发 1 mol 水时的 Q_p、W 和 ΔU。

解： 水的蒸发热是指 1 mol 的水蒸发为 1 mol 的水蒸气时吸收的热量。在这一过程中，水由液态变成气态，体积增大了，所以体积功不为零。水蒸气可近似当作理想气体处理。

$\Delta_r H_m^{\ominus}=Q_p=43.93$ kJ·mol^{-1}

$W=-nRT=-1\times 8.314\times 298=-2.48$ kJ·mol^{-1}

$\Delta_r U_m^{\ominus}=Q+W=43.93-2.48=41.45$ kJ·mol^{-1}

4. 298 K 时 6.5 g 液体苯在弹式量热计中完全燃烧，放热 272.3 kJ。求该反应的 $\Delta_r U_m^{\ominus}$ 和 $\Delta_r H_m^{\ominus}$。

解： 因为 $C_6H_6(l)+7.5O_2(g)\longrightarrow 6CO_2(g)+3H_2O(l)$

$\Delta_r U_m^{\ominus}=(-272.3)\div(6.5/78)=-3267.6$ kJ·mol^{-1}

$\Delta_r H_m^{\ominus}=\Delta_r U_m^{\ominus}+\sum\nu_B(g)RT$

$\qquad=-3267.6+(6-7.5)\times 8.314\times 298\times 10^{-3}$

$\qquad=-3271.3$ kJ·mol^{-1}

5. 已知 298 K，标准状态下

（1）$Cu_2O(s)+\dfrac{1}{2}O_2(g)\Longrightarrow 2CuO(s)$　　　$\Delta_r H_m^{\ominus}(1)=-146.02$ kJ·mol^{-1}

（2）$CuO(s)+Cu(s)\Longrightarrow Cu_2O(s)$　　　　　$\Delta_r H_m^{\ominus}(2)=-11.30$ kJ·mol^{-1}

求（3）$CuO(s)\Longrightarrow Cu(s)+\dfrac{1}{2}O_2(g)$ 的 $\Delta_r H_m^{\ominus}$。

解：因为反应（3）=－[（1）+（2）]，

所以 $\Delta_r H_m^{\ominus}(3) = -[-146.02 + (-11.30)] = 157.32 \text{ kJ} \cdot \text{mol}^{-1}$

6. 已知 298 K，标准状态下

(1) $Fe_2O_3(s) + 3CO(g) \stackrel{}{=\!=\!=} 2Fe(s) + 3CO_2(g)$，$\Delta_r H_m^{\ominus}(1) = -24.77 \text{ kJ} \cdot \text{mol}^{-1}$

(2) $3Fe_2O_3(s) + CO(g) \stackrel{}{=\!=\!=} 2Fe_3O_4(s) + CO_2(g)$，$\Delta_r H_m^{\ominus}(2) = -52.19 \text{ kJ} \cdot \text{mol}^{-1}$

(3) $Fe_3O_4(s) + CO(g) \stackrel{}{=\!=\!=} 3FeO(s) + CO_2(g)$，$\Delta_r H_m^{\ominus}(3) = 39.01 \text{ kJ} \cdot \text{mol}^{-1}$

求 (4) $Fe(s) + CO_2(g) \stackrel{}{=\!=\!=} FeO(s) + CO(g)$ 的 $\Delta_r H_m^{\ominus}(4)$。

解：因为反应 (4)=[(3)×2+(2)－(1)×3]÷6

故：$\Delta_r H_m^{\ominus}(4) = [39.01 \times 2 + (-52.19) - (-24.77) \times 3] \div 6 = 16.69 \text{ kJ} \cdot \text{mol}^{-1}$

7. 由 $\Delta_f H_m^{\ominus}$ 的数据计算下列反应在 298K、标准状态下的反应热 $\Delta_r H_m^{\ominus}$。

(1) $4NH_3(g) + 5O_2(g) \stackrel{}{=\!=\!=} 4NO(g) + 6H_2O(l)$

(2) $8Al(s) + 3Fe_3O_4(s) \stackrel{}{=\!=\!=} 4Al_2O_3(s) + 9Fe(s)$

(3) $CO(g) + H_2O(g) \stackrel{}{=\!=\!=} CO_2(g) + H_2(g)$

解：查表可知：

	NO(g)	$H_2O(l)$	$NH_3(g)$	$Al_2O_3(s)$	$Fe_3O_4(s)$	$CO_2(g)$	$H_2O(g)$	CO(g)
$\Delta_f H_m^{\ominus}/\text{kJ} \cdot \text{mol}^{-1}$	90.4	−285.8	−46.1	−1676.0	−1184.0	−393.5	−241.8	−110.5

(1) $\Delta_r H_m^{\ominus} = [(4 \times 90.4) + 6 \times (-285.8)] - 4 \times (-46.1) = -1168.8 \text{ kJ} \cdot \text{mol}^{-1}$

(2) $\Delta_r H_m^{\ominus} = 4 \times (-1676.0) - 3 \times (-1184.0) = -3152.0 \text{ kJ} \cdot \text{mol}^{-1}$

(3) $\Delta_r H_m^{\ominus} = (-393.5) - [(-110.5) + (-241.8)] = -41.2 \text{ kJ} \cdot \text{mol}^{-1}$

8. 由 β-葡萄糖的燃烧焓和水及二氧化碳的生成热数据，求 298 K、标准状态下葡萄糖的 $\Delta_f H_m^{\ominus}$。

解：查表得：β-葡萄糖的燃烧焓为 $-2802 \text{ kJ} \cdot \text{mol}^{-1}$；

$$
\begin{array}{ccc}
 & CO_2(g) & H_2O(l) \\
\Delta_f H_m^{\ominus}/\text{kJ} \cdot \text{mol}^{-1} & -393.5 & -285.8
\end{array}
$$

根据标准摩尔燃烧焓和标准摩尔反应焓的定义可知：葡萄糖的燃烧焓就等于下面反应的反应焓。

$$C_6H_{12}O_6(s) + 6O_2(g) \stackrel{}{=\!=\!=} 6CO_2(g) + 6H_2O(l)$$

$$故\ \Delta_f H_m^{\ominus} = [6 \times (-393.5) + 6 \times (-285.8)] - (-2802)$$

$$= -1273.8 \text{ kJ} \cdot \text{mol}^{-1}$$

9. 由 $\Delta_f G_m^{\ominus}$ 和 $S_m^{\ominus}$ 的数据，计算下列反应在 298 K 时的 $\Delta_r G_m^{\ominus}$、$\Delta_r S_m^{\ominus}$ 和 $\Delta_r H_m^{\ominus}$。

(1) $Ca(OH)_2(s) + CO_2(g) \stackrel{}{=\!=\!=} CaCO_3(s) + H_2O(l)$

(2) $N_2(g) + 3H_2(g) \stackrel{}{=\!=\!=} 2NH_3(g)$

(3) $2H_2S(g) + 3O_2(g) \stackrel{}{=\!=\!=} 2SO_2(g) + 2H_2O(l)$

解：(1) $\Delta G_{298}^{\ominus} = (-1128.8 - 237.2) - (-896.8 - 394.4) = -74.8 \text{ kJ} \cdot \text{mol}^{-1}$

$\Delta S_{298}^{\ominus} = (92.9 + 69.91) - (83.39 + 213.6) = -134.18 \text{ J} \cdot \text{mol}^{-1} \cdot \text{K}^{-1}$

$\Delta H_{298}^{\ominus} = \Delta G_{298}^{\ominus} + T\Delta S_{298}^{\ominus} = -74.8 + 298 \times (-134.18) \times 10^{-3} = -114.79 \text{ kJ} \cdot \text{mol}^{-1}$

(2) $\Delta G_{298}^{\ominus} = 2 \times (-16.5) - 0 = -33.0 \text{ kJ} \cdot \text{mol}^{-1}$

$$\Delta S_{298}^{\ominus}=2\times192.3-(192+3\times130)=-197.4 \text{ J} \cdot \text{mol}^{-1} \cdot \text{K}^{-1}$$

$$\Delta H_{298}^{\ominus}=\Delta G_{298}^{\ominus}+T\Delta S_{298}^{\ominus}=-33.0+298\times(-197.4)\times10^{-3}=-91.83 \text{ kJ} \cdot \text{mol}^{-1}$$

（3） $\Delta G_{298}^{\ominus}=[2\times(-300.2)+2\times(-237.2)]-2\times(-33.6)=-1007.6 \text{ kJ} \cdot \text{mol}^{-1}$

$$\Delta S_{298}^{\ominus}=2\times248+2\times69.91-(2\times206+3\times205.03)=-391.3 \text{ J} \cdot \text{mol}^{-1} \cdot \text{K}^{-1}$$

$$\Delta H_{298}^{\ominus}=\Delta G_{298}^{\ominus}+T\Delta S_{298}^{\ominus}=-1007.6+298\times(-391.3)\times10^{-3}=-1123.9 \text{ kJ} \cdot \text{mol}^{-1}$$

* 10. CO_2 在高温时按下式解离：

$$2CO_2(g)\Longrightarrow2CO(g)+O_2(g)$$

在标准压力及 1000K 时解离度为 2.0×10^{-7}，1400 K 时解离度为 1.27×10^{-4}，倘若反应在该温度范围内，反应热效应不随温度而改变，试计算 1000 K 时该反应的 $\Delta_r G_m^{\ominus}$ 和 $\Delta_r S_m^{\ominus}$ 各为多少？

解：设解离度为 α

$$2CO_2(g)\Longrightarrow2CO(g)+O_2(g)$$

平衡时　　　　$2-2\alpha$　　　　　2α　　　　α　　　　　$\sum n=2+\alpha$

$$K^{\ominus}(1000 \text{ K})=K_x=\frac{\alpha^3}{(1-\alpha)^2}=4.0\times10^{-21}$$

同理可得： $K^{\ominus}(1400 \text{ K})=1.024\times10^{-12}$

所以： $\ln\dfrac{1.024\times10^{-12}}{4.0\times10^{-21}}=\dfrac{\Delta_r H_m^{\ominus}}{R}\left(\dfrac{1}{1000}-\dfrac{1}{1400}\right)=19.36$

$$\Delta_r H_m^{\ominus}=563 \text{ kJ} \cdot \text{mol}^{-1}$$

$$\Delta_r G_m^{\ominus}(1000 \text{ K})=-RT\ln(4.0\times10^{-21})=3.90\times10^2 \text{ kJ} \cdot \text{mol}^{-1}$$

$$\Delta_r S_m^{\ominus}=\frac{\Delta_r H_m^{\ominus}-\Delta_r G_m^{\ominus}}{1000}=173 \text{ kJ} \cdot \text{K}^{-1} \cdot \text{mol}^{-1}$$

* 11. 估计下列各变化过程是熵增还是熵减。

（1） NH_4NO_3 爆炸　　$2NH_4NO_3(s)\longrightarrow2N_2(g)+4H_2O(g)+O_2(g)$

（2） 臭氧生成　　　　 $3O_2(g)\longrightarrow2O_3(g)$

解：（1） NH_4NO_3 爆炸后，气体体积急剧增大，是熵值增大的过程。

（2） 生成臭氧后，气体体积减小，是熵减过程。

* 12. CO 是汽车尾气的主要污染源，有人设想以加热分解的方法来消除之：

$$CO(g)\Longrightarrow C(s)+\frac{1}{2}O_2(g)$$

试从热力学角度判断该想法能否实现？

解：受热分解反应一般为吸热反应，所以反应

$$CO(g)\Longrightarrow C(s)+\frac{1}{2}O_2(g)$$

其 ΔH 为正值。另从反应式可知，反应前后的气体摩尔数减少，所以 ΔS 为负值。根据公式

$$\Delta G=\Delta H-T\Delta S$$

当 ΔH 为正值、ΔS 为负值时，在任何温度下 ΔG 总是正值，所以此反应在任何温度都

不能发生。以加热分解方法来消除汽车尾气中的 CO 气在热力学上不能实现，所以就不必徒劳去寻找催化剂了。

*13. 推断下列过程系统熵变 ΔS 的符号

(1) 水变成水蒸气；

(2) 苯与甲苯相溶；

(3) 盐从过饱和水溶液中结晶出来；

(4) 渗透；

(5) 固体表面吸附气体。

解：(1) ΔS 为正，由于气体混乱度比液体大，所以水变成水蒸气，熵值增加。

(2) ΔS 为正，两种物质相溶，混乱度增加。

(3) ΔS 为负，盐从过饱和溶液中结晶出来后，从无序到有序，混乱度减小，熵值减小。

(4) ΔS 为正，渗透作用是溶剂通过半透膜由稀溶液向浓溶液扩散，混乱度增加，熵值增加。

(5) ΔS 为负，固体表面吸附气体，使气体混乱度降低，从无序到有序，熵值减小。

14. 判断下面反应

$$C_2H_5OH(g) =\!=\!= C_2H_4(g) + H_2O(g)$$

(1) 在 25℃ 下能否自发进行？

(2) 在 360℃ 下能否自发进行？

(3) 求该反应能自发进行的最低温度。

解：查表得：

	$C_2H_5OH(g)$	$C_2H_4(g)$	$H_2O(g)$
$\Delta_f G_m^{\ominus}/kJ \cdot mol^{-1}$	−168.6	68.12	−228.6
$\Delta_f H_m^{\ominus}/kJ \cdot mol^{-1}$	−235.3	52.28	−241.9
$S_m^{\ominus}/J \cdot K^{-1} \cdot mol^{-1}$	282	219.5	188.7

(1) $C_2H_5OH(g) =\!=\!= C_2H_4(g) + H_2O(g)$

$\Delta_r G_m^{\ominus}(298) = \Delta_f G_m^{\ominus}[C_2H_4(g)] + \Delta_f G_m^{\ominus}[H_2O(g)] - \Delta_f G_m^{\ominus}[C_2H_5OH(g)]$

$\qquad = (-228.6) + 68.12 - (-168.6)$

$\qquad = 8.12 \ kJ \cdot mol^{-1}$

因为 $\Delta_r G_m^{\ominus}(298) > 0$，反应在 25℃ 下不能自发进行。

(2) $\Delta_r H_m^{\ominus}(298) = \Delta_f H_m^{\ominus}[C_2H_4(g)] + \Delta_f H_m^{\ominus}[H_2O(g)] - \Delta_f H_m^{\ominus}[C_2H_5OH(g)]$

$\qquad = 52.28 + (-241.9) - (-235.3)$

$\qquad = 45.68 \ kJ \cdot mol^{-1}$

$\Delta_r S_m^{\ominus}(298) = S_m^{\ominus}[C_2H_4(g)] + S_m^{\ominus}[H_2O(g)] - S_m^{\ominus}[C_2H_5OH(g)]$

$\qquad = 219.5 + 188.7 - 282$

$\qquad = 126.2 \ J \cdot K^{-1} \cdot mol^{-1}$

根据公式

$$\Delta G^{\ominus} = \Delta H^{\ominus} - T \Delta S^{\ominus}$$

由于 $\Delta H^{\ominus}$ 和 $\Delta S^{\ominus}$ 随温度变化很小,可以看成基本不变。

$$\Delta G^{\ominus}_{633\ K} = 45.68 - 633 \times \frac{126.2}{1000}$$

$$= -34.2\ kJ \cdot mol^{-1} < 0$$

因此反应在 360℃ 下能自发进行。

(3) 求反应能自发进行的最低温度:

根据公式 $\Delta G^{\ominus} = \Delta H^{\ominus} - T \Delta S^{\ominus}$

$\Delta G^{\ominus} < 0$ 时反应自发进行,故 $\Delta H^{\ominus} - T \Delta S^{\ominus} \leqslant 0$

$$T \geqslant \frac{\Delta H^{\ominus}}{\Delta S^{\ominus}} = \frac{45.68 \times 1000}{126.2} = 362\ K$$

故该反应能自发进行的最低温度是 89℃。

*15. 对下列四个反应

(1) $2N_2(g) + O_2(g) = 2N_2O(g)$,$\Delta H = 163\ kJ \cdot mol^{-1}$

(2) $NO(g) + NO_2(g) = N_2O_3(g)$,$\Delta H = -42\ kJ \cdot mol^{-1}$

(3) $2HgO(s) = 2Hg(s) + O_2(g)$,$\Delta H = 180\ kJ \cdot mol^{-1}$

(4) $2C(g) + O_2(g) = 2CO(g)$,$\Delta H = -221\ kJ \cdot mol^{-1}$

问在标准态下哪些反应在所有温度下都能自发进行?哪些只在高温或只在低温下自发进行?哪些反应在所有温度下都不能自发进行?

解:(1) 由于反应后气体的摩尔数减少,所以 ΔS 为负值,而 ΔH 为正值,在任何温度下,此反应都不能自发进行。

(2) 由于反应后气体的摩尔数减少,所以 ΔS 为负值,而 ΔH 也为负值,所以在不太高的温度下,$\Delta H < T \Delta S$,反应能自发进行。

(3) 由于反应后气体的摩尔数增加,所以 ΔS 为正值,ΔH 也为正值,只有在高温下,当 $T \Delta S > \Delta H$ 时,ΔG 才是负值,反应才能自发进行。

(4) 由于反应后气体的摩尔数增加,所以 ΔS 为正值,而 ΔH 为负值,所以在任何温度下反应都能自发进行。

*16. 石墨是碳的标准态,石墨的 $S^{\ominus}_m$ 是 $5.694\ J \cdot K^{-1} \cdot mol^{-1}$。对于金刚石,$\Delta_f H^{\ominus}_m$ 是 $1.895\ kJ \cdot mol^{-1}$,其 $\Delta_f G^{\ominus}_m$ 是 $2.866\ kJ \cdot mol^{-1}$,求金刚石的绝对熵 $S^{\ominus}_m$。这两种碳的同素异形体哪个最有序?

解:$C(石墨) \Longrightarrow C(金刚石)$

$$\Delta_r G^{\ominus}_m = \Delta_f G^{\ominus}_m(金刚石) - \Delta_f G^{\ominus}_m(石墨)$$

$$= 2.866 - 0$$

$$= 2.866\ kJ \cdot mol^{-1}$$

$$\Delta_r H^{\ominus}_m = \Delta_f H^{\ominus}_m(金刚石) - \Delta_f H^{\ominus}_m(石墨)$$

$$= 1.895 - 0$$

$$= 1.895\ kJ \cdot mol^{-1}$$

根据公式 $\Delta G = \Delta H - T \Delta S$

$$\Delta S = \frac{\Delta H - \Delta G}{T} = \frac{(1.895 - 2.866) \times 1000}{298}$$

$$= -3.258 \text{ J} \cdot \text{K}^{-1} \cdot \text{mol}^{-1}$$

$$\Delta_r S_m^\ominus = S_m^\ominus(金刚石) - S_m^\ominus(石墨)$$

$$S_m^\ominus(金刚石) = \Delta_r S_m^\ominus + S_m^\ominus(石墨)$$

$$= -3.258 + 5.694$$

$$= 2.436 \text{ J} \cdot \text{K}^{-1} \cdot \text{mol}^{-1}$$

从计算结果看，金刚石的绝对熵小于石墨，所以金刚石比石墨更有序。

*17. 不查表，预测下列反应的熵值是增大还是减小？

(1) $2CO(g) + O_2(g) = 2CO_2(g)$

(2) $2O_3(g) = 3O_2(g)$

(3) $2NH_3(g) = N_2(g) + 3H_2(g)$

(4) $2Na(s) + Cl_2(g) = 2NaCl(s)$

(5) $H_2(g) + I_2(g) = 2HI(g)$

(6) $N_2(g) + O_2(g) = 2NO(g)$

解：由于气体的熵值总比固体、液体大，一个导致气体摩尔数增加的反应总伴随着熵值增加，如果气体的摩尔数减少，ΔS 将是负值。

(1) 反应后气体的摩尔数减少，所以 ΔS 为负值。

(2) 反应后气体的摩尔数增加，所以 ΔS 为正值。

(3) 反应后气体的摩尔数增加，所以 ΔS 为正值。

(4) 反应后气体的摩尔数减少，所以 ΔS 为负值。

(5) 反应前后，虽然气体的摩尔数不变，但是，不对称分子的熵总是比对称分子熵值大，所以 ΔS 为正值。

(6) 反应前后，虽然气体的摩尔数不变，但是，不对称分子的熵总是比对称分子熵值大，所以 ΔS 为正值。

**18. 由锡石（SnO_2）炼制金属锡（Sn、白锡）可以通过以下三种方法：

(1) $SnO_2(s) \longrightarrow Sn(s) + O_2(g)$

(2) $SnO_2(s) + C(s) \longrightarrow Sn(s) + CO_2(g)$

(3) $SnO_2(s) + 2H_2(g) \longrightarrow Sn(s) + 2H_2O(g)$

试根据热力学原理推荐合适的方法。

解：(1) $\Delta_r H_m^\ominus = -\Delta_f H_m^\ominus(SnO_2, s) = 580.7 \text{ kJ} \cdot \text{mol}^{-1}$

$$\Delta_r S_m^\ominus = S_m^\ominus(Sn, s) + S_m^\ominus(O_2, g) - S_m^\ominus(SnO_2, s)$$

$$= 51.55 + 205.03 - 52.3$$

$$= 204.28 \text{ J} \cdot \text{mol}^{-1} \cdot \text{K}^{-1}$$

$$T_{转} = \frac{\Delta_r H_m^\ominus}{\Delta_r S_m^\ominus} = \frac{580.7 \times 10^3}{204.28} = 2843 \text{ K}$$

(2) $\Delta_r H_m^\ominus = \Delta_f H_m^\ominus(Sn, s) + \Delta_f H_m^\ominus(CO_2, g) - \Delta_f H_m^\ominus(SnO_2, s) - \Delta_f H_m^\ominus(C, s)$

$$= -393.5 - (-580.7) = 187.2 \text{ kJ} \cdot \text{mol}^{-1}$$

$$\Delta_r S_m^\ominus = S_m^\ominus(Sn, s) + S_m^\ominus(CO_2, g) - S_m^\ominus(SnO_2, s) - S_m^\ominus(C, s)$$

$$=51.55+213.6-52.3-5.73=207.12 \text{ J} \cdot \text{K}^{-1} \cdot \text{mol}^{-1}$$

$$T_{\text{转}}=\frac{187.2\times10^3}{207.12}=903.8 \text{ K}$$

(3) $\Delta_r H_m^{\ominus}=\Delta_f H_m^{\ominus}(\text{Sn,s})+2\Delta_f H_m^{\ominus}(\text{H}_2\text{O,g})-\Delta_f H_m^{\ominus}(\text{SnO}_2,\text{s})-2\Delta_f H_m^{\ominus}(\text{H}_2,\text{g})$

$$=2\times(-241.8)-(-580.7)=97.1 \text{ kJ} \cdot \text{mol}^{-1}$$

$S_m^{\ominus}=S_m^{\ominus}(\text{Sn,s})+2S_m^{\ominus}(\text{H}_2\text{O,g})-S_m^{\ominus}(\text{SnO}_2,\text{s})-2S_m^{\ominus}(\text{H}_2,\text{g})$

$$=51.55+2\times188.7-52.3-2\times130=116.65 \text{ J} \cdot \text{K}^{-1} \cdot \text{mol}^{-1}$$

$$T_{\text{转}}=\frac{97.0\times10^3}{116.65}=832 \text{ K}$$

从计算结果比较三个反应的 $T_{\text{转}}$ 可知，反应（1）的转化温度过高；而反应（2）、（3）转化温度适中，都是制备金属锡较好的方法，可根据需要选用。

* 19. 已知 $\Delta_f G_m^{\ominus}(\text{MgO,s})=-569 \text{ kJ} \cdot \text{mol}^{-1}$，$\Delta_f G_m^{\ominus}(\text{SiO}_2,\text{s})=-805 \text{ kJ} \cdot \text{mol}^{-1}$，试比较 MgO(s) 和 $\text{SiO}_2\text{(s)}$ 的稳定性的大小。

解：通常情况下，可以用吉布斯函数变的大小来判断化合物的稳定性。对于同类型化合物，可以直接根据 $\Delta_f G_m^{\ominus}$ 加以比较；但是，对于不同类型化合物，如题中所给 MgO 和 SiO_2 就不能直接用 $\Delta_f G_m^{\ominus}$ 进行判断比较。因为气体的熵变对反应会有显著的影响。此时，要以消耗 1 mol O_2 生成氧化物过程的吉布斯函数变为依据比较 MgO 和 SiO_2 的稳定性。

消耗 1mol O_2 生成氧化镁的反应为：

$$2\text{Mg(s)}+\text{O}_2\text{(g)}=2\text{MgO(s)}$$

$$\Delta_r G_m^{\ominus}=2\Delta_f G_m^{\ominus}(\text{MgO,s})=2\times(-569)=-1138 \text{ kJ} \cdot \text{mol}^{-1}$$

同理

$$\text{Si(s)}+\text{O}_2\text{(g)}=\text{SiO}_2\text{(s)}$$

$$\Delta_r G_m^{\ominus}=\Delta_f G_m^{\ominus}(\text{SiO}_2,\text{s})=-805 \text{ kJ} \cdot \text{mol}^{-1}$$

由计算结果知 MgO 比 SiO_2 更稳定。

20. 写出下列反应的标准平衡常数表达式

（1）$\text{N}_2\text{(g)}+3\text{H}_2\text{(g)}=2\text{NH}_3\text{(g)}$

（2）$\text{CH}_4\text{(g)}+2\text{O}_2\text{(g)}=\text{CO}_2\text{(g)}+2\text{H}_2\text{O(l)}$

（3）$\text{CaCO}_3\text{(s)}=\text{CaO(s)}+\text{CO}_2\text{(g)}$

解：（1）$K_p^{\ominus}=\dfrac{(p_{\text{NH}_3}/p^{\ominus})^2}{(p_{\text{N}_2}/p^{\ominus})(p_{\text{H}_2}/p^{\ominus})^3}$

（2）$K_p^{\ominus}=\dfrac{p_{\text{CO}_2}/p^{\ominus}}{(p_{\text{CH}_4}/p^{\ominus})(p_{\text{O}_2}/p^{\ominus})^2}$

（3）$K_p^{\ominus}=p_{\text{CO}_2}/p^{\ominus}$

21. 已知在某温度时，

（1）$2\text{CO}_2\text{(g)}=2\text{CO(g)}+\text{O}_2\text{(g)}$，$K_1^{\ominus}=A$，

（2）$\text{SnO}_2\text{(s)}+2\text{CO(g)}=\text{Sn(s)}+2\text{CO}_2\text{(g)}$，$K_2^{\ominus}=B$，

则在同一温度下的反应（3）$\text{SnO}_2\text{(s)}=\text{Sn(s)}+\text{O}_2\text{(g)}$ 的 $K_3^{\ominus}$ 应为多少？

解：因为 （1）+（2）=（3） 所以 $K_3^{\ominus}=K_1^{\ominus}K_2^{\ominus}=AB$

22. 在 585 K 和总压力为 100 kPa 时，有 56.4% NOCl 按下式分解：$2\text{NOCl(g)}=2\text{NO(g)}+\text{Cl}_2\text{(g)}$ 若未分解时 NOCl 的量为 1 mol。计算

（1）平衡时各组分的物质的量；（2）各组分的平衡分压；（3）该温度时的 $K^{\ominus}$。

解：（1） $2NOCl(g) \Longrightarrow 2NO(g) + Cl_2(g)$

平衡时 n/mol $1 - 0.564$ 0.564 0.282

（2）$p_{NOCl} = p_{总} \times \dfrac{n_{NOCl}}{n_{总}} = 100 \times \dfrac{0.436}{1.282} = 34 \text{ kPa}$

$p_{NO} = p_{总} \times \dfrac{n_{NO}}{n_{总}} = 100 \times \dfrac{0.564}{1.282} = 44 \text{ kPa}$

（3）$K^{\ominus} = \dfrac{(p_{NO}/p^{\ominus})^2 (p_{Cl_2}/p^{\ominus})}{(p_{NOCl}/p^{\ominus})^2} = \dfrac{0.44^2 \times 0.22}{0.34^2} = 0.368$

23. 反应 $H_2(g) + I_2(g) \Longrightarrow 2HI(g)$ 在 713 K 时 $K^{\ominus} = 49$，若 698 K 时的 $K^{\ominus} = 54.3$。则

（1）上述反应的 $\Delta_r H_m^{\ominus}$ 为多少？上述反应是吸热反应，还是放热反应（698~713 K 温度范围内）？

（2）计算 713K 时的 $\Delta_r G_m^{\ominus}$。

（3）当 H_2、I_2、HI 的分压分别为 100 kPa、100 kPa 和 50 kPa 时，计算 713 K 时反应的 $\Delta_r G_m$。

解：（1）因为 $\ln \dfrac{49}{54.3} = \dfrac{\Delta_r H_m^{\ominus}}{8.314 \times 10^{-3}} \left(\dfrac{713 - 698}{713 \times 698} \right)$

所以 $\Delta_r H_m^{\ominus} = \left(8.314 \times 10^{-3} \times 713 \times 698 \times \ln \dfrac{49}{54.3} \right) / (713 - 698)$

$= -28.33 \text{ kJ} \cdot \text{mol}^{-1}$

故该反应是放热反应。

（2）$\Delta G_{713}^{\ominus} = -RT \ln K^{\ominus} = -8.314 \times 713 \times 10^{-3} \times \ln 49 = -23.07 \text{ kJ} \cdot \text{mol}^{-1}$

（3）$\Delta_r G_m = \Delta G^{\ominus} + RT \ln Q_p$

$= -23.07 + 8.314 \times 10^{-3} \times 713 \times \ln \dfrac{(50/100)^2}{(100/100)(100/100)} = -31.29 \text{ kJ} \cdot \text{mol}^{-1}$

24. 某反应 25℃ 时 $K^{\ominus} = 32$，37℃ 时 $K^{\ominus} = 50$。求 37℃ 时该反应的 $\Delta_r G_m^{\ominus}$、$\Delta_r H_m^{\ominus}$、$\Delta_r S_m^{\ominus}$（设此温度范围内 $\Delta_r H_m^{\ominus}$ 为常数）。

解：$\ln \dfrac{50}{32} = \dfrac{\Delta_r H_m^{\ominus}}{8.314 \times 10^{-3}} \left(\dfrac{310 - 298}{310 \times 298} \right)$

$\Delta_r H_m^{\ominus} = \left(8.314 \times 10^{-3} \times 298 \times 310 \times \ln \dfrac{50}{32} \right) / (310 - 298) = 28.56 \text{ kJ} \cdot \text{mol}^{-1}$

$\Delta_r G_m^{\ominus} = -8.314 \times 10^{-3} \times 310 \times \ln 50 = -10.08 \text{ kJ} \cdot \text{mol}^{-1}$

$\Delta_r G_m^{\ominus} = \Delta_r H_m^{\ominus} - T \Delta_r S_m^{\ominus}$

$\Delta_r S_m^{\ominus} = \dfrac{(\Delta_r H_m^{\ominus} - \Delta_r G_m^{\ominus}) \times 10^3}{T} = \dfrac{(28.56 + 10.08) \times 10^3}{310} = 124.6 \text{ J} \cdot \text{K}^{-1} \cdot \text{mol}^{-1}$

25. 已知气相反应 $N_2O_4(g) \Longrightarrow 2NO_2(g)$，在 318 K 时，向 0.5 L 的真空容器中引入 3×10^{-3} mol 的 N_2O_4，当达到平衡时总压力为 25.8 kPa，试计算：

（1）318 K 时 N_2O_4 的分解百分率；

(2) 318 K 时的标准平衡常数和 $\Delta_r G_m^\ominus$；

(3) 已知反应在 298 K 时的 $\Delta_r H_m^\ominus = 72.8$ kJ·mol^{-1}，计算此条件下反应的 $\Delta_r S_m^\ominus$。

解: （1）设起始压力为 p，根据理想气体状态方程有

$$p = \frac{nRT}{V} = \frac{3 \times 10^{-3} \times 8.314 \times 10^3 \times 318}{0.5} = 15.9 \text{ kPa}$$

设平衡时有 x kPa 的 N_2O_4 分解为 NO_2

$$N_2O_4(g) \Longleftrightarrow 2NO_2(g)$$

开始时 p/kPa	15.9	0
平衡时 p/kPa	$15.9-x$	$2x$

$$25.8 = 15.9 - x + 2x$$

解得： $x = 9.9$ kPa

平衡时 N_2O_4 的分解百分率为

$$\alpha = \frac{9.9}{15.9} \times 100\% = 62.26\%$$

（2）根据标准平衡常数表达式有

$$K_{318}^\ominus = \frac{(p_{NO_2}/p^\ominus)^2}{(p_{N_2O_4}/p^\ominus)} = \left(\frac{2 \times 9.9}{100}\right)^2 \Big/ \left(\frac{6}{100}\right) = 0.65$$

因为 $$\Delta_r G_{m,318}^\ominus = -RT \ln K_{318}^\ominus$$

$$\Delta_r G_{m,318}^\ominus = -8.314 \times 10^{-3} \times 318 \times \ln 0.65 = 1.14 \text{ kJ·mol}^{-1}$$

（3）根据 $\Delta_r G_{m,318}^\ominus = \Delta_r H_{m,318}^\ominus - T\Delta_r S_{m,318}^\ominus$

通常情况下 $\Delta_r H_m^\ominus$ 和 $\Delta_r S_m^\ominus$ 可以近似认为不随温度变化而变化，所以有：

$$\Delta_r S_{m,298}^\ominus = \frac{\Delta_r H_{m,298}^\ominus - \Delta_r G_{m,318}^\ominus}{318} = \frac{(72.8-1.14) \times 10^3}{318}$$

$$= 225 \text{ J·K}^{-1}\text{·mol}^{-1}$$

26. 在 497℃，101.3 kPa 下，在某一容器中 $2NO_2(g) \Longleftrightarrow 2NO(g) + O_2(g)$ 建立平衡。有 56% 的 NO_2 转化为 NO 和 O_2，求 $K^\ominus$。若要使 NO_2 的转化率增加到 80%，则平衡时压力是多少？

解: 设最初容器中有 1 mol 的 NO_2，则

（1） $$2NO_2(g) \Longleftrightarrow 2NO(g) + O_2(g)$$

反应初物质的量/mol	1	0	0
平衡时物质的量/mol	$1-0.56$	0.56	0.28

依题意，该过程为一恒压、恒温过程，

$$n_{总} = 1 + 0.28 = 1.28 \text{ mol}$$

各物质对应的物质的量分数为

$$x(NO_2) = \frac{1-0.56}{1.28} = 0.34$$

$$x(NO) = \frac{0.56}{1.28} = 0.44$$

$$x(O_2) = \frac{0.28}{1.28} = 0.22$$

$$K^{\ominus}=\frac{[p(\mathrm{NO})/p^{\ominus}]^2[p(\mathrm{O_2})/p^{\ominus}]}{[p(\mathrm{NO_2})/p^{\ominus}]^2}$$

$$=\frac{(0.44p_{\text{总}}/p^{\ominus})^2\times(0.22p_{\text{总}}/p^{\ominus})}{(0.34p_{\text{总}}/p^{\ominus})^2}=0.37$$

(2) $\qquad\qquad 2\mathrm{NO_2(g)}\Longrightarrow 2\mathrm{NO(g)}+\mathrm{O_2(g)}$

反应初物质的量/mol $\qquad$ 1 $\qquad\qquad$ 0 $\qquad$ 0

平衡时物质的量/mol $\qquad$ 1−0.80 $\qquad$ 0.80 $\qquad$ 0.40

$$n_{\text{总}}=1+0.40=1.40 \text{ mol}$$

$$x(\mathrm{NO_2})=\frac{1-0.80}{1.40}=0.14$$

$$x(\mathrm{NO})=\frac{0.80}{1.40}=0.57$$

$$x(\mathrm{O_2})=\frac{0.40}{1.40}=0.29$$

$$K^{\ominus}=\frac{[p(\mathrm{NO})/p^{\ominus}]^2[p(\mathrm{O_2})/p^{\ominus}]}{[p(\mathrm{NO_2})/p^{\ominus}]^2}$$

$$=\frac{(0.57p_{\text{总}}/p^{\ominus})^2(0.29p_{\text{总}}/p^{\ominus})}{(0.14p_{\text{总}}/p^{\ominus})^2}=0.37$$

$$p_{\text{总}}=7.7 \text{ kPa}$$

27. 将 1.50 mol NO，1.00 mol $\mathrm{Cl_2}$ 和 2.50 mol NOCl 放在容积为 15.0 L 的容器中混合，230℃时，反应 $2\mathrm{NO(g)}+\mathrm{Cl_2(g)}\Longrightarrow 2\mathrm{NOCl(g)}$ 达到平衡，测得有 3.06 mol 的 NOCl 存在。计算平衡时 NO 的物质的量和该反应的标准平衡常数。

解：以物质的量的变化为基准进行计算。平衡时 NOCl 的物质的量增加了 （3.06−2.50）mol，即增加了 0.56 mol，由反应方程式的计量系数可以列出平衡组成。

$$\qquad\qquad\qquad 2\mathrm{NO(g)} \quad + \quad \mathrm{Cl_2(g)}\Longrightarrow 2\mathrm{NOCl(g)}$$

开始时 n_B/mol $\qquad$ 1.50 $\qquad\qquad$ 1.00 $\qquad$ 2.50

平衡时 n_B/mol $\qquad$ 1.50−0.56 $\quad$ 1.00−1/2×0.56 $\quad$ 3.06

$$n(\mathrm{NO})=1.50-0.56=0.94 \text{ mol}$$

$$n(\mathrm{Cl_2})=1.00-1/2\times0.56=0.72 \text{ mol}$$

$$p(\mathrm{NO})=\frac{n(\mathrm{NO})RT}{V}=\frac{0.94\times8.314\times503}{15.0}=262 \text{ kPa}$$

$$p(\mathrm{Cl_2})=\frac{n(\mathrm{Cl_2})RT}{V}=\frac{0.72\times8.314\times503}{15.0}=201 \text{ kPa}$$

$$p(\mathrm{NOCl})=\frac{n(\mathrm{NOCl})RT}{V}=\frac{3.06\times8.314\times503}{15.0}=853 \text{ kPa}$$

$$K^{\ominus}=\frac{[p(\mathrm{NOCl})/p^{\ominus}]^2}{[p(\mathrm{NO})/p^{\ominus}]^2[p(\mathrm{Cl_2})p^{\ominus}]}=\frac{(853/100)^2}{(262/100)^2(201/100)}=5.27$$

28. 反应 $\mathrm{PCl_5(g)}\Longrightarrow \mathrm{PCl_3(g)}+\mathrm{Cl_2(g)}$ 在 760 K 时的标准平衡常数 $K^{\ominus}$ 为 33.3。若将 50.0 g 的 $\mathrm{PCl_5}$ 注入容积为 3.00L 的密闭容器中，求 760 K 下反应达平衡时 $\mathrm{PCl_3}$ 的分解率，此时容器中的压力是多少？

解： $n(PCl_5) = \dfrac{m(PCl_5)}{M(PCl_5)} = \dfrac{50}{208} = 0.240 \text{ mol}$

PCl_5 的初始分压为

$$p(PCl_5) = \frac{n(PCl_5)RT}{V} = \frac{0.24 \times 8.314 \times 760}{3.00} = 505 \text{ kPa}$$

$$p(PCl_5)/p^\ominus = \frac{505}{100} = 5.05$$

该反应在恒温恒容下进行，以 $p_B/p^\ominus$ 为基准计算。

$$PCl_5(g) \Longrightarrow PCl_3(g) + Cl_2(g)$$

开始时 $p_B/p^\ominus$ 5.05   0   0

平衡时 $p_B/p^\ominus$ 5.05−x   x   x

$$K^\ominus = \frac{[p(PCl_3)/p^\ominus][p(Cl_2)/p^\ominus]}{[p(PCl_5)/p^\ominus]} = \frac{x^2}{5.05-x} = 33.3$$

解得 $x = 4.45$

在恒容恒温下转化的 PCl_5 的分压为

$$p(\text{转}, PCl_5) = 4.45 \times 100 = 445 \text{ kPa}$$

PCl_5 的分解率为

$$\alpha = \frac{n(\text{转}, PCl_5)}{n(\text{初}, PCl_5)} \times 100\% = \frac{p(\text{转}, PCl_5)}{p(\text{初}, PCl_5)} \times 100\%$$

$$= \frac{445}{505} \times 100\% = 88.1\%$$

平衡时 $p(PCl_5) = (5.05-4.45) \times 100 = 60 \text{ kPa}$

$$p(PCl_3) = p(Cl_2) = 445 \text{ kPa}$$

总压力为： $p = p(PCl_5) + p(PCl_3) + p(Cl_2) = 60 + 445 + 445 = 950 \text{ kPa}$

** 29. The latent heat of vaporization of water is 40.0 kJ·mol^{-1} at 373 K and 101.325 kPa. For the vaporization of 1mol of water under these conditions, calculate the external work done and the changes in internal energy (U), enthalpy (H), Gibbs free energy (G), entropy (S).

Solution： $W = -p\Delta V = -RT = -8.314 \times 373 = -3.1 \text{ kJ}$

$\Delta U = \Delta H - RT = 40 - 3.1 = 36.9 \text{ kJ}$

$\Delta H = 40 \text{ kJ}$

$\Delta G = 0 \text{ kJ}$(because water and steam in equilibrium at 373 K)

$\Delta S = \Delta H/T = 107 \text{ J·K}^{-1}\text{·mol}^{-1}$

** 30. The heats of formation of CO and CO$_2$ at constant pressure and 298 K are −110.5 kJ·mol^{-1} and −393.5 kJ·mol^{-1}, respectively. Calculate the corresponding heats of formation at constant volume.

Solution：

$$\Delta_r H^{\ominus}_{m,\,II(1)} = \Delta_r H^{\ominus}_{m,\,I} - \Delta_r H^{\ominus}_{m,\,II(2)}$$
$$= -393.51 - (-110.54) = -282.97 \text{ kJ} \cdot \text{mol}^{-1}$$

**31. The equilibrium constant K_p for the dissociation of dinitrogen tetroxide into nitrogen dioxide is 1.34 atm at 60℃ and 6.64 atm at 100℃. Determine the free energy change of this reaction at each temperature，and the mean heat content（enthalpy）change over the temperature range.

Solution：

$$\Delta G^{\ominus}_{333K} = -RT\ln K^{\ominus} = -8.314 \times 333 \times 10^{-3} \times \ln 1.34 = -0.810 \text{ kJ} \cdot \text{mol}^{-1}$$

$$\Delta G^{\ominus}_{373K} = -RT\ln K^{\ominus} = -8.314 \times 373 \times 10^{-3} \times \ln 6.64 = -5.870 \text{ kJ} \cdot \text{mol}^{-1}$$

因为 $\ln \dfrac{K^{\ominus}_2}{K^{\ominus}_1} = \dfrac{\Delta H^{\ominus} \times 10^3}{8.314}\left(\dfrac{T_2 - T_1}{T_2 \times T_1}\right)$

所以 $\ln \dfrac{6.64}{1.34} = \dfrac{\Delta H^{\ominus} \times 10^3}{8.314}\left(\dfrac{373-333}{373 \times 333}\right)$

$$\Delta H^{\ominus} = 41.3 \text{ kJ} \cdot \text{mol}^{-1}$$

五、自测试卷（共 100 分）

一、选择题（每题 2 分，共 40 分）

1. 下列各组符号中全部是状态函数的一组是（　　）

A. T、P、n、V　　　B. U、Q、H、S　　　C. G、W、T、Q_p　　　D. Δn、H、ΔS、U

2. 下列情况中肯定属于封闭体系的是（　　）

A. 用水壶烧开水

B. NaOH 溶液与 HCl 溶液在烧杯中反应

C. 氢气在盛有氯气的密闭刚性绝热容器中燃烧

D. 反应 $N_2O_4(g) \Longrightarrow 2NO_2(g)$ 在密闭容器中进行

3. 按通常规定，下列物质中标准生成焓为零的物质是（　　）

A. $Br_2(g)$　　　　　　B. $N_2(g)$　　　　　　C. P（红磷）　　　　　　D. C（金刚石）

4. $CO_2(g)$ 的生成焓等于（　　）

A. $CO_2(g)$ 的燃烧焓　　　　　　　　　　B. $CO(g)$ 的燃烧焓

C. 石墨的燃烧焓　　　　　　　　　　　　D. 金刚石的燃烧焓

5. 由下列数据确定 $CH_4(g)$ 的 $\Delta_f H^{\ominus}_m$ 为（　　）

$C(s,石墨) + O_2(g) \Longrightarrow CO_2(g)$，$\Delta_r H^{\ominus}_m = -393.5 \text{ kJ} \cdot \text{mol}^{-1}$

$H_2(g) + 1/2 O_2(g) \Longrightarrow H_2O(l)$，$\Delta_r H^{\ominus}_m = -286 \text{ kJ} \cdot \text{mol}^{-1}$

$CH_4(g) + 2O_2(g) \Longrightarrow CO_2(g) + 2H_2O(l)$，$\Delta_r H^{\ominus}_m = -890.3 \text{ kJ} \cdot \text{mol}^{-1}$

A. $-75.2\ kJ\cdot mol^{-1}$ B. $75.2\ kJ\cdot mol^{-1}$

C. $210.8\ kJ\cdot mol^{-1}$ D. $-210.8\ kJ\cdot mol^{-1}$

6. 已知结晶态硅和无定形硅的燃烧焓分别为$-850.6\ kJ\cdot mol^{-1}$和$-867.3\ kJ\cdot mol^{-1}$，则由无定形硅转化为结晶态硅的热效应为（　　　）

A. 吸热   B. $16.7\ kJ\cdot mol^{-1}$

C. $-16.7\ kJ\cdot mol^{-1}$ D. 无法判断

7. 体系在某一过程中吸收了热$Q=83.0\ J$，对外做功$W=-28.8\ J$，则环境的热力学能的变化ΔU（　　　）

A. $111.8\ J$ B. $54.2\ J$ C. $-54.2\ J$ D. $-111.8\ J$

8. 下列叙述中正确的是（　　　）

A. 由于熵是体系混乱度的量度，所以盐从饱和溶液中结晶析出的过程总是熵增过程

B. 对于 $H_2O(g)\Longrightarrow H_2O(l)$ 来说，其 ΔH 与 ΔS 有相同的正负号

C. 无论何种情况，只要 $\Delta S>0$，该反应就是自发反应

D. 物质的量增加的反应就是熵增反应

9. 室温下，稳定状态单质的标准熵为（　　　）

A. 零   B. 小于零   C. 大于零   D. 无法确定

10. 温度升高 $100\ K$ 后，下列反应的 $\Delta_r S_m^{\ominus}$ 应为（　　　）

$2NH_3(g)+3Cl_2(g)\Longrightarrow N_2(g)+6HCl(g)$，$\Delta_r H_m^{\ominus}(298.15\ K)=-461.5\ kJ\cdot mol^{-1}$

A. $>\Delta_r S_m^{\ominus}$ $(298.15\ K)$ B. $<\Delta_r S_m^{\ominus}$ $(298.15\ K)$

C. $\approx\Delta_r S_m^{\ominus}$ $(298.15\ K)$ D. $=\Delta_r S_m^{\ominus}$ $(298.15\ K)$

11. 反应 $2HI(g)\Longrightarrow H_2(g)+I_2(s)$ 在 $25℃$ 时自发，其逆反应在高温下为自发反应，由此判断该反应的 ΔH 和 ΔS 为（　　　）

A. $\Delta H>0$，$\Delta S<0$ B. $\Delta H<0$，$\Delta S>0$ C. $\Delta H>0$，$\Delta S>0$ D. $\Delta H<0$，$\Delta S<0$

12. 影响化学平衡常数的因素有（　　　）

A. 催化剂   B. 反应物的浓度   C. 总浓度   D. 温度

13. 在 $373.15K$ 和 $p^{\ominus}$ 压力下的密闭容器中，液态水蒸发为水蒸气的过程中，体系的热力学函数变化值为零的是（　　　）

A. $\Delta H^{\ominus}$ B. ΔU C. $\Delta G^{\ominus}$ D. $\Delta S^{\ominus}$

14. 已知下列前三个反应的 $K^{\ominus}$ 的值，则第四个反应的 $K^{\ominus}$ 值应为（　　　）

(1) $H_2(g)+\dfrac{1}{2}O_2(g)\Longrightarrow H_2O(g)$，$K_1^{\ominus}$

(2) $N_2(g)+O_2(g)\Longrightarrow 2NO(g)$，$K_2^{\ominus}$

(3) $2NH_3(g)+\dfrac{5}{2}O_2(g)\Longrightarrow 2NO(g)+3H_2O(g)$，$K_3^{\ominus}$

(4) $3H_2(g)+N_2(g)\Longrightarrow 2NH_3(g)$，$K_4^{\ominus}$

A. $K_1^{\ominus}+K_2^{\ominus}-K_3^{\ominus}$ B. $(K_1^{\ominus})^3K_2^{\ominus}/K_3^{\ominus}$

C. $K_1^{\ominus}K_3^{\ominus}/K_2^{\ominus}$ D. $K_1^{\ominus}K_2^{\ominus}/K_3^{\ominus}$

15. 改变下列哪一种情况，对任何已达到平衡的反应可使其产物增加（　　　）

A. 增加反应物   B. 加压   C. 加催化剂   D. 升温

16. 对可逆反应来说，其正反应和逆反应的平衡常数间的关系为（　　　）

A. 相等   B. 二者正、负号相反

C. 二者之和为 1   D. 二者之积为 1

17. 若反应 $\frac{1}{2}N_2(g) + \frac{3}{2}H_2(g) \Longrightarrow NH_3(g)$ 在某温度下的标准平衡常数为 2，那么在该温度下，氨合成反应 $N_2 + 3H_2 \Longrightarrow 2NH_3$ 的标准平衡常数是 （   ）

A. 2   B. 4   C. 1   D. 0.5

18. 将固体 NH_4NO_3 溶于水中，溶液变冷，则该过程的 ΔG，ΔH，ΔS 符号依次是 （   ）

A. ＋，－，－   B. ＋，＋，－   C. －，＋，－   D. －，＋，＋

19. 下列过程中，$\Delta G = 0$ 的是 （   ）

A. 氨在水中解离达平衡   B. 理想气体向真空膨胀

C. 乙醇溶于水   D. 炸药爆炸

20. 25℃时反应 $2SO_2(g) + O_2(g) \Longrightarrow 2SO_3(g)$ 的 $\Delta H^{\ominus} = -196.6 \ kJ \cdot mol^{-1}$，当其达到平衡时，$K$ 将 （   ）

A. 随温度升高而增大   B. 随温度升高而减小

C. 随加压而减小   D. 随产物的平衡浓度增大而增大

二、填空题（每个空格 1 分，共 10 分）

1. 体系与环境间发生变换情况不同，可将体系分为_____、_____和_____体系三类，它们的特点分别是_____。

2. 热力学能变化在数值上等于_____。

3. 正在进行的反应，随着反应进行，体系的吉布斯函数变必然_____；当 $\Delta_r G$ 等于_____时，反应达到_____状态。

4. 对于吸热反应，当温度升高时，标准平衡常数 $K^{\ominus}$ 将_____；若反应为放热反应，温度升高时，$K^{\ominus}$ 将_____。

三、简答题（每题 2.5 分，共 10 分）

1. 今有一密闭系统，当过程的始终态确定以后，下列各项是否有确定值：Q，W，$Q-W$，$Q+W$，ΔH 和 ΔG？

2. 已知下列热化学方程式：（1） $Fe_2O_3(s) + 3CO(g) \Longrightarrow 2Fe(s) + 3CO_2(g)$，$\Delta H^{\ominus}_{298} = -27.6 \ kJ \cdot mol^{-1}$；（2） $3Fe_2O_3(s) + CO(g) \Longrightarrow 2Fe_3O_4(s) + CO_2(g)$，$\Delta H^{\ominus}_{298} = -58.6 \ kJ \cdot mol^{-1}$；（3） $Fe_3O_4(s) + CO(g) \Longrightarrow 3FeO(s) + CO_2(g)$，$\Delta H^{\ominus}_{298} = 38.1 \ kJ \cdot mol^{-1}$；不用查表，计算下列反应的 $\Delta H^{\ominus}_{298}$：（4） $FeO(s) + CO \Longrightarrow Fe(s) + CO_2(g)$

3. 已知反应 $4CuO(s) \Longrightarrow 2Cu_2O(s) + O_2(g)$ 的 $\Delta H^{\ominus}_{298} = 292.0 \ kJ \cdot mol^{-1}$，$\Delta S^{\ominus}_{298} = 220.8 \ J \cdot K^{-1} \cdot mol^{-1}$，设它们皆不随温度变化。问：

(1) 298 K、标准状态下，上述反应是否正向自发？

(2) 若使上述反应正向自发，温度至少应为多少？

4. 反应 $2Cl_2(g)+2H_2O(g) \Longrightarrow 4HCl(g)+O_2(g)$ 的 $\Delta H^\ominus > 0$。请根据勒夏特列（Le Chatelier）平衡移动原理判断下列操作对平衡的影响。

（1）升高温度；

（2）加 $H_2O(g)$；

（3）加 $Cl_2(g)$；

（4）增大容器体积。

四、计算题（每题 10 分，共 40 分）

1. 计算下列各体系由状态 A 变化到状态 B 时热力学能的变化。

（1）吸收了 2000 kJ 热量，并对环境做功 300 kJ。

（2）向环境放出了 12.54 kJ 热量，并对环境做功 31.34 kJ。

（3）从环境吸收了 7.94 kJ 热量，环境对体系做功 31.34 kJ。

（4）向环境放出了 24.5 kJ 热量，环境对体系做功 26.15 kJ。

2. 在 523 K、2.0 L 的密闭容器中装入 0.7 mol $PCl_5(g)$，平衡时则有 0.5 mol $PCl_5(g)$ 按反应式 $PCl_5(g) \Longrightarrow PCl_3(g)+Cl_2(g)$ 分解。

（1）求该反应在 523 K 时的平衡常数 $K^\ominus$ 和 PCl_5 的转化率。

（2）在上述平衡体系中，使 $c(PCl_5)$ 增加到 0.2 mol·L^{-1} 时，求 523 K 下再次达到平衡时各物质的浓度和 PCl_5 的转化率。

（3）若在密闭容器中有 0.7 mol 的 PCl_5 和 0.1 mol 的 Cl_2，求 523 K 时 PCl_5 的转化率。

3. 已知下列各热化学方程式：

$$2NH_3(g) \Longrightarrow N_2(g)+3H_2(g) \qquad \Delta_r H_m^\ominus = 92.22 \text{ kJ·mol}^{-1}$$

$$H_2(g)+\frac{1}{2}O_2(g) \Longrightarrow H_2O(g) \qquad \Delta_r H_m^\ominus = -241.82 \text{ kJ·mol}^{-1}$$

$$4NH_3(g)+5O_2(g)\!=\!\!=\!\!=\!4NO(g)+6H_2O(g) \qquad \Delta_rH_m^{\ominus}=-905.48 \text{ kJ}\cdot\text{mol}^{-1}$$

计算 $NO(g)$ 的 $\Delta_fH_m^{\ominus}$。

4. 计算反应 $MgCO_3(s)\!=\!\!=\!\!=\!MgO(s)+CO_2(g)$ 在 298 K 时的标准焓变、吉布斯自由能变和熵变。

六、自测试卷参考答案

一、选择题

1	2	3	4	5	6	7	8	9	10
A	D	B	C	A	C	C	B	C	C
11	12	13	14	15	16	17	18	19	20
D	D	C	B	A	D	B	D	A	B

二、填空题

1. 敞开系统；封闭系统；孤立；敞开系统与环境既有物质交换，又有能量交换；封闭系统与环境只有能量交换，没有物质交换；孤立系统与环境没有物质交换，也没有能量交换

2. 恒容反应热

3. 增大；零；平衡

4. 增大；减小

三、简答题

1. $Q+W$，ΔH，ΔG 有确定值，Q，W，$Q-W$ 无确定值

2. $[(1)\times 3-(2)-(3)\times 2]/6=(4)$

$\Delta H^{\ominus}_{298}(4)=[(-27.6)\times 3-(-58.6)-38.1\times 2]/6=-16.72 \text{ kJ} \cdot \text{mol}^{-1}$

3. (1) $\Delta G^{\ominus}_{298}=292.0-298\times 220.8\times 10^{-3}=226.2 \text{ kJ} \cdot \text{mol}^{-1}>0$，不自发

(2) 需 $\Delta G^{\ominus}_{T}=292.0-T\times 220.8\times 10^{-3}<0$，$T>1322.5 \text{ K}$

4. (1) $K^{\ominus}\uparrow$，O_2 物质的量 $\uparrow$

(2) $K^{\ominus}$不变，H_2O 物质的量 $\uparrow$，Cl_2 物质的量 $\downarrow$

(3) $K^{\ominus}$不变，HCl 物质的量 $\uparrow$

(4) $K^{\ominus}$不变，O_2 物质的量 $\uparrow$

四、计算题

1. (1) 1700 kJ； (2) -43.88 kJ； (3) 39.28 kJ； (4) 1.65 kJ

2. (1) $K^{\ominus}_p=27.2$（或 $K^{\ominus}_c=0.625$）；71.4%； (2) $c(Cl_2)=0.30 \text{ mol} \cdot \text{L}^{-1}$；$c(PCl_3)=0.30 \text{ mol} \cdot \text{L}^{-1}$；$c(PCl_5)=0.15 \text{ mol} \cdot \text{L}^{-1}$；66.7%； (3) 68.6%

3. $90.25 \text{ kJ} \cdot \text{mol}^{-1}$

4. $100.8 \text{ kJ} \cdot \text{mol}^{-1}$； $48.2 \text{ kJ} \cdot \text{mol}^{-1}$； $174.8 \text{ J} \cdot \text{mol}^{-1} \cdot \text{K}^{-1}$

第三章

化学动力学基础

一、学习要求

1. **掌握:** 化学反应速率、基元反应、反应级数、反应分子数的概念;质量作用定律和零级、一级、二级反应的特征;浓度、温度及催化剂对反应速率的影响。

2. **熟悉:** 反映温度与反应速率关系的阿伦尼乌斯经验公式,并能用活化分子、活化能等概念解释浓度、温度、催化剂等外界因素对反应速率的影响。

3. **了解:** 反应速率理论。

二、本章要点

(一) 化学反应速率的表示法

化学反应进行的快慢是用化学反应速率来表示的。反应速率指单位时间内反应物或生成物浓度改变量的正值。又有平均速率和瞬时速率之分。

平均速率:$\overline{v} = \dfrac{-\Delta c_A}{\Delta t}$

瞬时速率:$v = \lim\limits_{\Delta t \to 0} \dfrac{-\Delta c_A}{\Delta t} = -\dfrac{dc_A}{dt}$

$$v = -\frac{1}{a}\frac{dc_A}{dt} = -\frac{1}{b}\frac{dc_B}{dt} = \frac{1}{g}\frac{dc_G}{dt} = \frac{1}{h}\frac{dc_H}{dt}$$

由此可见,反应速率与计量系数有关,使用时必须指明物质。

(二) 反应速率理论简介

1. 碰撞理论

(1) 碰撞理论:1918 年 Lewis 运用气体分子运动论的成果提出的一种反应速率理论。它假设。

① 原子、分子或离子只有相互碰撞才能发生反应,即碰撞是反应的先决条件;

② 只有少部分碰撞能导致化学反应，大多数反应物微粒碰撞后发生反弹而不发生化学反应。

（2）有效碰撞：能导致化学反应发生的碰撞，反之则为无效碰撞。

（3）活化能：对于基元反应，活化分子的最低能量与反应物分子平均能量之差，常用 E_a 表示；对于复杂反应，E_a 并没有直接的物理意义，因此，由实验求得的 E_a 也叫作"表观活化能"。

2. 过渡态理论

20 世纪 30 年代，在量子力学和统计力学发展基础上，由 Eyring 等提出的另一种反应速率理论。它认为反应物并不只是通过简单碰撞就能变成生成物，而是要经过一个中间过渡状态，即反应物分子首先形成活化络合物，通常它是一种短暂的高能态的"过渡区物种"，既能与原来的反应物建立热力学的平衡，又能进一步解离变为产物。

（三） 浓度对化学反应速率的影响

1. 基元反应速率与浓度的关系——质量作用定律

（1）基元反应：亦称为简单反应或元反应，指反应物分子在有效碰撞中一步直接转化为产物的反应。

（2）质量作用定律：指基元反应中反应物浓度对反应速率影响的定量关系"基元反应的速率与反应物以系数为方次的浓度项乘积成正比"，即可依此定律方便地写出基元反应的速率方程式。

对基元反应 $$a\mathrm{A}+d\mathrm{D}\Longrightarrow g\mathrm{G}+h\mathrm{H}$$

反应速率 $$v=kc_{\mathrm{A}}^{a}c_{\mathrm{D}}^{d}$$

上式就是质量作用定律的数学表达式，也称为基元反应的速率方程。

（3）速率常数 k：速率方程式中的比例常数称为速率常数。对不同的反应，k 的数值各异，对指定的反应，k 是与浓度无关而与反应温度和催化剂等因素有关的数值。k 在数值上等于各反应物浓度均为 $1\ \mathrm{mol \cdot L^{-1}}$ 时的反应速率，因此有时也称 k 为"比速率"。k 是有单位的量，k 的单位取决于反应速率的单位和各反应物浓度幂的指数。

$$k=\frac{v(\mathrm{mol \cdot L^{-1} \cdot s^{-1}})}{c_{\mathrm{A}}^{\alpha}c_{\mathrm{B}}^{\beta}\cdots(\mathrm{mol \cdot L^{-1}})^{n}}$$

2. 非基元反应的速率方程式

（1）非基元反应不能用质量作用定律直接写出它们的速率方程式，必须通过实验数据来确定反应速率方程式。

（2）无论是基元反应速率方程式还是非基元反应速率方程式，在应用时都应注意以下几点。

（ⅰ）如果反应物是气体，在反应速率方程式中可用气体分压来代替浓度。

（ⅱ）如果反应物中有纯固体或纯液体参加，则把它们的浓度视为常数，不写进速率方程式中。

（ⅲ）对有溶剂水参加的反应，如反应过程中溶剂的相对量变化不大时，则可以把水的浓度也近似看作常数而合并到速率常数项内。

3．反应级数和反应分子数

（1）反应级数：速率方程式中浓度项的指数 α、β 等称为参加反应的各组分 A、B…的级数，反应式总的反应级数（n）则是 A 和 B 的级数之和，即 $n=\alpha+\beta+\cdots$ 反应级数的大小说明浓度对反应速率影响的程度。级数越大，受浓度的影响就越明显。

当 $n=0$ 时称为零级反应，$n=1$ 时称为一级反应，$n=2$ 时称为二级反应。n 不一定都是正整数，它可以是分数，也可以是负数。

（2）反应分子数：指基元反应中发生反应的分子（原子或离子）的数目，取值是 1，2，3。

反应级数和反应分子数的概念是不同的。前者是根据实验求得的反应速率方程式而提出的概念，多用于总反应。而后者是从反应机理提出的概念，是指基元反应中实际参加反应的微粒数目，它只能是正整数，没有分数或小数。

4．一级、二级和零级反应

反应级数	速率方程	积分式	k 的单位	半衰期	线性关系
一级	$v=kc$	$\ln\dfrac{c_0}{c}=kt$	时间$^{-1}$	$t_{1/2}=\dfrac{0.693}{k}$	$\ln c \sim t$
二级	$v=kc^2$	$\dfrac{1}{c}-\dfrac{1}{c_0}=kt$	浓度$^{-1}\cdot$时间$^{-1}$	$t_{1/2}=\dfrac{1}{kc_0}$	$1/c \sim t$
零级	$v=k$	$c_0-c=kt$	浓度$\cdot$时间$^{-1}$	$t_{1/2}=\dfrac{c_0}{2k}$	$c \sim t$

（四）　温度对化学反应速率的影响

阿伦尼乌斯经验公式

1889 年，Arrhenius 由实验数据总结出速率常数 k 与反应温度 T（K）的关系式：

$$k=A\mathrm{e}^{-\frac{E_a}{RT}}$$

$$\ln k=-\frac{E_a}{RT}+\ln A$$

$$\ln\frac{k_2}{k_1}=\frac{E_a}{R}\left(\frac{1}{T_1}-\frac{1}{T_2}\right)=\frac{E_a}{R}\left(\frac{T_2-T_1}{T_1 T_2}\right)$$

式中，A 为常数，称为指前因子。

（五）　催化剂对反应速率的影响

1．催化剂和催化作用

催化剂是一种能改变反应速率，但不改变化学反应的平衡位置，而且在反应结束时，其本身的质量和组成都不发生变化的物质。催化剂在化学反应中的这种作用称为催化作用。通常把能加快反应速率的催化剂称为正催化剂，而把减慢反应速率的负催化剂称为阻化剂或抑制剂。

2．均相反应和多相反应

前者指反应物处在同一相（气相或液相）中的反应，后者指不同相中的反应。

3．酶及其催化作用

酶催化作用有下列特点：

（1）高效性；（2）高度的专一性；（3）酶催化反应所需的条件要求较高。

三、解题示例

1．对一级反应和二级反应而言，要绘出它们的浓度-时间图，需要测定哪些数据？

解：一级反应的速率方程为：$v = kc$　　　反应速率 $= kc(A)$

其积分形式是：$\ln c_t(A) = -kt + \ln c_0(A)$

以 $\ln[c_t(A)/\text{mol} \cdot \text{L}^{-1}]$ 对 t 作图，应该得到一条直线。直线的斜率和直线在纵坐标上的截距分别为 $-k$ 和 $\ln[c_0(A)/\text{mol} \cdot \text{L}^{-1}]$。

如果该反应是二级反应，则速率方程为：$v = kc^2$　　　反应速率 $= kc^2(A)$

其积分形式是：以 $1/c_t(A)$ 对 t 作图，应该得到一条直线。直线的斜率和直线在纵坐标上的截距分别为 k 和 $1/c_0(A)$。如果测得了不同时间反应物的浓度，就可以用尝试法确定反应的级数，从而也就确定了速率方程：如果 $\ln c_t \sim t$ 图为直线，反应为一级反应；如果 $(1/c_t) \sim t$ 图为直线，反应则为二级反应。

2．下列反应 $C_2H_5Br(g) \longrightarrow C_2H_4(g) + HBr(g)$ 在 650K 时速率常数是 $2.0 \times 10^{-5} \text{ s}^{-1}$；在 670 K 时的速率常数是 $7.0 \times 10^{-5} \text{ s}^{-1}$，求反应的活化能。

解：根据阿伦尼乌斯公式：$\ln k = \dfrac{-E_a}{RT} + \ln A$

$$\ln k_{650} = \frac{-E_a}{R \times 650} + \ln A$$

$$\ln k_{670} = \frac{-E_a}{R \times 670} + \ln A$$

$$\ln k_{650} + \frac{E_a}{R \times 650} = \ln k_{670} + \frac{E_a}{R \times 670}$$

$$
\begin{aligned}
E_a &= R\left(\frac{650 \times 670}{670 - 650}\right) \ln \frac{k_{670}}{k_{650}} \\
&= 8.31 \times \left(\frac{650 \times 670}{670 - 650}\right) \ln[(7.0 \times 10^{-5})/(2.0 \times 10^{-5})] \\
&= 2.27 \times 10^5 \text{ J} \cdot \text{mol}^{-1}
\end{aligned}
$$

3．某反应 $B \longrightarrow$ 产物，当 $[B] = 0.200 \text{ mol} \cdot \text{L}^{-1}$ 时，反应速率是 $0.0050 \text{ mol} \cdot \text{L}^{-1} \cdot \text{s}^{-1}$。如果（1）反应对 B 是零级；（2）反应对 B 是一级；（3）反应对 B 是二级。反应速率常数各是多少？

解：（1）$v = k[B]^0$　　$k = v = 0.0050 \text{ mol} \cdot \text{L}^{-1} \cdot \text{s}^{-1}$

（2）$v = k[B]$　　$k = v/[B] = 0.0050/0.200 = 0.025 \text{ s}^{-1}$

（3）$v = k[B]^2$　　$k = v/[B]^2 = 0.0050/0.200^2 = 0.13 \text{ L} \cdot \text{mol}^{-1} \cdot \text{s}^{-1}$

4．反应 $2A + B \longrightarrow A_2B$ 是基元反应，当某温度时若两反应物的浓度为 $0.01 \text{ mol} \cdot \text{L}^{-1}$，则初始反应速率为 $2.5 \times 10^{-3} \text{ mol} \cdot \text{L}^{-1} \cdot \text{s}^{-1}$。若 A 的浓度为 $0.015 \text{ mol} \cdot \text{L}^{-1}$，B 的浓度

为 0.030 mol $\cdot$ L^{-1}，那么初始反应速率为多少？

解：由于反应 $2A+B \longrightarrow A_2B$ 是基元反应，所以 $v=kc^2(A)c(B)$

依题意，$c(A)=c(B)=0.01$ mol $\cdot$ L^{-1}

$$v=2.5\times 10^{-3} \text{ mol} \cdot L^{-1} \cdot s^{-1}$$

代入上式可得　　$k=2.5\times 10^3$ $L^2 \cdot mol^{-2} \cdot s^{-1}$

当 $c(A)=0.015$ mol $\cdot$ L^{-1}，$c(B)=0.030$ mol $\cdot$ L^{-1} 时，

$$v=(2.5\times 10^3\times 0.015^2\times 0.030) \text{ mol} \cdot L^{-1} \cdot s^{-1}$$
$$=1.69\times 10^{-2} \text{ mol} \cdot L^{-1} \cdot s^{-1}$$

5. 某反应 $E_a=82$ kJ $\cdot$ mol^{-1}，速率常数 $k=1.2\times 10^{-2}$ L $\cdot$ $mol^{-1} \cdot s^{-1}$（300 K 时），求 400K 的 k。

解：根据 $\ln \dfrac{k_2}{k_1}=\dfrac{E_a(T_2-T_1)}{RT_1T_2}$

$$\ln k_2=\dfrac{E_a(T_2-T_1)}{RT_2T_1}+\ln k_1$$
$$=\dfrac{82\times 10^3\times(400-300)}{8.314\times 400\times 300}+\ln(1.2\times 10^{-2})$$
$$=8.22-4.42$$
$$=3.80$$
$$k_2=44.70 \text{ L} \cdot mol^{-1} \cdot s^{-1}$$

6. 某化学反应在 400 K 时完成 50%需 1.5 min，在 430 K 时完成 50%需 0.5 min，求该反应的活化能。

解：设反应开始时反应物浓度为 c mol $\cdot$ L^{-1}，且反应过程中体积不变，则在 $T_1=400$ K 和 $T_2=430$ K 时反应的平均速率为：

$$\bar{v}_1=\dfrac{(1.00-0.50)c}{1.50}=\dfrac{c}{3} \text{ mol} \cdot L^{-1} \cdot min^{-1}$$
$$\bar{v}_2=\dfrac{(1.00-0.50)c}{0.50}=c \text{ mol} \cdot L^{-1} \cdot min^{-1}$$

设在 T_1 和 T_2 时反应的反应速率理论不变，则反应的速率方程式不变，因此有 $v\propto k$，

$$k_2/k_1=c/(c/3)=3$$
$$E_a=\dfrac{RT_1T_2}{T_2-T_1}\ln \dfrac{k_2}{k_1}=\dfrac{8.314\times 430\times 400}{430-400}\ln 3$$
$$=5.23\times 10^4 \text{ J} \cdot mol^{-1}$$
$$=52.3 \text{ kJ} \cdot mol^{-1}$$

7. 在南极建立了一自动气象站，使用一种人造放射性物质 ^{210}Pa 的燃料电池。已知 ^{210}Pa 的半衰期为 138.4 天，燃料电池所提供的功率与放射性物质的衰变速率成正比。如果燃料电池提供的功率不允许下降到它最初值的 85%以下，试计算多长时间应更换一次这种燃料电池？已知放射性元素的衰变是一级反应。

解：一级反应：$t=1/k\times \ln(c_0/c_A)$

而 $k=\dfrac{\ln 2}{t_{1/2}}$

$$t = \frac{t_{1/2}}{\ln 2} \times \ln(c_0/c_A)$$

$$= \frac{138.4}{0.693} \times \ln(1/0.85) = 32.5 (天)$$

8. 下面说法你认为正确与否？说明理由。

（1）反应的级数与反应的分子数是同义词。

（2）反应速率常数的大小就是反应速率的大小。

（3）从反应速率常数的单位可以判断该反应的级数。

解：（1）这种说法不正确。反应级数是一个宏观概念，可以是分数、整数甚至负数。而反应分子数是一个微观概念，只能是整数。

（2）这种说法不正确。反应速率常数是对于某一个反应而言的，只与温度、催化剂有关，而反应速率还与浓度、压力等因素有关。

（3）正确。$k = \dfrac{v(\text{mol} \cdot \text{L}^{-1} \cdot \text{s}^{-1})}{c_A^\alpha c_B^\beta \cdots (\text{mol} \cdot \text{L}^{-1})^n}$，式中的 n 就是反应级数。

四、习题解答

1. 反应 $2NO(g) + 2H_2(g) \Longrightarrow N_2(g) + 2H_2O(g)$ 的速率方程式中，对 $NO(g)$ 为二次方，对 $H_2(g)$ 为一次方。

（1）写出 $N_2(g)$ 生成速率方程式。

（2）浓度表示为 $\text{mol} \cdot \text{L}^{-1}$，该反应速率常数 k 的单位是什么？

（3）如果浓度用气体分压（大气压为单位）表示，k 的单位又是什么？

（4）写出 $NO(g)$ 消耗的速率方程式，在这个方程式中，k 在数值上是否与问题（1）中方程式的 k 值相同？

解：（1）$v = \dfrac{dc_{N_2}}{dt} = k c_{NO}^2 c_{H_2}$

（2）$k = \dfrac{v}{c_{NO}^2 c_{H_2}} = \dfrac{\text{mol} \cdot \text{L}^{-1} \cdot \text{s}^{-1}}{(\text{mol} \cdot \text{L}^{-1})^2 \cdot (\text{mol} \cdot \text{L}^{-1})} = \text{L}^2 \cdot \text{mol}^{-2} \cdot \text{s}^{-1}$

（3）$k = \dfrac{\text{atm} \cdot \text{s}^{-1}}{(\text{atm})^2 \cdot \text{atm}} = \text{atm}^{-2} \cdot \text{s}^{-1}$

（4）$v' = \dfrac{dc_{NO}}{dt} = k' c_{NO}^2 c_{H_2}$

根据反应方程式中计量系数的关系，每生成 $1\text{mol } N_2(g)$，要消耗 $2\text{mol } NO(g)$。

$v' = 2v$ 故 $k' = 2k$

2. 求反应 $C_2H_5Br \longrightarrow C_2H_4 + HBr$ 在 700 K 时的速率常数。已知该反应活化能为 $225 \text{ kJ} \cdot \text{mol}^{-1}$，650 K 时 $k = 2.0 \times 10^{-3} \text{ s}^{-1}$。

解：$\ln \dfrac{k_{700}}{2.0 \times 10^{-3}} = \dfrac{225 \times 10^3}{8.314} \left(\dfrac{700 - 650}{700 \times 650} \right) = 2.974$

$k_{700} = 3.9 \times 10^{-2} \text{ s}^{-1}$

3. 反应 $C_2H_4 + H_2 \longrightarrow C_2H_6$ 在 300 K 时 $k_1 = 1.3 \times 10^{-3}$ mol·L^{-1}·s^{-1}，400 K 时 $k_2 = 4.5 \times 10^{-3}$ mol·L^{-1}·s^{-1}，求该反应的活化能 E_a。

解：$\ln \dfrac{4.5 \times 10^{-3}}{1.3 \times 10^{-3}} = \dfrac{E_a}{8.314}\left(\dfrac{400-300}{400 \times 300}\right)$

$E_a = 12.37$ kJ·mol^{-1}

4. 某反应的活化能为 180 kJ·mol^{-1}，800 K 时反应速率常数为 k_1，求 $k_2 = 2k_1$ 时的反应温度。

解：$\ln \dfrac{k_2}{k_1} = \ln 2 = \dfrac{180 \times 10^3}{8.314}\left(\dfrac{T_2 - 800}{800 T_2}\right)$

$T_2 = 821$ K

5. 设某一化学反应的活化能为 100 kJ·mol^{-1}，（1）当温度从 300 K 升高到 400 K 时速率加快了多少倍？（2）温度从 400 K 升高到 500 K 时速率加快了多少倍？说明在不同温度区域，温度同样升高 100 K，反应速率加快倍数有什么不同？

解：根据公式 $\ln \dfrac{k_2}{k_1} = \dfrac{E_a}{R}\left(\dfrac{T_2 - T_1}{T_2 T_1}\right)$ 求解

（1）$\ln \dfrac{k_2}{k_1} = \dfrac{100 \times 10^3}{8.314} \times \dfrac{400-300}{400 \times 300} = 10.02$

$\dfrac{k_2}{k_1} = 22471$

（2）$\ln \dfrac{k_2}{k_1} = \dfrac{100 \times 10^3}{8.314} \times \dfrac{500-400}{500 \times 400} = 6.014$

$\dfrac{k_2}{k_1} = 409$

（3）以上计算说明，温度越高，升高同样温度使反应速率加快倍数越少。这是由于温度高时本身反应速率快，升温反应加快的倍数相应较小。范特霍夫规则：温度升高 10℃，反应速率增加 2~3 倍。它仅是一个近似规则，实际上与基础温度及活化能有关。

6. 某药物在人体血液中的反应过程为一级反应，已知半衰期为 50 h，（1）问服药 24 h 后药物在血液中浓度降低到原来的百分之几？（2）在服药 1 片后 12 h 测得血药浓度为 3 ng·mL^{-1}，已知血药浓度必须不低于 2.54 ng·mL^{-1} 才能保持药效，问服药后隔多少时间必须再次服药？（注：ng 为纳克即 10^{-9} 克）。

解：（1）

一级反应的半衰期：

$$t_{1/2} = \dfrac{\ln 2}{k} = \dfrac{0.693}{k}$$

$$k = \dfrac{0.693}{50} = 0.0139 \text{ h}^{-1}$$

又 $\ln \dfrac{c_0}{c} = kt$

$$\ln \dfrac{c_0}{c} = 0.0139 \times 24 = 0.3336$$

$$\frac{c_0}{c} = 1.40 \Rightarrow \frac{c}{c_0} = 0.717$$

服药 24 h 后药物在血液中浓度降为原来的 71.7%。

（2）

$$\ln \frac{c_0}{c} = kt \Rightarrow \ln \frac{3}{2.54} = 0.0139t$$

$$t = 12 \text{ h}$$

故服药后应间隔 24 h 再次服药才能保证药效。

* 7. 二甲醚热分解反应 $CH_3OCH_3(g) \longrightarrow CH_4(g) + H_2(g) + CO(g)$ 为一级反应，在 504℃下，如起始醚的压力为 42 kPa，经 2000 s 后系统压力为 80 kPa。求：（1）此反应在 504℃下的速率常数 k；（2）如测出此反应在 600℃下的半衰期为 140 s，求反应的活化能。假设活化能不随温度而变。

解：（1）$CH_3OCH_3(g) \longrightarrow CH_4(g) + H_2(g) + CO(g)$

| $t=0$ | p_0 | 0 | 0 | 0 |
| $t=t$ | p | $p_0 - p$ | $p_0 - p$ | $p_0 - p$ |

t 时的总压 $p_t = p + 3(p_0 - p)$，故

$$p = \frac{3p_0 - p_t}{2} = \frac{3 \times 42 - 80}{2} = 23 \text{ kPa}$$

一级反应：$k = \frac{1}{t} \ln \frac{p_0}{p} = \frac{1}{2000} \ln \frac{42}{23}$

$k = 3.0 \times 10^{-4} \text{ s}^{-1}$

（2）

一级反应的半衰期：

$$t_{1/2} = \frac{\ln 2}{k} = \frac{0.693}{k}$$

$$k = \frac{0.693}{140} = 0.00495 \text{ s}^{-1}$$

根据阿伦尼乌斯公式：

$$E_a = \frac{RT_1T_2}{T_2 - T_1} \ln \frac{k_2}{k_1} = \frac{8.314 \times 873 \times 777}{873 - 777} \ln \frac{0.00495}{3.0 \times 10^{-4}}$$

$$= 164.7 \text{ kJ} \cdot \text{mol}^{-1}$$

* 8. 295 K 时，反应 $2NO + Cl_2 \longrightarrow 2NOCl$，其反应物浓度与反应速率关系的数据如下：

$c(NO)/\text{mol} \cdot \text{L}^{-1}$	$c(Cl_2)/\text{mol} \cdot \text{L}^{-1}$	$v(Cl_2)/\text{mol} \cdot \text{L}^{-1} \cdot \text{s}^{-1}$
0.100	0.100	8.0×10^{-3}
0.500	0.100	2.0×10^{-1}
0.100	0.500	4.0×10^{-2}

问：（1）对不同反应物反应级数各为多少？（2）写出反应的速率方程。（3）反应的速率常数为多少？

解：（1）从表中实验数据可知，当 $c(NO)$ 不变时，$v(Cl_2) \propto c(Cl_2)$；当 $c(Cl_2)$ 不变时，$v(Cl_2) \propto c^2(NO)$。因此，反应对 NO 为二级，对 Cl_2 为一级。

(2) $v = kc^2(NO)c(Cl_2)$

(3) 将表中任意一组数据代入速率方程。可求出 k：

$$k = \frac{v}{c^2(NO)c(Cl_2)} = \frac{8 \times 10^{-3}}{(0.1)^2 \times 0.1} = 8.0 \ L^2 \cdot mol^{-2} \cdot s^{-1}$$

9. 高温时 NO_2 分解为 NO 和 O_2，其反应速率方程式为：

$$v(NO_2) = kc^2(NO_2)$$

在 592 K，速率常数是 $4.98 \times 10^{-1} \ L \cdot mol^{-1} \cdot s^{-1}$，在 656 K，其值变为 $4.74 \ L \cdot mol^{-1} \cdot s^{-1}$，计算该反应的活化能。

解：

根据阿伦尼乌斯公式：

$$E_a = \frac{RT_1 T_2}{T_2 - T_1} \ln \frac{k_2}{k_1} = \frac{8.314 \times 592 \times 656}{656 - 592} \ln \frac{4.74}{4.98 \times 10^{-1}}$$
$$= 113.6 \ kJ \cdot mol^{-1}$$

10. $CO(CH_2COOH)_2$ 在水溶液中分解成丙酮和二氧化碳，283 K 时分解反应的速率常数为 $1.08 \times 10^{-4} \ mol \cdot L \cdot s^{-1}$，333 K 时为 $5.48 \times 10^{-2} \ mol \cdot L \cdot s^{-1}$，试计算在 303 K 时，分解反应的速率常数。

解：

根据阿伦尼乌斯公式：

$$E_a = \frac{RT_1 T_2}{T_2 - T_1} \ln \frac{k_2}{k_1} = \frac{8.314 \times 283 \times 333}{333 - 283} \ln \frac{5.48 \times 10^{-2}}{1.08 \times 10^{-4}}$$
$$= 9.76 \times 10^4 \ J \cdot mol^{-1}$$

$$\ln \frac{k_2}{k_1} = \frac{E_a}{R} \left(\frac{1}{T_1} - \frac{1}{T_2} \right)$$

代入数据，得

$$k_2 = 1.61 \times 10^{-3} \ mol \cdot L^{-1} \cdot s^{-1}$$

*11. 反应 $2NO(g) + H_2(g) \longrightarrow N_2(g) + H_2O(g)$ 的反应速率表达式为 $v = kc_{NO}^2 c_{H_2}$，试讨论下列各种条件变化时对初速率有何影响。

(1) NO 的浓度增加一倍；

(2) 有催化剂参加；

(3) 降低温度；

(4) 将反应容器的容积增大一倍；

(5) 向反应体系中加入一定量的 N_2。

解：(1) NO 的浓度增加一倍，初速率增大到原来的 4 倍；

(2) 有催化剂参加，初速率增大；

(3) 降低温度，初速率减小；

(4) 将反应器的容积增大一倍，初速率减小到原来的 1/8；

(5) 向反应体系中加入一定量的 N_2，初速率不变。

*12. 已知反应 $C_2H_4 + H_2 \longrightarrow C_2H_6$ 的活化能 $E_a = 180 \ kJ \cdot mol^{-1}$，在 700 K 时的速率常数 $k_1 = 1.3 \times 10^{-8} \ L \cdot mol^{-1} \cdot s^{-1}$。求 730 K 时的速率常数 k_2 和反应速率增加的倍数。

解：

$$\ln \frac{k_2}{k_1} = \frac{E_a}{R}\left(\frac{1}{T_1} - \frac{1}{T_2}\right)$$

代入数据，得

$$k_2 = 4.6 \times 10^{-8} \ mol \cdot L^{-1} \cdot s^{-1}$$

故

$$\frac{k_2}{k_1} = 3.5$$

即反应速率增加了 2.5 倍。

** 13. The first-order rate constant for the decomposition of a certain insecticide in water at 12℃ is 1.45 year^{-1}, A quantity of this insecticide is washed into a lake on June 1, leading to a concentration of 5.0×10^{-7} g·mL^{-1} of water. Assume that the effective temperature of the lake is 12℃. (a) What is the concentration of the insecticide on June 1 of the following year? (b) How long will it take for the concentration of the insecticide to drop to 3.0×10^{-7} g·mL^{-1}?

Solution：

（1）

$$\ln \frac{c_0}{c} = kt$$

$$\ln \frac{5.0 \times 10^{-7}}{c} = 1.45 \times 1$$

$$c = 1.2 \times 10^{-7} \ g \cdot mL^{-1}$$

（2）

$$\ln \frac{c_0}{c} = kt$$

$$\ln \frac{5.0 \times 10^{-7}}{3.0 \times 10^{-7}} = 1.45 \times t$$

$$t = 0.35 \ year$$

** 14. The following table shows the rate constants for the rearrangement of methyl isonitrile H_3C—NC at various temperatures (these are the data that are graphed in right figure)：

Temperature/℃	k/s^{-1}
189.7	2.52×10^{-5}
198.9	5.25×10^{-5}
230.3	6.30×10^{-4}
251.2	3.16×10^{-3}

（1）From these data calculate the activation energy for the reaction. （2）What is the value of the rate constant at 430.0 K?

Solution：

(1)

$$E_a = \frac{RT_1T_2}{T_2-T_1}\ln\frac{k_2}{k_1} = \frac{8.314\times462.7\times503.3}{503.3-462.7}\ln\frac{6.30\times10^{-4}}{2.52\times10^{-5}}$$

$$= 154 \text{ kJ}\cdot\text{mol}^{-1}$$

(2)

$$\ln\frac{k_2}{k_1} = \frac{E_a}{R}\left(\frac{1}{T_1}-\frac{1}{T_2}\right)$$

$$\ln\frac{6.3\times10^{-4}}{k_2} = \frac{154\times10^3}{8.314}\left(\frac{1}{430}-\frac{1}{503.3}\right)$$

$$k_1 = 1.1\times10^{-6} \text{ mol}\cdot\text{L}^{-1}\cdot\text{s}^{-1}$$

五、自测试卷 （共100分）

一、选择题 （每题2分，共40分）

1. 反应 $C(s)+O_2(g)\longrightarrow CO_2(g)$ 的 $\Delta_r H_m^{\ominus}<0$，欲增加正反应速率，下列措施肯定无用的是（　　）

A. 增加氧气的分压　　　B. 升温　　　　　　C. 加入催化剂　　　D. 减小 CO_2

2. 二级反应的速率常数 k 的单位是（　　）

A. s^{-1} 　　　　　　　　　　　　　B. $\text{mol}\cdot\text{L}^{-1}\cdot\text{s}^{-1}$

C. $\text{mol}^{-1}\cdot\text{L}\cdot\text{s}^{-1}$ 　　　　　　　D. $\text{mol}^{-2}\cdot\text{L}^{-1}\cdot\text{s}^{-1}$

3. 向一反应体系中加入催化剂，正反应的活化能降低了 ΔE_+，逆反应的活化能降低了 ΔE_-，则（　　）

A. $\Delta E_+=\Delta E_-$ 　　　B. $\Delta E_+>\Delta E_-$ 　　C. $\Delta E_+<\Delta E_-$ 　　D. 无法确定其大小

4. 某反应的速率方程为 $v=kc^2(A)$，则指前因子的单位为（　　）

A. $\text{kJ}\cdot\text{mol}^{-1}$ 　　　B. s^{-1} 　　　　C. $\text{mol}\cdot\text{L}^{-1}\cdot\text{s}^{-1}$ 　　D. $\text{L}\cdot\text{mol}^{-1}\cdot\text{s}^{-1}$

5. 已知反应 $BrO_3^-+5Br^-+6H^+ =\!=\!= 3Br_2+3H_2O$，对 Br^-、BrO_3^- 均为一级反应，对 H^+ 为二级反应，设该反应在酸性缓冲溶液中进行，若向该反应体系加入等体积的含等浓度 Br^- 的溶液，其速率变为原来的（　　）

A. 1/16 倍 　　　　　B. 1/8 倍 　　　　C. 1/2 倍 　　　　D. 1/4 倍

6. 对于零级反应，反应速率常数的单位（　　）

A. $\text{mol}\cdot\text{L}^{-1}\cdot\text{s}^{-1}$ 　　　　　　　　B. $\text{mol}^{-1}\cdot\text{L}\cdot\text{s}^{-1}$

C. $\text{mol}\cdot\text{L}\cdot\text{s}^{-1}$ 　　　　　　　　　D. s^{-1}

7. 反应 $2SO_2(g)+O_2(g)\longrightarrow 2SO_3(g)$ 的反应速率可以表示为 $v=-\dfrac{dc(O_2)}{dt}$，也可以表示为（　　）

A. $v_1=2\dfrac{dc(SO_3)}{dt}$ 　　　　　　　　B. $v_2=\dfrac{1}{2}\dfrac{dc(SO_3)}{dt}$

C. $v_3=-2\dfrac{dc(SO_2)}{dt}$ 　　　　　　　　D. $v_4=\dfrac{dc(SO_2)}{dt}$

8. 25℃时反应 $N_2(g) + 3H_2(g) \longrightarrow 2NH_3(g)$ 的 $\Delta H^{\ominus} = -92.38$ kJ·mol^{-1}，若温度升高时，（　　）

　　A. 正反应速率增大，逆反应速率减小　　B. 正反应速率减小，逆反应速率增大

　　C. 正反应速率增大，逆反应速率增大　　D. 正反应速率减小，逆反应速率减小

9. 质量作用定律适用于（　　）

　　A. 反应物、生成物系数都是 1 的反应　　B. 那些一步完成的简单反应

　　C. 任何能进行的反应　　　　　　　　　D. 多步完成的复杂反应

10. 某种酶催化反应的活化能为 50.0 kJ·mol^{-1}，正常人的体温为 37℃，若病人发烧至 40℃，则此酶催化反应的反应速率增加了（　　）

　　A. 121%　　　　　　　B. 21%　　　　　　　C. 42%　　　　　　　D. 1.21%

11. 若反应 $A + B \longrightarrow C$，对于 A 和 B 来说均为一级的，下列说法中正确的是（　　）

　　A. 此反应为一级反应

　　B. 两种反应物中，无论哪一种的浓度增大一倍，都将使反应速率增加一倍

　　C. 两种反应物的浓度同时减半，则反应速率也将减半

　　D. 该反应速率常数的单位为 s^{-1}

12. 升高温度能加快反应速率的原因是（　　）

　　A. 加快了分子运动速率，增加分子碰撞的机会

　　B. 降低反应的活化能

　　C. 增大活化分子百分数

　　D. 以上说法都对

13. 在 25℃及 101.325 kPa 时，反应 $O_3(g) + NO(g) \longrightarrow O_2(g) + NO_2(g)$ 的活化能为 10.7 kJ·mol^{-1}，ΔH 为 -193.8 kJ·mol^{-1}，则其逆反应的活化能为（　　）

　　A. 204.5 kJ　　　　　　　　　　　　　B. 204.5 kJ·mol^{-1}

　　C. 183.1 kJ·mol^{-1}　　　　　　　　　D. -204.5 kJ·mol^{-1}

14. 反应 A 和反应 B，在 25℃时 B 的反应速率较快；在相同的浓度条件下，45℃时 A 比 B 的反应速率快，则这两个反应的活化能间的关系是（　　）

　　A. A 反应活化能较大　　　　　　　　　B. B 反应的活化能较大

　　C. A、B 活化能大小无法确定　　　　　D. 反应速率和 A、B 活化能大小无关

15. 某反应的速率方程是 $v = k[c(A)]^x[c(B)]^y$，当 $c(A)$ 减少 50% 时，v 降低至原来的 1/4，当 $c(B)$ 增大至原来的 2 倍时，v 增大至原来的 1.41 倍，则 x、y 分别为（　　）

　　A. $x = 0.5$，$y = 1$　　　　　　　　　B. $x = 2$，$y = 0.7$

　　C. $x = 2$，$y = 0.5$　　　　　　　　　D. $x = 2$，$y = 2$

16. 某反应的活化能为 181.6 kJ·mol^{-1}，当加入催化剂后，该反应的活化能为 151 kJ·mol^{-1}，当温度为 800 K 时，加催化剂后反应速率近似增大了（　　）

　　A. 200 倍　　　　　　　B. 99 倍　　　　　　　C. 50 倍　　　　　　　D. 2 倍

17. 影响化学反应速率的首要因素是（　　）

　　A. 反应物的本性　　　B. 反应物的浓度　　　C. 反应温度　　　　D. 催化剂

18. 对于一个化学反应来说，下列叙述中正确的是（　　）

　　A. $\Delta H^{\ominus}$ 越小，反应速率就越快　　　　　B. $\Delta G^{\ominus}$ 越小，反应速率就越快

　　C. 活化能越大，反应速率就越快　　　　D. 活化能越小，反应速率就越快

19. 反应 $A(g)+B(g)\longrightarrow C(g)$ 的速率方程为 $v=kc^2(A)c(B)$，若使密闭的反应容器增大一倍，则其反应速率为原来的（　　）

A. 1/6 倍　　　　　B. 1/8 倍　　　　　C. 8 倍　　　　　D. 1/4 倍

20. 反应 $A(g)+B(g)\longrightarrow C(g)$ 的反应速率常数 k 的单位为（　　）

A. s^{-1}　　　　　　　　　　　　B. $L \cdot mol^{-1} \cdot s^{-1}$

C. $L^2 \cdot mol^{-2} \cdot s^{-1}$　　　　　　　D. 不能确定

二、填空题（每个空格 1 分，共 10 分）

1. 对于基元反应 $2A(g)+B(g)\longrightarrow D(g)$，在某温度下，B 的浓度固定，将 A 的浓度增加 2 倍，则反应速率常数将增加_____倍，反应速率将增加_____倍。

2. 某反应在 100K 和 200K 时的速率常数之比为 0.01，则该反应的活化能为_____。

3. 若反应的速率常数 k 的单位为 $mol^{-1} \cdot L \cdot s^{-1}$，则该反应为_____级反应。

4. 某反应在相同温度下以不同的起始浓度发生时，反应速率_____，速率常数_____。（相同、不同）

5. 催化剂只能_____反应速率，_____平衡状态和平衡常数。（加快、减慢、不改变）

6. 化学反应的活化能是指_____，活化能越大，反应速率_____。

三、简答题（每题 2.5 分，共 10 分）

1. 设反应 $A+3B\longrightarrow 3C$ 在某瞬间时 $c(C)=3\ mol \cdot L^{-1}$，经过 2s 时 $c(C)=6\ mol \cdot L^{-1}$，问在 2 s 内，分别以 A、B 和 C 表示的反应速率 v_A、v_B 和 v_C 各为多少？

2. 设反应 $aA+bB\longrightarrow C$，恒温下，当 c_A 恒定时，若将 c_B 增大到原来的二倍，测得其反应速率亦增大为原来的二倍；当 c_B 恒定时，若将 c_A 增大为原来的二倍，测得其反应速率为原来的四倍。试写出此反应的速率方程式，它是几级反应？

3. 判断下列说法是否正确：

（1）反应物浓度增大，则反应速率加快，所以反应速率常数增大；

（2）对于某一反应，升高温度所增加的正、逆反应速率完全相同；

（3）催化剂能极大地改变化学反应的速率，而其本身并不参加化学反应。

4. 简述碰撞理论要点。

四、计算题（每题 10 分，共 40 分）

1. 600 K 时测得反应 $2AB(g)+B_2(g)\longrightarrow 2AB_2(g)$ 的三组实验数据

$c_0(AB)/mol \cdot L^{-1}$	$c_0(B_2)/mol \cdot L^{-1}$	$v/mol \cdot L^{-1} \cdot s^{-1}$
0.010	0.010	2.5×10^{-3}
0.010	0.020	5.0×10^{-3}
0.030	0.020	4.5×10^{-2}

（1）确定该反应的反应级数，写出反应速率方程。

（2）计算反应速率常数 k。

（3）计算 $c_0(AB)=0.015 \ mol \cdot L^{-1}$，$c_0(B_2)=0.025 \ mol \cdot L^{-1}$时的反应速率。

2. 乙醛的分解反应为 $CH_3CHO(g) \longrightarrow CH_4(g)+CO(g)$，在 538 K 时反应速率常数 $k_1=0.79 \ mol \cdot L^{-1} \cdot s^{-1}$，592 K 时 $k_2=4.95 \ mol \cdot L^{-1} \cdot s^{-1}$，试计算反应的活化能 E_a。

3. 设反应 $\frac{3}{2}H_2+\frac{1}{2}N_2 \longrightarrow NH_3$ 的活化能为 334.7 kJ $\cdot$ mol^{-1}，如果 NH_3 按相同途径分解，测得分解反应的活化能为 380.6 kJ $\cdot$ mol^{-1}，试求上述合成氨反应的焓变。

4. 已知下列反应 $CO(CH_2COOH)_2 \longrightarrow CH_3COCH_3+2CO_2$，在 283.15 K 时，速率常数 $k=1.08 \times 10^{-4} \ mol \cdot L^{-1} \cdot s^{-1}$，333.15 K 时，速率常数 $k=5.48 \times 10^{-2} \ mol \cdot L^{-1} \cdot s^{-1}$，试求该反应在 303.15 K 时的速率常数。

六、自测试卷参考答案

一、选择题

1	2	3	4	5	6	7	8	9	10
D	C	A	D	C	A	B	C	B	B
11	12	13	14	15	16	17	18	19	20
B	D	B	A	C	B	A	D	B	D

二、填空题

1. 0，8

2. 7.66 kJ·mol^{-1}

3. 二

4. 不同，相同

5. 改变，不改变

6. 活化分子的最低能量与反应物分子平均能量之差；越慢

三、简答题

1. $v_A = 0.5$ mol·L^{-1}·s^{-1}，$v_B = 1.5$ mol·L^{-1}·s^{-1}，$v_C = 1.5$ mol·L^{-1}·s^{-1}。

2. $v = kc_A^2 c_B$，三级反应。

3. 错，错，错。

4. 碰撞理论的要点是：（1）反应物分子必须相互碰撞才能发生反应；（2）只有分子间相对平动能超过某一临界值时分子碰撞才能发生反应；（3）各个分子采取合适的取向进行碰撞时，反应才能完成。

四、计算题

1. （1）三级；$v = k[c(AB)]^2[c(B_2)]$；（2）2.5×10^3 mol^{-2}·L^2·s^{-1}；（3）1.4×10^{-2} mol·L^{-1}·s^{-1}

2. 89.9 kJ·mol^{-1}

3. -45.9 kJ·mol^{-1}

4. 1.67×10^{-3} mol·L^{-1}·s^{-1}

第四章

原子结构

一、学习要求

1. **掌握：** 四个量子数的量子化条件及其物理意义；电子层、电子亚层、能级和轨道等的含义；运用泡利不相容原理、能量最低原理和洪特规则写出一般元素的原子核外电子的排布式和价电子构型。

2. **熟悉：** 波函数角度分布图、电子云角度分布图、电子云径向分布图和电子云图；原子结构和元素周期表的关系。

3. **了解：** 核外电子运动的特殊性——波粒二象性；元素若干性质（原子半径、电离能、电子亲和能和电负性）与原子结构的关系。

二、本章要点

（一） 原子核外电子运动特征

1．波粒二象性

微观粒子（电子、原子、分子等静止质量不为零的实物粒子）集波动性（概率波）与粒子性为一体的特性。

2．微观粒子运动状态的描述

宏观物体的运动状态可以同时用准确的坐标和动量来描述。但是，对微观粒子（如电子）却不能同时准确地确定坐标和动量。量子力学对微观粒子的运动状态是用描述概率波的波函数来描述的。

（二） 氢原子核外电子运动状态

1．波函数 （Ψ）

Ψ 是描述概率波的波函数。Ψ 是描述微观粒子一种状态的某种数学函数式。通过解薛定谔方程可以得到波函数的具体形式。氢原子定态的薛定谔方程为：

$$\frac{\partial^2 \Psi}{\partial x^2}+\frac{\partial^2 \Psi}{\partial y^2}+\frac{\partial^2 \Psi}{\partial z^2}+\frac{8\pi^2 m}{h^2}(E-V)\Psi=0$$

式中，m 是电子的质量；x、y、z 是电子的坐标；V 是势能；E 是总能量；h 是普朗克常数；Ψ 是波函数。

2. 概率密度（$|\Psi|^2$）

电子在核外空间某处单位体积内出现的概率。

3. 电子云

电子云是概率密度的形象化描述。用黑点的疏密表示空间各点的概率密度的大小，黑点密集处，$|\Psi|^2$ 大；反之 $|\Psi|^2$ 小。

4. 主量子数（n）

n 决定轨道的能量，是可反映电子在原子核外空间出现区域离原子核平均距离的量子数。n 相同则处于同一电子层。

主量子数 $n=1$，2，3，4，5，6，7，…

电子层符号为 K，L，M，N，O，P，Q，…

5. 角量子数（l）

l 是决定电子运动角动量的量子数。对于多电子体系，l 和能量 E 有关。

（1）l 可取值为：0，1，2，3，…，$(n-1)$。当 n 一定时，共有 n 个 l 数值。例如，当 $n=3$ 时，l 可取 0，1，2（三个数值）。

（2）n、l 相同时的电子归为同一亚层。例如，5 个 3d（$n=3$，$l=2$）轨道属于同一 d 亚层。

（3）l 也决定原子轨道在空间的伸展方向，与电子云的形状密切相关。

角量子数（l）	0	1	2	3…
光谱符号	s	p	d	f…
轨道形状	球形	哑铃形	花瓣形	

6. 磁量子数（m）

m 表示角动量在磁场方向的分量。l 相同而 m 不同时，电子云在空间的取向不同。l 一定时，m 可取的值为：0，±1，±2，±3，…，±l，共 $(2l+1)$ 个数值，例如，当 $l=2$ 时，m 可取 0、±1、±2 五个数值。这也表示 d 轨道有五个不同的伸展方向。

7. 自旋量子数（m_s）

m_s 是描述原子轨道中电子的自旋状态的量子数，取值只有两个：$+1/2$ 和 $-1/2$。

8. 波函数角度分布图

图 4-1 是波函数（原子轨道）的角度部分 $Y(\theta,\varphi)$ 的图形。在球面坐标中，以原子核为坐标原点，在每一个由 (θ,φ) 确定的方向上引一直线，使其长度等于 Y 的绝对值。所有不同方向的直线 Y 的端点在空间构成的曲面，即为波函数的角度分布图。

$Y_{l,m}(\theta,\varphi)$ 只与 l、m 有关，与 n 无关。m 决定其在空间的伸展方向。其中有些图形在直角坐标的某方向上有极大值。由于波函数角度分布函数式与某种三角函数式相关，而三角函数式在直角坐标系的不同象限有正、负之分，所以做出的图形也有正、负之分，此正、负号只表示 $Y(\theta,\varphi)$ 数值的正负。

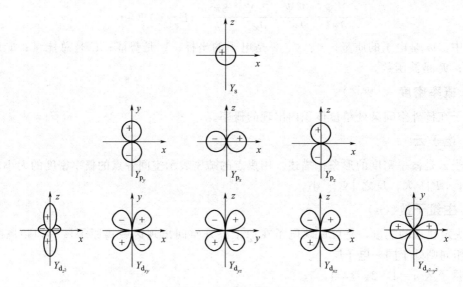

图 4-1　波函数角度分布

由于 Ψ 没有明确的物理意义，所以 Ψ 的角度分布函数图也没有明确的物理意义，仅表示 Y 随角度（θ,φ）的变化情况。

9. 电子云角度分布图

即电子云 $|\Psi|^2$ 的角度部分 $Y^2(\theta,\varphi)$ 的图形（图 4-2）。

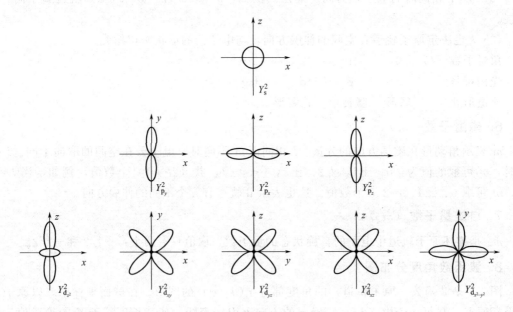

图 4-2　电子云角度分布

（1）与波函数角度分布图的区别：

① $Y^2(\theta,\varphi)$ 图较 $Y(\theta,\varphi)$ "瘦一些"；②图形中没有正负号，因 $Y^2(\theta,\varphi)$ 均为正值。

（2）电子云角度分布图的意义：表示电子在空间不同方向上概率密度的大小和变化情况。

10．电子云径向分布图

波函数径向部分 R 本身没有明确的物理意义，但 r^2R^2 有明确的物理意义。它表示电子在离核半径为 r 的单位厚度的薄球壳内出现的概率。令 $D(r)=r^2R^2$ 对 r 作图即为电子云径向分布图（图 4-3）。

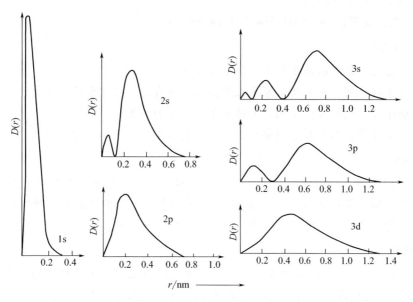

图 4-3　氢原子电子云径向分布图

（三）　多电子原子核外电子的运动状态

1．屏蔽效应

即在多电子原子中，将其它电子对指定电子的作用归结为抵消一部分核电荷的吸引作用的效应。

2．钻穿效应

即外层电子"钻入"内层，出现在离核较近的地方的现象。

3．原子核外电子排布

（1）泡利不相容原理：一个原子中不能同时有两个或两个以上四个量子数完全相同的电子。

（2）能量最低原理：多电子原子中，电子尽量先占据能量最低的轨道。

（3）洪特规则。

① 当 n、l 相同时，电子尽量先分占不同的轨道，且自旋平行。

② 电子排布处于全充满、半充满或全空状态时，原子体系具有较低的能量。

（四）　原子结构和元素周期律

1．周期表的分区

根据各元素原子外层电子构型的特点，将周期表分为五个区，每个区的名称、范围和外

层电子构型为

s 区：ⅠA，ⅡA，$ns^{1\sim2}$；

p 区：ⅢA～ⅦA，0 族，$ns^2np^{1\sim6}$；

d 区：ⅢB～ⅦB，Ⅷ族，$(n-1)d^{1\sim8}ns^2$（有例外）；

ds 区：ⅠB，ⅡB，$(n-1)d^{10}s^{1\sim2}$；

f 区：镧系、锕系，$(n-2)f^{1\sim14}ns^{1\sim2}$（有例外）。

2. 原子半径

即晶体（或分子）中的两个原子核间距的 1/2。

（1）共价半径：某元素的两个原子以共价单键结合时，核间距的一半；

（2）金属半径：金属晶体中相邻金属原子核间距的一半；

（3）范德华半径：两个原子只靠分子间力互相吸引时，核间距的一半。

3. 镧系收缩

即镧系元素从镧（La）到镥（Lu）的原子半径依次更缓慢收缩的积累现象。其原因是这些元素新增加的电子填入 $(n-2)f$ 亚层，f 电子对外层电子的屏蔽效应更大，外层电子受到核的引力增加的更小，因此镧系元素占据周期表中的一个格位。

4. 电离能

基态的气态原子失去一个最外层电子生成一价气态正离子时所需要的最低能量称为第一电离能（I_1）。依此类推，还有第二电离能（I_2）、第三电离能（I_3）等。

5. 电子亲和能

基态的气态原子获得一个电子生成一价气态负离子时所放出的能量称为第一电子亲和能（E_{a_1}）。依此类推，还有第二电子亲和能（E_{a_2}）、第三电子亲和能（E_{a_3}）等。

6. 电负性（χ）

电负性即在分子中，不同元素的原子吸引电子的能力。

三、解题示例

1. 4f、5d、6p、7s 轨道主量子数、角量子数的值各是多少？所包含的等价轨道数、所能容纳的最大电子数是多少？

解：

轨道	主量子数	角量子数	等价轨道数	能容纳的最大电子数
4f	4	3	7	14
5d	5	2	5	10
6p	6	1	3	6
7s	7	0	1	2

2. 下列哪种原子轨道是不存在的？为什么？

（1）$n=1$，$l=0$，$m=-1$；

(2) $n=3$，$l=2$，$m=+1$；

(3) $n=4$，$l=2$，$m=-3$；

(4) $n=5$，$l=2$，$m=1$；

(5) $n=4$，$l=2$，$m=1$；

(6) $n=2$，$l=3$，$m=-1$。

解：由量子化条件 $l=0$，1，2，$\cdots$，$(n-1)$；$m=0$，±1，±2，$\cdots$，$\pm l$ 可知：

(1) 不存在。$l=0$ 时，m 只能取 0；

(3) 不存在。$l=2$ 时，m 可取的值为 0，±1，±2；

(6) 不存在。$n=2$ 时，l 可取的值为 0，1。

3. 填充表格。

原子序数	元素符号	电子排布式	周期	族	区
	P				
20					
		$[Ar]3d^64s^2$			
			4	ⅧB	
	Cu				

解：

原子序数	元素符号	电子排布式	周期	族	区
15	P	$[Ne]3s^23p^3$	3	ⅤA	p 区
20	Ca	$[Ar]4s^2$	4	ⅡA	s 区
24	Cr	$[Ar]3d^54s^1$	4	ⅥB	d 区
26	Fe	$[Ar]3d^64s^2$	4	ⅧB	d 区
29	Cu	$[Ar]3d^{10}4s^1$	4	ⅠB	ds 区

4. 指出下列各元素基态原子的电子排布式写法违背了什么原理？并改正。

(1) B：$1s^22s^12p^2$；

(2) N：$1s^22s^22p_x^22p_y^1$；

(3) Si：$[Ne]3s^33p^1$。

解：(1) B：$1s^22s^12p^2$ 违背能量最低原理，应为 B：$1s^22s^22p^1$；

(2) N：$1s^22s^22p_x^22p_y^1$ 违背洪特规则，应为 N：$1s^22s^22p_x^12p_y^12p_z^1$；

(3) Si：$[Ne]3s^33p^1$ 违背泡利不相容原理，应为 Si：$[Ne]3s^23p^2$。

5. 说明下列各对原子中哪一种原子的第一电离能高，为什么？

N 与 O；Al 与 Mg；Sr 与 Rb；Cr 与 Zn；Cs 与 Au；Kr 与 Ne。

解：N＞O；Mg＞Al；Sr＞Rb；Zn＞Cr；Cs＜Au；Kr＜Ne。

　　元素的第一电离能具有周期性的变化规律。(1) 同一周期中从左至右呈增大趋势，但有不规则之处：其中ⅤA族的N原子具有半充满的p能级较稳定，与同周期相邻元素O比，具有较高的第一电离能。ⅡA族如Mg原子具有全充满的s能级较稳定，与同周期相邻元素Al比，具有较高的第一电离能。(2) 同一主族自上而下减少。

四、习题解答

1. 原子核外电子的运动有什么特点？概率和概率密度有什么区别？

解：原子核外电子的运动的特点是具有波粒二象性（波动性和粒子性），并且满足测不准原理。电子运动的状态可用统计规律来描述。

概率是统计电子在空间某一区域出现次数的术语，而概率密度指单位体积中的概率。概率＝概率密度×体积。

2. 定性画出 $3p_y$ 轨道的原子轨道角度分布图，$3d_{xy}$ 轨道的电子云角度分布图，3d 轨道的电子云径向分布图。

解：

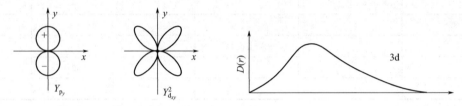

3. 简单说明四个量子数的物理意义及量子化条件。

解：（1）主量子数 n。n 决定能量，n 越大，电子的能量越高；n 也代表电子离核的平均距离，n 越大，电子离核越远。n 相同称处于同一电子层。根据 n 值的大小，电子层依次分别称为 K，L，M，N，O，P，Q，…层。$n=1$，2，3，4，5，6，7，…

（2）角量子数 l。l 又称为副量子数，它与主量子数 n 共同决定原子轨道的能量，确定原子轨道或电子云的形状，它对应于每一电子层上的电子亚层。

l 的取值受 n 的影响，l 可以取从 0 到 $n-1$ 的正整数，即 $l=0$，1，2，3，…，$n-1$。在原子光谱学上，分别用 s，p，d，f 等符号来表示。

（3）磁量子数 m。m 决定原子轨道在磁场中的分裂，对应于原子轨道在空间的伸展方向。m 的取值受 l 的限制，可取从 $-l$ 到 $+l$ 之间包含零的 $2l+1$ 个值，即 $m=-l$，$(-l+1)$，…，0，1，…，$+l$。

（4）自旋量子数 m_s。m_s 只有 $+1/2$ 或 $-1/2$ 两个数值，其中每一个数值表示电子的一种自旋状态（顺时针自旋或逆时针自旋）。

4. 下列各组量子数的组合是否合理？为什么？

（1）$n=2$，$l=1$，$m=0$

（2）$n=2$，$l=2$，$m=-1$

（3）$n=3$，$l=0$，$m=0$

（4）$n=3$，$l=1$，$m=+1$

（5）$n=2$，$l=0$，$m=-1$

（6）$n=2$，$l=3$，$m=+2$

解：由量子化条件 $l=0$，1，2，…，$(n-1)$；$m=0$，±1，±2，…，$\pm l$ 可知：

（2）不合理。$n=2$ 时，l 不可为 2，l 可取的值为 0，1。

（5）不合理。$l=0$ 时，m 只能取 0。

（6）不合理。$n=2$ 时，l 不可为 3，l 可取的值为 0，1。

5. 碳原子有 6 个电子，写出各电子的四个量子数。

解：$(1, 0, 0, +1/2)$，$(1, 0, 0, -1/2)$，$(2, 0, 0, +1/2)$，$(2, 0, 0, -1/2)$，$(2, 1, 0, +1/2)$，$(2, 1, 1, +1/2)$

6. 用原子轨道符号表示下列各组量子数

（1）$n=2$，$l=1$，$m=-1$；

（2）$n=4$，$l=0$，$m=0$；

（3）$n=5$，$l=2$，$m=-2$；

（4）$n=6$，$l=3$，$m=0$。

解：（1）$n=2$，$l=1$，$m=-1$：2p 轨道；

（2）$n=4$，$l=0$，$m=0$：4s 轨道；

（3）$n=5$，$l=2$，$m=-2$：5d 轨道；

（4）$n=6$，$l=3$，$m=0$：6f 轨道。

7. 写出 $_{17}Cl$，$_{19}K$，$_{24}Cr$，$_{29}Cu$，$_{26}Fe$，$_{30}Zn$，$_{31}Ga$，$_{35}Br$，$_{59}Pr$ 和 $_{82}Pb$ 的电子结构式（电子排布）和价电子层结构。

解：

原子	电子结构式	价电子层结构
$_{17}Cl$	$[Ne]3s^23p^5$	$3s^23p^5$
$_{19}K$	$[Ar]4s^1$	$4s^1$
$_{24}Cr$	$[Ar]3d^54s^1$	$3d^54s^1$
$_{26}Fe$	$[Ar]3d^64s^2$	$3d^64s^2$
$_{29}Cu$	$[Ar]3d^{10}4s^1$	$3d^{10}4s^1$
$_{30}Zn$	$[Ar]3d^{10}4s^2$	$3d^{10}4s^2$
$_{31}Ga$	$[Ar]3d^{10}4s^24p^1$	$4s^24p^1$
$_{35}Br$	$[Ar]3d^{10}4s^24p^5$	$4s^24p^5$
$_{59}Pr$	$[Xe]4f^36s^2$	$4f^36s^2$
$_{82}Pb$	$[Xe]4f^{14}5d^{10}6s^26p^2$	$6s^26p^2$

8. 原子失去电子的顺序正好和填充电子顺序相反，这个说法是否正确？为什么？

解：不准确。因为原子轨道填充电子后，其能级相应会发生变化。如 21 号元素 Sc，电子先填入 4s 再填入 3d 轨道，其外层电子构型为 $3d^14s^2$。而实验结果表明，Sc 原子失去一个电子时最先失去的是 4s 电子。

9. 写出 42、85 号元素的电子结构式，指出各元素在元素周期表哪一周期？哪一族？哪个分区和最高正化合价。

解：

原子序数	元素符号	电子结构式	周期	族	分区	最高正化合价
42	Mo	$[Kr]4d^55s^1$	第 5 周期	ⅥB	d 区	+6
85	At	$[Xe]4f^{14}5d^{10}6s^26p^5$	第 6 周期	ⅦA	p 区	+7

10. 根据元素在周期表中的位置，写出下表中各元素原子的价电子构型

周期	族	价电子构型
2	ⅡA	
3	ⅠA	
4	ⅣB	
5	ⅢB	
6	ⅥA	

解：

周期	族	价电子构型
2	ⅡA	$2s^2$
3	ⅠA	$3s^1$
4	ⅣB	$3d^2 4s^2$
5	ⅢB	$4d^1 5s^2$
6	ⅥA	$6s^2 6p^4$

11. 试比较下列各对原子半径的大小（不查表）：

Sc 和 Ca   Sr 和 Ba   K 和 Ag

解： Sc＜Ca   Sr＜Ba   K＞Ag

12. 将下列原子按电负性降低的次序排列（不查表）：

Ga   S   F   As   Sr   Cs

解： F＞S＞As＞Ga＞Sr＞Cs

13. 指出具有下列性质的元素（不查表，且稀有气体除外）：

（1）原子半径最大和最小。

（2）第一电离能最大和最小。

（3）电负性最大和最小。

（4）第一电子亲和能最大。

解：（1）原子半径最大为 Cs，最小为 H。

（2）第一电离能最大为 F，最小为 Cs。

（3）电负性最大为 F，最小为 Cs。

（4）第一电子亲和能最大：Cl。

** 14. What are the values of n and l for the following sublevels?

2s, 3d, 4p, 5s, 4f.

Solution： 2s：$n=2$，$l=0$；

3d：$n=3$，$l=2$；

4p：$n=4$，$l=1$；

5s：$n=5$，$l=0$；

4f：$n=4$，$l=3$.

** 15. Identify the elements and the part of the periodic table in which the elements represented by the following electron configurations are found.

(a) $1s^2 2s^2 2p^6 3s^2 3p^1$;

(b) $[Ar]3d^{10} 4s^2 4p^3$;

(c) $[Ar]3d^6 4s^2$;

(d) $[Kr]4d^5 5s^1$;

(e) $[Kr]4d^{10} 4f^{14} 5s^2 5p^6 6s^2$.

Solution：(a) Al；(b) As；(c) Fe；(d) Mo；(d) Ba.

五、自测试卷（共100分）

一、选择题（每题2分，共40分）

1. 量子力学中所说的原子轨道是指（　　）

A. 波函数 $\Psi_{(n,l,m,m_s)}$　　　　　　B. 波函数 $\Psi_{(n,l,m)}$

C. 电子云形状　　　　　　D. 概率密度

2. 角量子数 $l=0$，则可能的磁量子数 m 的合理取值为（　　）

A. -1　　　　　B. 0　　　　　C. 1　　　　　D. 2

3. 在3s原子轨道的电子云径向分布图中，概率峰和节面的数目分别是（　　）

A. 3，0　　　　B. 3，1　　　　C. 3，2　　　　D. 3，3

4. 波函数（Ψ）用于描述（　　）

A. 电子的能量　　　　　　B. 电子在空间的运动状态

C. 电子的运动速率　　　　　　D. 电子在某一空间出现的概率密度

5. 下列原子的原子轨道能量与角量子数 l 无关的是（　　）

A. Mg　　　　　B. Ar　　　　　C. Cl　　　　　D. H

6. 决定多电子原子轨道形状的量子数是（　　）

A. n　　　　　B. n，l　　　　　C. l　　　　　D. m

7. 决定多电子原子轨道能量的量子数是（　　）

A. n，l　　　　B. n，l，m　　　　C. n　　　　D. n，m

8. 当基态原子的第五电子层只有2个电子时，则该原子的第四电子层的电子数可能为（　　）

A. 6　　　　　B. 32　　　　　C. 8～18　　　　　D. 8

9. 基态 Mn 原子的价电子构型是（　　）

A. $3d^7 4s^2$　　　　B. $3d^5$　　　　C. $3d^7$　　　　D. $3d^5 4s^2$

10. 铜的价电子构型为 $3d^{10} 4s^1$，而不是 $3d^9 4s^2$，主要决定因素是（　　）

A. 玻尔原子理论　　　　　　B. 能量最低理论

C. 泡利不相容原理　　　　　　D. 洪特规则

11. 某元素的原子最外层电子排布式为 $ns^n np^{n+1}$，可判断该原子中的未成对电子数为（　　）

A. 2　　　　　B. 3　　　　　C. 4　　　　　D. 5

12. 若将氮原子的电子排布式写为：$1s^2 2s^2 2p_x^2$，则违背了（　　）

A. 洪特（Hund）规则　　　　　　　　B. 能量守恒原理

C. 能量最低原理　　　　　　　　　　D. 泡利不相容原理

13. $n=3$，$l=1$ 的原子轨道的数目是（　　）

A. 1　　　　　　B. 2　　　　　　C. 3　　　　　　D. 5

14. 基态 K 原子，最外层电子的四个量子数（n，l，m，m_s）可能是（　　）

A. $(4, 1, 0, -1/2)$　　　　　　　　B. $(4, 1, 1, -1/2)$

C. $(4, 0, 0, +1/2)$　　　　　　　　D. $(4, 2, 1, -1/2)$

15. 在某个多电子原子中，下列各组量子数表示的电子运动状态中，能量最高的是（　　）

A. $(2, 0, 0, 1/2)$　　　　　　　　　B. $(2, 1, 1, -1/2)$

C. $(3, 2, 0, +1/2)$　　　　　　　　D. $(3, 1, 1, -1/2)$

16. 角量子数 $l=2$ 的某一电子，其磁量子数 m（　　）

A. 只能为 $+2$

B. 可以为任何一个数值

C. 只能为 -1、0、$+1$ 三者中的某一个数值

D. 可以为 -2、-1、0、1、2 中的任一个数值

17. 对于多电子原子来说，下列说法中正确的是（　　）

A. 主量子数 n 决定原子轨道的能量

B. 主量子数 n 是决定原子轨道能量的主要因素

C. 主量子数 n 值越大，轨道能量正值越大

D. 角量子数 l 决定原子轨道的能量

18. d 亚层中的电子数最多是（　　）

A. 2　　　　　　B. 6　　　　　　C. 10　　　　　　D. 14

19. 已知某元素 $+2$ 价离子的电子排布式为 $1s^2 2s^2 2p^6 3s^2 3p^6 3d^6$，该元素在周期表中属于（　　）

A. ⅤB 族　　　　　B. ⅢB 族　　　　　C. Ⅷ族　　　　　D. ⅤA 族

20. 在其原子具有下列外层电子构型的各元素中，电负性最小的是（　　）

A. ns^2　　　　　B. $ns^2 np^3$　　　　　C. $ns^2 np^4$　　　　　D. $ns^2 np^5$

二、填空题（每个空格 1 分，共 10 分）

1. 外层具有 7 个 3d 电子和 2 个 4s 电子的元素是＿＿＿＿＿＿，在周期表中属于第＿＿＿＿周期，＿＿＿＿＿＿＿族，所属的分区是＿＿＿＿＿＿。

2. $n=3$，$l=1$ 的原子轨道（符号）是＿＿＿＿＿，轨道的形状为＿＿＿＿＿，共有简并轨道＿＿＿＿＿个。

3. 3d 轨道全充满，4s 轨道只有 1 个电子的元素是＿＿＿＿＿。

4. 镧系收缩是指＿＿＿＿＿＿＿＿＿＿＿＿＿＿＿＿＿＿＿＿＿＿＿＿＿＿＿＿＿＿＿＿＿＿＿。

5. 电负性最大的元素是＿＿＿＿＿。

三、简答题（每题 10 分，共 50 分）

1. 2p、3d、4s、4f、5s 各原子轨道相应的主量子数 n 及角量子数 l 的数值是多少？轨道数分别是多少？

2. 当主量子数 $n=4$ 时，可能有多少个原子轨道？最多能容纳几个电子？

3. 对于某一多电子原子，具有下列量子数的电子，按其能量由低到高排序，如能量相同则排在一起（可用 "<" "=" 符号表示）：
A. 3、2、0、+1/2；　B. 4、3、1、−1/2；　C. 2、0、0、−1/2；
D. 3、2、2、+1/2；　E. 1、0、0、−1/2；　F. 3、1、0、+1/2。

4. 比较下列各组元素的原子半径大小，用>、<、≈等符号表示。
A. Na 和 Mg；B. K 和 V；C. Li 和 Rb；D. Mo 和 W。

5. 试解释在元素周期表中，（1）同一短周期元素从左到右，原子半径依次减小；（2）同一主族元素从上到下，原子半径依次增大。

六、自测试卷参考答案

一、选择题

1	2	3	4	5	6	7	8	9	10
B	B	C	B	D	C	A	C	D	D
11	12	13	14	15	16	17	18	19	20
B	A	C	C	C	D	B	C	C	A

二、填空题

1. Co　四　ⅧB　d区

2. 3p　哑铃形　3

3. Cu

4. 镧系元素从镧（La）到镥（Lu）原子半径依次更缓慢收缩的积累现象

5. F

三、简答题

1.

	2p	3d	4s	4f	5s
n	2	3	4	4	5
l	1	2	0	3	0
轨道数	3	5	1	7	1

2. 主量子数 $n=4$ 时，4s 能级轨道数为 1，4p 能级轨道数为 3，4d 能级轨道数为 5，4f 能级轨道数为 7，所以共 16 个原子轨道，最多容纳 32 个电子。

3. 能量高低顺序：$E<C<F<A=D<B$

4. A. $Na>Mg$；B. $K>V$；C. $Li<Rb$；D. $Mo\approx W$

5. （1）同一短周期，从左到右，由于有效核电荷逐渐增加，而电子层数保持不变。增加的电子都在同一外层，此时相互屏蔽作用较小，因此随原子序数增加，核电荷对电子的吸引力逐渐增大，原子半径依次减小。（2）同一主族，从上到下外层电子构型相同，有效核电荷相差不大，电子层增加的因素占主导地位，所以原子半径逐渐增大。副族元素的原子半径，从第四周期过渡到第五周期是增大的，但第五周期和第六周期同一族中的过渡元素的原子半径很相近。

第五章

分子结构

一、学习要求

1. **掌握**：离子键理论；共价键的特征；价键理论；应用轨道杂化理论来解释一般分子的构型的方法；应用分子轨道理论来处理第一、二周期同核双原子分子。

2. **熟悉**：离子和离子化合物的性质；分子极性和分子间力的概念及类型；氢键的形成。

3. **了解**：金属键的形成和特征；各类晶体的内部结构和特征；离子极化。

二、本章要点

化学键是分子（或晶体内）直接相邻的原子（或粒子）间强烈的相互作用力。

（一）离子键

离子键是正、负离子之间靠静电引力形成的化学键，其本质是静电吸引。电负性之差较大的元素（ⅠA，ⅡA与ⅥA，ⅦA）之间易形成离子键。静电作用力很强，所以离子键很牢，离子化合物的熔、沸点较高。离子键没有方向性和饱和性，所以离子晶体的配位数较高。

（二）共价键

1. 键参数

（1）键能

标准态下，断开 1 mol 气态共价分子 AB 的共价键生成气态 A 和 B 原子所需的能量。

（2）键长

即分子中成键的两个原子核之间的平衡距离。

（3）键角

即多原子分子中相邻两键之间的夹角。

2. 价键理论

共价键是电负性相等或相差较小的非金属元素的原子之间靠共用电子对结合所形成的化学键，其本质是原子轨道相互重叠。

(1) 共价键的特点

具有饱和性（含未成对、自旋相反电子的两个原子接近时可形成共价键，之后不再与第三个电子配对）和方向性（原子轨道需最大重叠，才能形成稳定的化学键）。

(2) 共价键的类型

σ键是原子轨道以"头碰头"的方式沿原子核之间的连线重叠形成的共价键；π键是原子轨道以"肩并肩"的方式重叠形成的共价键。配位键是由一个原子单独提供电子对为两个原子所共用而形成的共价键。

3. 轨道杂化

在形成分子时，同一原子中能量相近的不同类型原子轨道重新组合，形成的同等数目的、成键能力更强的新的原子轨道。轨道杂化理论很好地解释了成键数目、分子几何和构型等某些价键理论解释不了的问题（如 CH_4 空间构型和键角等）。

4. 价层电子对互斥理论

（1）基本要点：含多原子的共价分子的空间构型，主要取决于中心原子的价电子层中电子对的互相排斥作用，使其尽量远离，使静电斥力最小、分子最稳定。

（2）价层电子对数的计算

① 分子中只有σ单键时，中心原子的价层电子对数等于与中心原子成键的配体数；

② 分子中存在重键时，把重键当作单键，仍按与中心原子成键的配体数来计算；

③ 当分子中有孤对电子时，价层电子数等于与中心原子成键的配体数加孤对电子数；

④ 在计算复杂离子的中心原子价层电子数目时，还要考虑离子的电荷。

（3）分子几何形状的确定

当配位原子和孤对电子有几种排布方式时，要选择最稳定的一种结构。

5. 分子轨道理论

由原子轨道线性组合得到分子轨道。"组合"前后轨道总数不变，同时满足能量相近、轨道最大重叠和对称性匹配等条件。分子轨道理论很好地解释了分子的稳定性及磁性（如 O_2 分子具有顺磁性）等问题。

6. 键级

$$键级 = \frac{成键电子总数 - 反键电子总数}{2}$$

键级可以用来衡量化学键的强弱。键级越大，分子越稳定。

（三）金属键

1. 改性共价键理论

金属键可看作少电子多中心的改性共价键，不具有方向性和饱和性。

2. 能带理论

能带理论根据分子轨道理论提出，认为分子晶体中的电子是离域的，为整个分子所共有。

（四） 分子间力和氢键

1. 分子间力（范德华力）

分子之间的相互作用力，包括色散力、诱导力和取向力。

2. 偶极矩

分子的极性用偶极矩衡量，偶极矩（μ）等于分子中电荷重心的电量（q）与正负电荷重心的距离（d）的乘积。$\mu = q(C) \times d(m)$。

非极性分子的 $\mu = 0$；极性分子的 $\mu > 0$；偶极矩越大的分子极性越大。

3. 瞬时偶极

即在某瞬间，分子正、负电荷的重心不重合而产生的偶极。

4. 色散力

即瞬时偶极之间的作用力。分子结构相同或相似时，色散力随分子量的增加而增加。色散力普遍存在于任何相互作用的分子之间。例如：F_2、Cl_2、Br_2、I_2 在常温常压下的聚集状态分别为气态、气态、液态、固态，就是由于分子间力随分子量的增加而增加。

5. 诱导力

即极性分子的固有偶极与诱导偶极（非极性分子和极性分子受极性分子固有偶极影响而产生）之间的作用力。

6. 取向力

即固有偶极之间的作用力。

分子间力（色散力、诱导力和取向力）与分子极性的关系如下表所示：

	色散力	诱导力	取向力
非极性分子与非极性分子	√		
非极性分子与极性分子	√	√	
极性分子与极性分子	√	√	√

7. 氢键

当氢原子（H）与电负性很大、半径很小的原子（用 X 表示）直接相连而形成共价化合物时，由于原子间的共用电子对强烈偏移，氢原子几乎呈质子状态。这个几乎"裸露"的氢原子可以与另一个电负性大、半径小且含有孤对电子的原子（Y）产生静电吸引作用"X—H…Y"（X、Y＝N、O、F），这种静电引力（…）称为氢键。

氢键分为分子内氢键和分子间氢键。氢键的生成对物质的熔点、沸点、溶解度等都有较大影响。

（五） 晶体结构

1. 晶体

具有一定的几何外形，内部粒子按一定的规则呈周期性排列，具有一定的熔点，而且具有光学、力学、导电、导热等各向异性的固态物质。

2．晶体的分类方法

按晶格结点上粒子的特征和粒子之间的作用力分类。典型的晶体有四种类型：离子晶体、原子晶体、金属晶体和分子晶体。

3．离子晶体

晶体中晶格结点上排列的是离子，离子之间的相互作用力是静电引力。

4．晶格能

即由相互远离的1mol气态正、负离子结合成晶体时所释放出的能量。晶格能可以用于衡量离子键强弱。在典型的离子晶体之间，离子的电荷越高、半径越小，则其晶格能越高，其离子晶体的熔、沸点越高、硬度越大。典型的离子晶体有 $NaCl$、KCl、MgO、$CaCO_3$ 等。

5．原子晶体

在原子晶体中，原子是晶格结点上的粒子，共价键是原子相互之间的作用力。典型的原子晶体有金刚石、SiO_2、SiC、$GaAs$ 等。原子晶体的熔、沸点高低与晶体内原子之间的键能有关。因为共价键很牢，强度很大，所以原子晶体的熔点、沸点都很高，硬度也都很大。

6．金属晶体

在金属晶体中，晶格结点上的粒子是金属原子或金属离子，粒子之间靠金属键连接。金属单质为金属晶体。

7．分子晶体

晶格结点上的粒子是分子，分子之间相互的作用力是分子间力。典型的分子晶体有冰（H_2O）和干冰（CO_2）等。分子晶体的熔、沸点高低取决于其分子间力和氢键。因为分子间力较弱，所以分子晶体的熔、沸点都比较小。

8．离子极化

离子可被视为正、负电荷重心重合（或不重合）于球心的球体，在电场作用下，正、负电荷重心被分离（或继续分离），离子在相邻相反电荷的电场的作用下会被诱导产生诱导偶极，此过程称为离子的极化。

9．极化力

离子使其它离子（或分子）极化（变形）的能力叫作离子的极化力。离子的电荷越高、半径越小，离子的极化力就越大。同时离子的极化力还与离子的外层电子构型有关。

10．变形性（极化率）

即在其它离子极化力的作用下被极化的程度。离子的负电荷越高、半径越大、离子的变形性越大。同时离子的变形性还与离子的外层电子构型有关。

离子极化力的增强，将导致键能升高、晶格能增加，键长缩短，配位数降低。离子的极化力和变形性共同作用的结果是会使晶体的类型发生变化。例如钠、镁、铝、硅的氯化物从离子晶体递变成分子晶体；而钠、镁、铝、硅的氧化物从离子晶体递变成原子晶体。

11. 混合型晶体（过渡型晶体）

晶体的内部粒子之间的相互作用力多于一种，例如石墨、硅酸盐等晶体。

12. 不同晶体某些性质的比较

晶体类型	晶格结点上微粒	微粒间作用力	熔点	硬度	导电性	举例
离子晶体	正、负离子	离子键	较高	较大	导电（熔）	NaCl
原子晶体	原子	共价键	高	大	不导电	金刚石
分子晶体	分子	分子间力、氢键	低	小	不导电	干冰
金属晶体	金属原子、离子	金属键	高	大	导电	铜

三、解题示例

1. 如何理解共价键具有方向性和饱和性？

解：从价键理论的要点可知，自旋方向相反的电子配对以后就不再与另一个原子中的未成对电子配对了，这就是共价键的饱和性。

根据轨道的最大重叠原理，除了球形的 s 轨道之外，p、d 轨道的最大值总是沿重叠最多的方向取向，因而决定了共价键的方向性。

2. 简单说明 σ 键和 π 键的主要特征是什么？

解：σ 键中，两个原子轨道沿键轴方向以"头碰头"的形式重叠。π 键中，两个原子轨道沿键轴方向以"肩并肩"的形式重叠。一般说来，π 键的轨道重叠程度比 σ 键的重叠程度要小，因而能量要高，不如 σ 键稳定。共价单键一般为 σ 键，在共价双键和叁键中除了一个σ 键外，其余的为 π 键。

3. 根据杂化轨道理论写出下列分子的空间构型，并判断偶极矩是否为零。

CO_2　$BeCl_2$　BF_3　SiF_4　CH_2Cl_2　AsH_3　H_2O

解：CO_2：sp 杂化，直线形，偶极矩为零；

$BeCl_2$：sp 杂化，直线形，偶极矩为零；

BF_3：sp^2 等性杂化，平面三角形，偶极矩为零；

SiF_4：sp^3 等性杂化，正四面体，偶极矩为零；

CH_2Cl_2：sp^3 等性杂化，四面体，偶极矩不为零；

AsH_3：sp^3 不等性杂化，三角锥，偶极矩不为零；

H_2O：sp^3 不等性杂化，V 形，偶极矩不为零。

4. 实验证明 BF_3 分子是平面三角形，而 $[BF_4]^-$ 是正四面体的空间构型，试用杂化轨道理论进行解释。

解：BF_3：B 原子为 sp^2 等性杂化，杂化轨道间的夹角为 $120°$，呈平面三角形。$[BF_4]^-$ 中 B 原子为 sp^3 等性杂化，因此整个离子呈正四面体的构型。

5. SO_2 和 NO_2 两者都是极性的，而 CO_2 是非极性的，试解释原因。

解：SO_2 为 sp^2 不等性杂化，其中 2 个轨道上为 S—O 共用电子对，另 1 个轨道上为 S 提供的孤对电子；NO_2 为 sp^2 不等性杂化，其中 2 个轨道上为 N—O 共用电子对，另 1 个轨道上为 N 提供的孤对电子；因此，整个分子的偶极矩不为零，SO_2 和 NO_2 两者都是极性的。

而 CO_2 为 sp 杂化，两个轨道上都是 C—O 共用电子对，整个分子偶极矩为 0。

6. 试用价电子对互斥理论推断下列各分子或离子的空间构型，并用杂化轨道理论加以说明。

CO_3^{2-} O_3 PCl_5 H_3O^+ H_2Se ClF_3

解：

	CO_3^{2-}	O_3	PCl_5	H_3O^+	H_2Se	ClF_3
价层电子对数	(4+2)/2=3	6/2=3	(5+5)/2=5	(6+3-1)/2=4	(6+2)/2=4	(7+3)/2=5
成键电子对	3	2	5	3	2	3
孤对电子	0	1	0	1	2	2
价层电子排布	平面三角形	平面三角形	三角双锥	四面体	四面体	三角双锥
分子形状	平面三角形	V 形	三角双锥	三角锥	V 形	T 形
杂化类型	sp^2 等性	sp^2 不等性	sp^3d	sp^3 不等性	sp^3 不等性	sp^3d 不等性

7. 试比较下列物质中键的极性的相对大小。

I_2 HF HCl HBr HI NaF

解： NaF＞HF＞HCl＞HBr＞HI＞I_2

8. 举例说明，键的极性和分子的极性在什么情况下是一致的？在什么情况下是不一致的？

解： 在双原子分子中，键的极性与分子极性一致，如 H_2 是含有非极性键的非极性分子；HCl 是含有极性键的极性分子。

对于多原子分子，整个分子的极性由键的极性和分子空间构型共同决定。如 CO_2 中 C—O 键极性，分子非极性；SO_2 分子中 S—O 键极性，分子极性。

9. 石墨的结构是一种混合键型的晶体结构，利用石墨作电极或作润滑剂各与它的晶体中哪一部分结构有关？金刚石为什么没有这种性能？

解： 在石墨晶体中，既有共价键，又有非定域大 π 键，还有分子间力，所以石墨晶体是一种混合键型的晶体。其中，碳原子是以一个 2s 轨道和两个 2p 轨道进行 sp^2 杂化，每个碳原子与其它三个碳原子以 σ 键相连，键角 120°，形成无数正六角形构成的网状平面层状结构。每个碳原子中还有一个未杂化的 2p 轨道，这些 2p 轨道与六角网状平面垂直，并相互平行。这些相互平行的 p 轨道可形成大 π 键，其中的电子与金属中的自由电子有些类似。因此石墨具有良好的导电性。石墨晶体中层与层之间以分子间力联系，这种作用力较弱，层与层之间容易滑动和断裂，因此石墨可用作润滑剂。

在金刚石中，碳原子采用 sp^3 杂化，碳原子间以极强的共价键联系，因此有极高的熔点与很大的硬度。

10. 食盐、金刚石、干冰以及金属都是固态晶体，但它们的溶解性、熔沸点、硬度和导电性等物理性质为什么相差甚远？

解： 食盐属于离子晶体，离子晶体的晶格结点上排布的是正、负离子，以离子键相结合，因此一般具有较高的熔点、沸点和硬度；

金刚石为原子晶体，晶格结点上排布的是原子，以共价键相结合，因此一般具有非常高的熔点和硬度；

干冰属于分子晶体，晶格结点上排布的是分子 CO_2，以分子间力相结合，由于分子间力较化学键的键能小，所以分子晶体一般具有较低的熔点、沸点和较小的硬度，这类固体一般不导电；

金属属于金属晶体，晶格结点上排布的是金属原子，以金属键相结合，由于有很多自由电子，因此导电、导热性强，具有良好的延展性。

11. 下列化合物中哪些存在氢键？是分子间氢键还是分子内氢键？

(1) NH_3 (2) [苯环结构带OH和CHO]   (3) CH_3OH (4) $\begin{matrix} CH_2-OH \\ CH-OH \\ CH_2-OH \end{matrix}$ (5) [苯环结构带OH和CHO]

解：存在分子间氢键：(1)、(2)、(3) 和 (4)；

存在分子内氢键：(4) 和 (5)。

12. 判断下列各组分子间存在什么形式的分子间作用力（包括氢键）。

(1) Ne 分子间   (2) H_2S 分子间   (3) 苯与 $CHCl_3$ (4) HF 分子间

解：(1) 色散力；   (2) 取向力，色散力，诱导力；

(3) 色散力，诱导力；   (4) 取向力，色散力，诱导力，氢键。

13. 以列表的方式比较 K、Cr、C、Cl 四种元素的外层电子构型、在周期表中的分区、单质的晶体类型、熔点、硬度。

元素	外层电子构型	周期表中的分区	单质的晶体类型	熔点	硬度
K					
Cr					
C					
Cl					

解：

元素	外层电子构型	周期表中的分区	单质的晶体类型	熔点	硬度
K	$4s^1$	s	金属晶体	低	小
Cr	$3d^5 4s^1$	d	金属晶体	高	大
C	$2s^2 2p^2$	p	原子晶体（金刚石）	高	大
Cl	$3s^2 3p^5$	p	分子晶体	低	/

四、习题解答

1. 写出下列离子的电子排布式：

Cu^{2+}，Ti^{3+}，Fe^{3+}，Pb^{2+}，S^{2-}，Cl^-

解：

离子	Cu^{2+}	Ti^{3+}	Fe^{3+}	Pb^{2+}	S^{2-}	Cl^-
电子排布式	$[Ar]3d^9$	$[Ar]3d^1$	$[Ar]3d^5$	$[Xe]6s^2$	$[Ne]3s^23p^6$	$[Ne]3s^23p^6$

2. 试比较下列各组中半径的大小（不查表）：

Fe^{2+} 和 Fe^{3+}　　Pb 和 Pb^{2+}　　S 和 S^{2-}

解： $Fe^{2+} > Fe^{3+}$　　　$Pb > Pb^{2+}$　　　$S < S^{2-}$

3. 指出下列离子分别属于何种电子构型：

Li^+，Be^{2+}，Na^+，Al^{3+}，Ag^+，Hg^{2+}，Sn^{2+}，Pb^{2+}，Fe^{2+}，Mn^{2+}，S^{2-}，Cl^-

解： Li^+，Be^{2+}（2 电子型）；

Na^+，Al^{3+}，S^{2-}，Cl^-（8 电子型）；

Ag^+，Hg^{2+}（18 电子型）；

Sn^{2+}，Pb^{2+}（18+2 电子型）；

Fe^{2+}，Mn^{2+}（9~17 电子型）。

4. 指出下列分子中心原子的杂化轨道类型：

BCl_3，CS_2，HCN，OF_2，H_2O_2，N_2H_4

解：

分子	BCl_3	CS_2	HCN	OF_2	H_2O_2	N_2H_4
杂化轨道类型	sp^2	sp	sp	sp^3 不等性	sp^3 不等性	sp^3 不等性

5. 指出下列化合物的中心原子可能采取的杂化类型和可能的分子几何构型：

BeH_2　　BBr_3　　SiH_4　　PH_3　　SeF_6

解：

化合物	BeH_2	BBr_3	SiH_4	PH_3	SeF_6
杂化类型	sp	sp^2	sp^3	sp^3 不等性	sp^3d^2
分子几何构型	直线形	平面三角形	正四面体	三角锥形	正八面体

6. 根据分子轨道理论比较 N_2 和 N_2^+ 键能的大小。

解： N_2：$[KK(\sigma_{2s})^2(\sigma_{2s}^*)^2(\pi_{2p_y})^2(\pi_{2p_z})^2(\sigma_{2p_x})^2]$，键级为 3；

N_2^+：$[KK(\sigma_{2s})^2(\sigma_{2s}^*)^2(\pi_{2p_y})^2(\pi_{2p_z})^2(\sigma_{2p_x})^1]$，键级为 2.5。

N_2^+ 少一个成键电子，键级小于 N_2，键能小于 N_2。

* 7. 根据分子轨道理论判断 O_2^+、O_2、O_2^- 和 O_2^{2-} 的键级和单电子数，写出推导过程。

解：

	电子分布情况	键级	单电子数
O_2^+	$[KK(\sigma_{2s})^2(\sigma_{2s}^*)^2(\sigma_{2p_x})^2(\pi_{2p_y})^2(\pi_{2p_z})^2(\pi_{2p_y}^*)^1]$	2.5	1
O_2	$[KK(\sigma_{2s})^2(\sigma_{2s}^*)^2(\sigma_{2p_x})^2(\pi_{2p_y})^2(\pi_{2p_z})^2(\pi_{2p_y}^*)^1(\pi_{2p_z}^*)^1]$	2	2
O_2^-	$[KK(\sigma_{2s})^2(\sigma_{2s}^*)^2(\sigma_{2p_x})^2(\pi_{2p_y})^2(\pi_{2p_z})^2(\pi_{2p_y}^*)^2(\pi_{2p_z}^*)^1]$	1.5	1
O_2^{2-}	$[KK(\sigma_{2s})^2(\sigma_{2s}^*)^2(\sigma_{2p_x})^2(\pi_{2p_y})^2(\pi_{2p_z})^2(\pi_{2p_y}^*)^2(\pi_{2p_z}^*)^2]$	1	0

8. 试问下列分子中哪些是极性的？哪些是非极性的？

CH_4，$CHCl_3$，BCl_3，NCl_3，H_2S，CS_2

解：极性分子：H_2S，NCl_3，$CHCl_3$；

非极性分子：CH_4，BCl_3，CS_2。

＊9. 下列说法是否正确，为什么？

(1) 分子中的化学键为极性键，则其分子也为极性分子。

(2) 离子极化导致离子键向共价键转化。

(3) 色散力仅存在于非极性分子之间。

(4) 双原子3电子π键比双原子2电子π键的键能大。

解：(2) 正确，其余错误。

(1) 错误。例如，在BF_3分子中，B—F键为极性键，但由于整个分子为正三角形，所以是非极性分子。

(3) 错误。色散力不是仅存在于非极性分子之间，而是存在于所有分子之间。

(4) 错误。例如，在O_2分子中存在两个三电子π键，每个三电子π键都有两个电子在成键轨道，一个电子在能量较高的反键轨道，从而使得3电子π键的键能比2电子π键的键能小。

10. 指出下列各对分子之间存在的分子间作用力的具体类型（包括氢键）：

(1) 苯和四氯化碳　　　(2) 甲醇和水

(3) 四氯化碳和水　　　(4) 溴化氢和碘化氢

解：(1) 色散力；　　　(2) 色散力，诱导力，取向力，氢键；

(3) 色散力，诱导力；　　(4) 色散力，诱导力，取向力。

11. 比较邻硝基苯酚和对硝基苯酚的熔点、沸点的高低，并说明原因。

解：邻硝基苯酚比对硝基苯酚的熔点、沸点低，是因为邻硝基苯酚可形成分子内氢键，而对硝基苯酚形成分子间氢键。

12. 填充下表。

物质	晶格结点上的粒子	粒子间的作用力	晶体类型	熔点(高低)	其它特性
MgO					
SiO_2					
I_2					
NH_3					
Ag					
石墨					

解：

物质	晶格结点上的粒子	粒子间的作用力	晶体类型	熔点(高低)	其它特性
MgO	离子	离子键	离子晶体	高	熔融导电
SiO_2	原子	共价键	原子晶体	高	硬
I_2	分子	分子间力	分子晶体	低	
NH_3	分子	分子间力、氢键	分子晶体	低	
Ag	原子、离子	金属键	金属晶体	高	导电
石墨	原子	共价键、分子间力	层状晶体	高	润滑剂

** 13. Describe the hybridization and shape of the central atom in each of these covalent species.

(a) NO_3^-　(b) CS_2　(C) BCl_3　(d) SF_6　(e) ClO_4^-　(f) $CHCl_3$　(g) C_2H_2

Solution：(a) sp^2　(b) sp　(C) sp^2　(d) sp^3d^2　(e) sp^3　(f) sp^3　(g) sp.

** 14. Consider the following solutions，and predict whether the solubility of the each solute should be high or low. Justify your answer and give the explanation.

(a) HCl in water；

(b) HF in water；

(C) SiO_2 in water；

(d) I_2 in benzene (C_6H_6)；

(e) 1-propanol ($CH_3CH_2CH_2OH$) in water.

Solution：(a) high　(b) high　(C) low　(d) high　(e) high.

五、自测试卷 (共 100 分)

一、选择题 (每题 2 分，共 40 分)

1. 关于离子键的本性，下列叙述中正确的是（　　）

A. 主要是由于原子轨道的重叠　　　　　B. 由一个原子提供成对共用电子

C. 两个离子之间瞬时偶极的相互作用　　D. 正、负离子之间的静电吸引为主的作用力

2. Fe^{2+} 的价层电子构型是（　　）

A. $3d^6 4s^2$　　　　B. $3d^5$　　　　C. $3d^6$　　　　D. $3d^4 4s^2$

3. 两个原子轨道沿键轴（成键原子核连线）方向以"头碰头"的方式进行同号重叠的键是（　　）

A. 氢键　　　　B. 离子键　　　　C. σ 键　　　　D. π 键

4. 下列离子或分子中，键能最大的是（　　）

A. O_2^+　　　　B. O_2　　　　C. O_2^-　　　　D. O_2^{2-}

5. 下列分子中，含有极性键的非极性分子是（　　）

A. P_4　　　　B. PCl_3　　　　C. ICl　　　　D. BF_3

6. 在 CO 分子中存在着三种分子间作用力，其中主要的作用力是（　　）

A. 色散力　　　　B. 诱导力　　　　C. 取向力　　　　D. 氢键

7. 下列原子或离子中，具有与 Ne 原子相同电子构型的是（　　）

A. Cl　　　　B. Na^+　　　　C. S^{2-}　　　　D. Br^-

8. 下列化合物中没有共价键的是（　　）

A. PBr_3　　　　B. IBr　　　　C. HBr　　　　D. NaBr

9. 共价键最可能存在于（　　）

A. 非金属原子之间　　　　　　　　B. 金属原子之间

C. 非金属原子和金属原子之间　　　D. 电负性相差很大的元素原子之间

10. 在下列各物质中，只存在 σ 键是（　　）

A. N_2 B. CO_2 C. 乙烯   D. PH_3

11. 下列各组分子中，中心原子均发生 sp^3 杂化且分子的空间构型相同的是（　　　）

A. BCl_3 和 NH_3 B. CO_2 和 H_2Se C. H_2S 和 H_2O D. H_2O 和 CCl_4

12. 下列叙述中错误的是（　　　）

A. 同核双原子分子必定是非极性分子

B. 异核双原子分子必定是极性分子

C. 分子中键的极性越强，分子的极性也越强

D. 通常分子中成键原子间电负性差决定了键的极性强弱

13. 下列分子中偶极矩 $\mu = 0$ 的是（　　　）

A. NH_3 B. BF_3 C. PCl_3 D. SO_2

14. 下列说法中，正确的是（　　　）

A. 原子形成共价键的数目不能超过该基态原子的未成对的电子数

B. $CHCl_3$ 分子中的碳原子是以不等性 sp^3 杂化轨道成键的

C. sp^3 杂化轨道是由 1s 和 3p 轨道杂化而形成的

D. 一般来说，π 键只能与 σ 键同时存在，在双键或叁键中必须也只能有一个 σ 键

15. HCl 分子中，形成共价键的原子轨道是（　　　）

A. 氯原子的 $3p_x$ 轨道和氢原子的 1s 轨道

B. 氯原子的 2p 轨道和氢原子的 p 轨道

C. 氯原子的 $3p_x$ 轨道和氢原子的 $3p_x$ 轨道

D. 氯原子的 $3p_y$ 轨道和氢原子的 3s 轨道

16. 下列各组分子间同时存在取向力、诱导力、色散力和氢键的是（　　　）

A. N_2 和 H_2 B. HF 和 CH_3OH

C. NH_3 和 C_6H_6 D. He 和 $CHCl_3$

17. NCl_3 分子的几何构型是三角锥形，这是由于 N 原子采用的轨道杂化方式是（　　　）

A. sp   B. 不等性 sp^3 C. sp^2 D. dsp^2

18. PCl_3 分子中，与 Cl 成键的 P 原子采用的轨道是（　　　）

A. p_x、p_y、p_z 轨道   B. 二个 sp 杂化轨道和一个 p 轨道

C. 三个 sp^3 杂化轨道   D. 三个 sp^2 杂化轨道

19. 氨具有反常的高沸点是由于存在着（　　　）

A. 孤电子对   B. 氢键   C. 共价键   D. 取向力

20. 下列各组物质沸点高低正确的是（　　　）

A. $NH_3 < PH_3$ B. $IBr > Br_2$ C. $PH_3 > AsH_3$ D. $HF < HI$

二、填空题（每个空格 1 分，共 10 分）

1. $HgBr_2$ 分子的空间构型是＿＿＿＿＿＿＿＿，Hg 原子的杂化轨道类型是＿＿＿＿＿＿＿＿。

2. 氢在下列物质中形成的化学键类型为：在 HCl 中＿＿＿＿＿＿＿，在 NaOH 中＿＿＿＿＿＿＿，在 NaH 中＿＿＿＿＿＿＿，在 H_2 中＿＿＿＿＿＿＿。

3. HBr 分子间存在着＿＿＿＿＿＿＿＿＿＿＿＿＿＿＿＿＿＿＿＿＿＿三种分子间力，其中以＿＿＿＿＿＿＿为主。

4. 金刚石是＿＿＿＿＿＿＿＿＿晶体，其中碳原子以＿＿＿＿＿＿＿＿＿杂化方式成键。

三、简答题（每题 10 分，共 50 分）

1. CH_4、BF_3、NH_3、CO_2 和 H_2O 的键角由小到大的顺序是什么？

2. 根据有关性质的提示，估计下列几种物质固态时的晶体类型：
(1) 固态物质熔点高，不溶于水，是热、电的良导体。
(2) 固态时熔点 1000℃ 以上，易溶于水中。
(3) 常温、常压下为气态。
(4) 常温为固态，不溶于水，易溶于苯。
(5) 2300℃ 以上熔化，固态和熔体均不导电。

3. 二甲醚（CH_3OCH_3）和乙醇（CH_3CH_2OH）互为同分异构体，但是二甲醚沸点为 $-23℃$，而乙醇沸点为 78.5℃。试解释乙醇沸点相对高的原因。

4. 根据杂化轨道理论预测下列分子的空间构型：SiF_4，$HgCl_2$，O_3，NF_3，$SiHCl_3$。

5. 用分子轨道理论解释 HeH、HeH^+、He_2^+ 粒子存在的可能性。为什么氦没有双原子分子存在？

六、自测试卷参考答案

一、选择题

1	2	3	4	5	6	7	8	9	10
D	C	C	A	D	A	B	D	A	D

11	12	13	14	15	16	17	18	19	20
C	C	B	D	A	B	B	C	B	B

二、填空题

1. 直线形　等性 sp 杂化

2. 极性共价键　极性共价键　离子键　非极性共价键

3. 色散力，诱导力，取向力　色散力

4. 原子　sp^3 等性

三、简答题

1. $H_2O(104°30') < NH_3(107°18') < CH_4(109°28') < BF_3(120°) < CO_2(180°)$

2. （1）金属晶体；（2）离子晶体；（3）分子晶体；（4）分子晶体；（5）原子晶体。

3. 虽然二甲醚和乙醇同样属于极性分子，但是在乙醇中的分子间作用力，除了色散力、诱导力和取向力之外，还存在有氢键，所以乙醇沸点高于二甲醚。

4. 正四面体，直线形，V 形，三角锥，四面体

5. HeH 的键级为 $(2-1)/2=0.5$，可能存在；

HeH$^+$ 键级为 $2/2=1$，可能存在；

He$_2^+$ 键级为 $(2-1)/2=0.5$，可能存在；

键级越大，成键轨道越多，分子轨道能量越低，分子越稳定。

He$_2$ 键级为 0，很不稳定，所以不存在。

第六章

酸碱平衡

一、学习要求

1. **掌握**：酸碱质子理论的基本内容，缓冲溶液的组成和作用原理，一元和多元弱酸弱碱、缓冲溶液等酸碱平衡体系的有关计算。

2. **熟悉**：同离子效应，缓冲容量的概念，缓冲溶液的配制方法。

3. **了解**：强电解质溶液理论以及活度、活度系数、离子强度、盐效应等概念，酸碱电子理论，缓冲容量的计算。

二、本章要点

（一） 强电解质溶液理论

强电解质在水中完全解离成离子，但由于阴阳离子之间的相互牵制作用，使得离子的活度（a，即有效浓度）比理论浓度（c，即配制浓度）小。

$$a = \gamma \frac{c}{c^{\ominus}} \tag{6-1}$$

γ 为活度系数，表示离子之间相互牵制作用的大小，（$\gamma < 1$）。离子浓度越大，电荷越高，离子之间相互牵制的作用越强，γ 越小；当浓度极稀时，离子之间平均距离增大，相互牵制的作用极小，γ 越趋近于 1，活度越接近浓度。

离子强度 I 是溶液中存在的离子所产生的电场强度的量度，与溶液中各种离子浓度和电荷有关：

$$I = \frac{1}{2} \sum b_i z_i^2 \tag{6-2}$$

溶液的离子强度的大小对离子的活度系数有明显的影响。离子强度越大，离子间相互牵制作用越强，活度系数越小。反之，离子强度越小，活度系数越大。此外，某个离子的活度系数还和该离子本身的电荷数有关，电荷数越高，活度系数越小。当溶液中的离子强度很小（$I < 1 \times 10^{-4}$ mol·kg^{-1}）时，$\gamma \to 1$，活度接近浓度。

（二）　酸碱质子理论

酸碱质子理论认为：凡是能给出质子的物质都是酸，如 HCl、HAc、NH_4^+ 等；凡是能接受质子的物质都是碱，如 NH_3、Cl^-、OH^- 等。既能给出质子也能接受质子的物质是两性物质，如 HCO_3^-、H_2O。没有盐的概念。酸和碱相差一个质子的关系称为共轭关系。

酸碱反应的实质是两对共轭酸碱之间的质子传递的过程。自发进行的酸碱反应的方向：由较强酸和较强碱作用，向着生成较弱酸和较弱碱的方向进行。

酸碱的强度：酸越强，其共轭碱越弱；碱越强，其共轭酸越弱。酸碱强度不仅取决于酸碱本身给出和接受质子的能力，同时也取决于溶剂接受和给出质子的能力。在同一种溶剂中酸碱的相对强度取决于酸碱的本性，例如：HCl 在 H_2O 中表现为强酸，HAc 在 H_2O 中表现为弱酸。而同一酸碱在不同的溶剂中的相对强度则由溶剂的性质决定。例如，HAc 在 H_2O 中表现为弱酸，在液氨中表现为强酸（完全解离）。

（三）　酸碱电子理论（路易斯酸碱理论）

酸碱电子理论对酸的定义是：任何分子、基团或离子，只要含有电子结构未饱和的原子，可以接受外来的电子对，就称之为酸，如 H^+、Cu^{2+}、$AlCl_3$；碱的定义则是：凡含有可以给予电子对的分子、基团或离子皆称之为碱，如 OH^-、NH_3、S^{2-}。酸碱反应的实质是形成酸碱加合物。

（四）　水溶液中的酸碱平衡

弱酸弱碱在水溶液中的解离程度（即酸碱强度）可以用酸碱平衡常数（K_w、K_a、K_b）来表示，常数数值越大，解离越充分。

共轭酸碱对的酸碱平衡常数之间存在如下关系：

$$K_a K_b = K_w \tag{6-3}$$

（五）　水溶液中的酸碱平衡的移动及有关计算

1. 一元弱酸溶液

当 $cK_a > 20K_w$、$c/K_a \geqslant 500$ 时，可用最简式计算：

$$[H^+] = \sqrt{K_a c} \tag{6-4}$$

2. 一元弱碱溶液

当 $cK_b > 20K_w$、$c/K_b \geqslant 500$ 时，可用最简式计算：

$$[OH^-] = \sqrt{K_b c} \tag{6-5}$$

3. 质子转移平衡的移动

（1）稀释定律：在一定温度下，解离度随弱电解质浓度减小而增大。

$$\alpha = \sqrt{\frac{K_a}{c}} \tag{6-6}$$

（2）同离子效应：在弱电解质溶液中，加入与弱电解质含有相同离子的易溶强电解质，使弱电解质解离度明显降低的现象叫同离子效应。有同离子效应时，计算酸碱度和解离度的公式与纯的弱酸弱碱溶液不同。如在一元弱酸（HA）中加入一定量其钠盐（NaA）形成的混合溶液的酸度：

$$[H^+] \approx \frac{K_a c(HA)}{c(NaA)} \tag{6-7}$$

（3）盐效应：在弱电解质溶液中加入与弱电解质含有不同离子的强电解质，使弱电解质解离度略有增大的现象叫盐效应。

4. 多元弱酸弱碱溶液

多元弱酸弱碱（如 H_2CO_3）与水的质子传递反应是分步进行的。

（1）多元弱酸 $K_{a_1} \gg K_{a_2} \gg K_{a_3}$，当 $K_{a_1}/K_{a_2} > 10^2$ 时，$[H^+]$ 计算可按一元弱酸处理。K_{a_1} 可作为衡量酸度的标志。

（2）二元弱酸酸根浓度 $[CO_3^{2-}]$ 近似等于 K_{a_2}，与酸的原始浓度关系不大。

（3）若改变多元弱酸溶液的 pH 值，比如加入强酸，将使质子转移平衡发生移动，此时 $[CO_3^{2-}]$ 不再等于 K_{a_2}，必须使用如下关系式计算：

$$K = K_{a_1} K_{a_2} = \frac{[CO_3^{2-}][H^+]^2}{[H_2CO_3]} \tag{6-8}$$

5. 两性物质溶液

多元酸的酸式盐（如 $NaHCO_3$）、弱酸弱碱盐（NH_4Ac）、氨基酸（H_2NCH_2COOH）可以看成两性物质，计算其溶液的酸度的近似公式：

$$[H^+] = \sqrt{K_{a_1} K_{a_2}} \tag{6-9}$$

（六）缓冲溶液

1. 能抵抗外加少量强酸强碱或适当的稀释，而 pH 保持几乎不变的溶液称为缓冲溶液。组成缓冲溶液的共轭酸碱对称为缓冲系或缓冲对。

由于缓冲溶液中质子转移平衡的存在，共轭酸碱对中的酸起到抵抗外加强碱的作用，共轭碱起到抵抗外加少量强酸的作用，故能保持溶液的 pH 不变。

2. pH 计算公式

$$pH = pK_a + \lg \frac{[共轭碱]}{[共轭酸]} \approx pK_a + \lg \frac{c(A^-)}{c(HA)} \tag{6-10}$$

缓冲溶液的 pH 主要取决于弱酸的 K_a，并受到酸（HA）及共轭碱（A^-）的相对浓度的影响。

3. 缓冲容量 β 是衡量缓冲溶液的缓冲能力大小的尺度。其大小取决于缓冲溶液的总浓度和缓冲比。当缓冲比一定时，总浓度（$c_总 = [HA] + [A^-]$）越大，抗酸抗碱成分越多，缓冲容量也越大；反之，总浓度越小，缓冲容量也越小。当总浓度一定时，缓冲比（$[A^-]/[HA]$）越接近 1，pH 越接近 pK_a，缓冲容量越大；缓冲比=1 时，pH = pK_a，缓冲容量最大。缓冲溶液的有效缓冲范围为 pH = $pK_a \pm 1$。

4. 缓冲溶液的配制

（1）选择合适的缓冲系，使配制缓冲溶液的 pH 值在所选择缓冲系统的缓冲范围内，即

$pH=pK_a\pm1$，并使 pH 尽可能接近共轭酸的 pK_a。

（2）控制合适的总浓度，一般总浓度在 $0.05\sim0.2\ mol\cdot L^{-1}\cdot pH^{-1}$ 之间。

（3）计算出所需酸和共轭碱的量。

（4）根据计算结果配制缓冲溶液，用酸度计进行校正。

5. 缓冲溶液在生命科学中应用极为广泛。正常情况下，人体的血液的 pH 值保持在 $7.35\sim7.45$ 的狭小范围内，其中 $\dfrac{HCO_3^-}{H_2CO_3}$ 缓冲对在血液中浓度很高，缓冲能力最强，对维持血液恒定的 pH 值起着重要的作用。

三、解题示例

1. 根据酸碱质子理论，下列物质中最强的碱是（　　　）

（已知：HAc 的 $K_a=1.8\times10^{-5}$，HCN 的 $K_a=4.9\times10^{-10}$，H_2CO_3 的 $K_{a_1}=4.3\times10^{-7}$）

A. Ac^-　　　　B. NO_3^-　　　　C. CN^-　　　　D. $H_2PO_4^-$　　　　E. HCO_3^-

解：答案 C

根据酸碱质子理论，酸的酸性越弱，其共轭碱的碱性越强。根据 K_a 数据可知各选项的共轭酸的强弱顺序为：$HNO_3>H_3PO_4>HAc>H_2CO_3>HCN$，所以，共轭碱的强弱顺序为：$NO_3^-<H_2PO_4^-<Ac^-<HCO_3^-<CN^-$。

2. 醋酸在液氨和液态 HF 中分别是（　　　）

A. 弱酸和强碱　　　B. 强酸和强碱　　　C. 强酸和弱碱　　　D. 强酸和弱酸

解：答案 C

在非水溶剂中，酸碱的性质会受到溶剂的酸碱性的影响而发生改变。液氨作溶剂，其碱性强于水，即结合质子的能力强于水，因此，醋酸在液氨中显示更强的酸性，成为强酸。HF（$K_a=3.5\times10^{-4}$）的酸性强于 HAc（$K_a=1.8\times10^{-5}$），因此，HAc 变成了碱，可以结合 HF 放出的质子，但是结合质子的能力（碱性）非常弱，是极弱的碱。

3. 下列措施中可以使氨水溶液 NH_3 解离度减小的是（　　　）

A. 加入 Na_2SO_4　　B. 加入 KOH　　C. 加水稀释　　D. 减小压力

解：答案 B

NH_3 的解离方程：$NH_3+H_2O\Longrightarrow NH_4^++OH^-$

加入 KOH 产生同离子效应（OH^- 是同离子），从而使 NH_3 解离度减小。

4. 计算 $0.20\ mol\cdot L^{-1}$ HCl 溶液和 $0.20\ mol\cdot L^{-1}$ HAc 溶液等体积混合后溶液的 pH，并计算 HAc 的解离度。

解：HCl 与 HAc 混合后构成一个强酸、弱酸混合溶液，溶液中 H^+ 的来源有 HCl、HAc、H_2O，存在三个质子转移平衡

$$HAc+H_2O\Longrightarrow H_3O^++Ac^-$$

$$H_2O+H_2O\Longrightarrow H_3O^++OH^-$$

$$HCl+H_2O\Longrightarrow H_3O^++Cl^-$$

由于 HCl 解离出大量 H^+，对 HAc 和 H_2O 的解离产生了抑制，发生同离子效应。

首先忽略水的解离。混合后 HCl 和 HAc 的浓度都为 $0.10\ mol \cdot L^{-1}$，HCl 全部解离产生的 $[H^+] = 0.10\ mol \cdot L^{-1}$，而 HAc 是弱电解质。

设 Ac^- 解离出 $x\ mol \cdot L^{-1}$

$$HAc + H_2O \Longrightarrow H_3O^+ + Ac^-$$
$$0.10 - x \qquad\qquad 0.10 + x \qquad x$$

$$K_a = \frac{(0.1 + x)x}{0.1 - x}$$

由于同离子效应，HAc 解离出来的 Ac^- 非常少，x 很小，所以 $0.1 + x \approx 0.1$，$0.1 - x \approx 0.1$

$$x \approx K_a = 1.8 \times 10^{-5}\ mol \cdot L^{-1}$$

$$[H^+] = 0.10 + 1.8 \times 10^{-5} \approx 0.10\ mol \cdot L^{-1} \qquad pH = 1.0$$

HAc 的解离度　$\alpha = \dfrac{1.8 \times 10^{-5}}{0.10} \times 100\% = 1.8 \times 10^{-2}\%$

由计算结果可知，对于强、弱酸混合溶液，由于同离子效应，弱酸的解离度更小，因此，一般来说，可以直接根据强酸解离产生的 H^+ 浓度来计算溶液的 pH。

5. 某一元弱酸（HA）100 mL，其浓度为 $0.10\ mol \cdot L^{-1}$。求（1）当加入 $0.10\ mol \cdot L^{-1}$ 的 NaOH 溶液 50 mL 后，溶液的 pH 为多少？（2）此时该弱酸的解离度为多少？（3）当加入 $0.10\ mol \cdot L^{-1}$ NaOH 溶液 100 mL 后，溶液的 pH 为多少（已知 HA 的 $K_a = 1.0 \times 10^{-5}$）？

解：（1）加入 50 mL $0.10\ mol \cdot L^{-1}$ 的 NaOH 后，发生中和反应：

$$HA + NaOH \Longrightarrow NaA + H_2O$$

弱酸 HA 过量，形成缓冲溶液。

$$n(A^-) = 0.10 \times 50 = 5\ mmol \qquad n(HA) = 0.10 \times 100 - 0.10 \times 50 = 5\ mmol$$

$$pH = pK_a + \lg \frac{n(A^-)}{n(HA)} = 5.0 + \lg \frac{5}{5} = 5.0$$

（2）由于 A^- 的同离子效应，不能使用一元弱酸纯溶液的解离度计算公式（6-6），即 $\alpha \neq \sqrt{\dfrac{K_a}{c}}$，此时：$[H^+] = K_a = 1.0 \times 10^{-5}\ mol \cdot L^{-1}$

$$\alpha = \frac{[H^+]}{c(HA)} = \frac{1.0 \times 10^{-5}}{\frac{5}{150}} \times 100\% = 3 \times 10^{-2}\%$$

（3）加入 100 mL NaOH 后，发生中和反应，弱酸全部被 NaOH 所中和，反应生成其共轭碱 NaA

$$c(A^-) = 0.10 \times 100 / 200 = 0.050\ mol \cdot L^{-1} \qquad K_b = \frac{K_a}{K_w} = 1.0 \times 10^{-9} \qquad c/K_b > 500$$

$$[OH^-] = \sqrt{K_b c} = 7.07 \times 10^{-6} \qquad pOH = 5.15 \qquad pH = 8.85$$

6. 将 20 mL $1.0\ mol \cdot L^{-1}$ H_3PO_4 溶液与 30 mL $1.0\ mol \cdot L^{-1}$ NaOH 溶液混合，计算混合后溶液的 pH（已知 H_3PO_4 的 $K_{a_1} = 7.5 \times 10^{-3}$；$K_{a_2} = 6.2 \times 10^{-8}$；$K_{a_3} = 2.2 \times 10^{-13}$）。

解：H_3PO_4 与 NaOH 发生中和反应

$$H_3PO_4 + NaOH = NaH_2PO_4 + H_2O$$

反应前   20 mmol 30 mmol

反应后   10 mmol   20 mmol

过量的 $NaOH$ 与 NaH_2PO_4 继续反应

$$NaH_2PO_4 + NaOH = Na_2HPO_4 + H_2O$$

反应前   20 mmol 10 mmol

反应后   10 mmol   10 mmol

所以反应后生成 NaH_2PO_4-Na_2HPO_4 混合溶液，这是一个缓冲比等于 1 的缓冲体系。

$$pH = pK_{a_2} + \lg \frac{n(Na_2HPO_4)}{n(NaH_2PO_4)} = pK_{a_2} = 7.21$$

7. 将 10 mL 1.0 mol·L^{-1} H_3PO_4 溶液与 20 mL 1.0 mol·L^{-1} $NaOH$ 溶液混合，计算混合后溶液的 pH（已知 H_3PO_4 的 $K_{a_1} = 7.5 \times 10^{-3}$；$K_{a_2} = 6.2 \times 10^{-8}$；$K_{a_3} = 2.2 \times 10^{-13}$）。

解：H_3PO_4 与 $NaOH$ 发生中和反应

$$H_3PO_4 + 2NaOH = Na_2HPO_4 + 2H_2O$$

反应前   10 mmol 20 mmol

反应后   10 mmol

完全反应生成 Na_2HPO_4 溶液，这是一个两性物质溶液。

$$[H^+] = \sqrt{K_{a_2} K_{a_3}} = 1.2 \times 10^{-10} \text{ mol·L}^{-1} \quad pH = 9.93$$

8. 下列溶液中，缓冲容量最大的是（　　）

A. 0.2 mol·L^{-1} HAc 100 mL + 0.1 mol·L^{-1} NaOH 50 mL

B. 0.2 mol·L^{-1} HAc 100 mL + 0.15 mol·L^{-1} NaOH 50 mL

C. 0.1 mol·L^{-1} HAc 100 mL + 0.1 mol·L^{-1} NaOH 50 mL

D. 0.2 mol·L^{-1} HAc 100 mL + 0.2 mol·L^{-1} NaOH 50 mL

解：答案 D

缓冲容量的影响因素有 2 个：共轭酸碱总浓度和缓冲比。共轭酸碱总浓度越大，缓冲容量越大。缓冲比越接近 1，缓冲容量越大。

首先发生中和反应：$HAc + NaOH = NaAc + H_2O$

	总浓度	缓冲比
A：	20/150	1/3
B：	20/150	0.6
C：	10/150	1
D：	20/150	1

答案 D 总浓度最高，缓冲比等于 1，所以缓冲容量最大。

9. 欲配制 pH=9～10 的缓冲溶液，应该选择的缓冲对是（　　）

A. NH_3（$K_b = 1.8 \times 10^{-5}$）和 NH_4Cl

B. NH_2OH（羟胺，$K_b = 1.0 \times 10^{-9}$）和 $NH_3^+OH·Cl^{-1}$（盐酸羟胺）

C. HAc（$K_a = 1.8 \times 10^{-5}$）和 $NaAc$

D. $HCOOH$（甲酸，$K_a = 1.0 \times 10^{-4}$）和 $HCOONa$（甲酸钠）

解：答案 A

缓冲溶液的 pH 值应尽量接近缓冲系中抗碱成分（共轭酸）的 pK_a 以保证缓冲比接近 1，从而使缓冲容量接近最大值，基本上把 $pH = pK_a \pm 1$ 作为缓冲作用的有效区间，称为缓冲溶液的缓冲范围。

候选答案的抗碱成分的 pK_a 分别为：

A. NH_4^+　9.26　　B. NH_3^+OH　5.00　　C. HAc　4.75　　D. HCOOH　4.00

其中 NH_4^+ 的 pK_a 最接近要求的 pH。

10. 微生物实验要配制 pH=5.00 的缓冲溶液 500 mL 用于培养细菌，并要求溶液中 HAc 浓度为 $0.050\ \text{mol} \cdot \text{L}^{-1}$。现有 $6.0\ \text{mol} \cdot \text{L}^{-1}$ HAc 和固体 $NaAc \cdot 3H_2O$。完成以下问题。

(1) 计算需要多少药品。

(2) 计算所配制缓冲液的渗透浓度。

(3) 如果该缓冲液需要与人体血浆等渗，至少需要加多少克 NaCl 补充渗透浓度？

(4) 设计操作步骤（已知 HAc 的 $pK_a = 4.75$）。

解：(1) 根据亨德森-哈塞尔巴赫方程计算。

$$pH = pK_a + \lg \frac{c(\text{NaAc})}{c(\text{HAc})}$$

$$5.00 = 4.75 + \lg \frac{c(\text{NaAc})}{0.05}$$

$$c(\text{NaAc}) = 0.089\ \text{mol} \cdot \text{L}^{-1}$$

需要 $NaAc \cdot 3H_2O$ 的质量为

$$m(\text{NaAc} \cdot 3H_2O) = c(\text{NaAc}) \times 0.5 \times M(\text{NaAc} \cdot 3H_2O) = 6.1\ \text{g}$$

需要 $6.0\ \text{mol} \cdot \text{L}^{-1}$ HAc 的体积为

$$V(\text{HAc}) = 0.050 \times 500 / 6.0 = 4.1\ \text{mL}$$

(2) 缓冲液的渗透浓度为

$$c(\text{os}) = c(\text{Na}^+) + c(\text{Ac}^-) + c(\text{HAc}) = 228\ \text{mmol} \cdot \text{L}^{-1}$$

(3) 人体血浆渗透浓度范围为 $280 \sim 320\ \text{mmol} \cdot \text{L}^{-1}$。

需要加入的氯化钠质量为

$$m(\text{NaCl}) = cVM = (0.280 - 0.228) \times 0.5 \times 58.5 / 2 = 0.76\ \text{g}$$

(4) 操作步骤：

称取 6.1 g $NaAc \cdot 3H_2O$ 和 0.76 g NaCl，加入适量水溶解，再加入 4.1 mL $6.0\ \text{mol} \cdot \text{L}^{-1}$ HAc 溶液，混合均匀，加水稀释到 500 mL，最后用 pH 计校正。

四、习题解答

1. 计算 $0.10\ \text{mol} \cdot \text{kg}^{-1}$ $K_3[\text{Fe(CN)}_6]$ 溶液的离子强度。

解：$I = \dfrac{1}{2}(0.30 \times 1^2 + 0.10 \times 3^2) = 0.60\ \text{mol} \cdot \text{kg}^{-1}$

2. 根据酸碱质子理论，判断下列物质在水溶液中哪些是酸？哪些是碱？哪些是两性物质？写出它们的共轭酸或共轭碱：HS^-、HCO_3^-、CO_3^{2-}、ClO^-、OH^-、H_2O、NH_4^+。

解：

	HS^-	HCO_3^-	CO_3^{2-}	ClO^-	OH^-	H_2O	NH_4^+
类型	两性物质	两性物质	碱	碱	碱	两性物质	酸
共轭酸	H_2S	H_2CO_3	HCO_3^-	$HClO$	H_2O	H_3O^+	/
共轭碱	S^{2-}	CO_3^{2-}	/	/	/	OH^-	NH_3

3. 计算下列溶液的 pH 值：

(1) $0.10\ mol \cdot L^{-1}$ HCN；(2) $0.10\ mol \cdot L^{-1}$ KCN；(3) $0.020\ mol \cdot L^{-1}$ NH_4Cl；(4) 500 mL 含 $0.17\ g\ NH_3$ 溶液。

解：(1) $c/K_a > 500$，$[H^+] = \sqrt{K_a c} = \sqrt{4.9 \times 10^{-10} \times 0.1} = 7 \times 10^{-6}\ mol \cdot L^{-1}$，pH=5.15

(2) $c/K_b > 500$，$[OH^-] = \sqrt{K_b c} = \sqrt{2.0 \times 10^{-5} \times 0.1} = 0.0014\ mol \cdot L^{-1}$，pH=11.15

(3) $c/K_a > 500$，$[H^+] = \sqrt{K_a c} = \sqrt{5.6 \times 10^{-10} \times 0.02} = 3.3 \times 10^{-6}\ mol \cdot L^{-1}$，pH=5.48

(4) $c = 0.02\ mol \cdot L^{-1}$，

$c/K_b > 500$，$[OH^-] = \sqrt{K_b c} = \sqrt{1.8 \times 10^{-5} \times 0.02} = 6 \times 10^{-4}\ mol \cdot L^{-1}$，pH=10.78

4. 实验测得某氨水的 pH 值为 11.26，已知 $K_b(NH_3) = 1.8 \times 10^{-5}$，求氨水的浓度。

解：设可以使用最简式计算，即：$K_b = \dfrac{[OH^-]^2}{c_{NH_3}}$，由 pH=11.26，$[OH^-] = 1.8 \times 10^{-3}\ mol \cdot L^{-1}$

$$c(NH_3) = 0.18\ mol \cdot L^{-1}$$

由于 $c/K_b > 500$，所以上述计算结果误差在范围内。

5. 将 $0.10\ mol \cdot L^{-1}$ HA 溶液 50 mL 与 $0.10\ mol \cdot L^{-1}$ KOH 20 mL 相混合，并稀释至 100 mL，测得 pH 值为 5.25，求此弱酸 HA 的解离常数。

解： $HA\ +\ KOH =\!=\!= KA\ +\ H_2O$ 代入数据

$\quad$ $0.10 \times 50 \quad 0.10 \times 20$

$\quad = 5.0\ mmol = 2.0\ mmol$

可知 HA 过量 3.0 mmol，产生 KA 2.0 mmol，构成一个缓冲溶液。

由公式 $pH = pK_a + \lg \dfrac{n_{共轭碱}}{n_{共轭酸}}$ 代入数据，计算得到 $pK_a = 5.43$，$K_a = 3.7 \times 10^{-6}$

6. 某一元弱酸 HA 100 mL，其浓度为 $0.10\ mol \cdot L^{-1}$，当加入 $0.10\ mol \cdot L^{-1}$ 的 NaOH 溶液 50 mL 后，溶液的 pH 为多少？此时该弱酸的解离度为多少（已知 HA 的 $K_a = 1.0 \times 10^{-5}$）？

解： $HA\ +\ NaOH =\!=\!= NaA\ +\ H_2O$ 代入数据

$\quad$ $0.10 \times 100 \quad 0.10 \times 50$

$\quad = 10\ mmol \quad = 5\ mmol$

可知 HA 过量 5 mmol，产生 NaA 5 mmol，构成一个缓冲溶液。

由公式 $pH = pK_a + \lg \dfrac{n_{共轭碱}}{n_{共轭酸}} = 5 + \lg(5/5) = 5$

解离度 $\alpha=\dfrac{[H^+]}{c_{(HA)}}\times100\%=\dfrac{1\times10^{-5}}{\dfrac{5}{150}}\times100\%=0.03\%$

*7. $0.10\ mol\cdot L^{-1}$ HCl 与 $0.10\ mol\cdot L^{-1}$ Na_2CO_3 溶液等体积混合，求混合溶液的 pH 值。

解：$HCl+Na_2CO_3\rightleftharpoons NaHCO_3+NaCl$ 完全反应

反应生成 $NaHCO_3$ 溶液，为两性物质溶液，

$[H^+]=\sqrt{K_{a_1}K_{a_2}}=\sqrt{4.3\times10^{-7}\times5.6\times10^{-11}}=4.9\times10^{-9}\ mol\cdot L^{-1}$，pH$=8.31$

8. 在 H_2S 和 HCl 混合液中，H^+ 浓度为 $0.30\ mol\cdot L^{-1}$，已知 H_2S 浓度为 $0.10\ mol\cdot L^{-1}$，求该溶液的 S^{2-} 浓度（H_2S 的 $K_{a_1}=1.1\times10^{-7}$，$K_{a_2}=1.0\times10^{-14}$）。

解：H_2S 的解离过程如下：

$$H_2S+H_2O\rightleftharpoons HS^-+H_3O^+ \qquad K_{a_1}=1.1\times10^{-7}$$
$$HS^-+H_2O\rightleftharpoons S^{2-}+H_3O^+ \qquad K_{a_2}=1.0\times10^{-14}$$

综合两步解离：$K=K_{a_1}K_{a_2}=\dfrac{[S^{2-}][H_3O^+]^2}{[H_2S]}=1.1\times10^{-21}$

代入数据，计算得到：$[S^{2-}]=1.2\times10^{-21}\ mol\cdot L^{-1}$

9. 求下列各缓冲溶液 pH。

（1）$0.20\ mol\cdot L^{-1}$ HAc 50 mL 和 $0.10\ mol\cdot L^{-1}$ NaAc 100 mL 的混合溶液。

（2）$0.50\ mol\cdot L^{-1}$ $NH_3\cdot H_2O$ 100 mL 和 $0.10\ mol\cdot L^{-1}$ HCl 200 mL 的混合液。

（3）$0.10\ mol\cdot L^{-1}$ $NaHCO_3$ 和 $0.010\ mol\cdot L^{-1}$ Na_2CO_3 各 50 mL 的混合溶液。

（4）$0.10\ mol\cdot L^{-1}$ HAc 50 mL 和 $0.10\ mol\cdot L^{-1}$ NaOH 25 mL 的混合溶液。

解：

（1）$pH=pK_a+\lg\dfrac{0.10\times100}{0.20\times50}=4.75$

（2）$pH=pK_a+\lg\dfrac{0.50\times100-0.10\times200}{0.10\times200}=14-4.75+\lg1.5=9.43$

（3）$pH=pK_{a_2}+\lg\dfrac{0.010}{0.10}=10.25+\lg0.1=9.25$

（4）$pH=pK_a+\lg\dfrac{0.10\times25}{0.10\times50-0.10\times25}=4.75$

*10. 用 $0.10\ mol\cdot L^{-1}$ HAc 溶液和 $0.20\ mol\cdot L^{-1}$ NaAc 溶液等体积混合，配成 0.50 L 缓冲溶液。当加入 0.005 mol NaOH 后，此缓冲溶液 pH 如何变化？缓冲容量为多少？

解：加入 NaOH 前，$pH=pK_a+\lg\dfrac{c(Ac^-)}{c(HAc)}=5.05$

其中 $n(HAc)=0.050\times0.50=25$ mmol，$n(NaAc)=0.10\times0.50=50$ mmol

加入 NaOH，发生反应：

$$HAc\ +\ NaOH\rightleftharpoons NaAc\ +\ H_2O$$

反应前　　25 mmol　　5 mmol　　50 mmol

反应后　　20 mmol　　0　　　　55 mmol

$$pH=pK_a+\lg\dfrac{n(Ac^-)}{n(HAc)}=5.19 \qquad \Delta pH=0.14$$

$$\beta=\frac{n}{V|\Delta pH|}=\frac{0.005}{0.50\times0.14}=0.07 \text{ mol} \cdot L^{-1} \cdot pH^{-1}$$

11. 配制 pH＝5.00 的缓冲溶液 500 mL，现有 6 mol·L^{-1}的 HAc 34.0 mL，问需要加入 NaAc·3H$_2$O（M＝136 g·mol^{-1}）多少克？如何配制？

解：根据公式 $pH=pK_a+\lg\dfrac{n(A^-)}{n(HA)}$ 代入计算，$5.00=4.75+\lg\dfrac{n_{NaAc}}{6\times34.0\times10^{-3}}$

得到：$n(NaAc)=0.363$ mol，$m(NaAc \cdot 3H_2O)=0.363\times136=49.4$ g

配制方法：称取 49.4 g NaAc·3H$_2$O，溶解于 100 mL 烧杯中，加入 34.0 mL 6 mol·L^{-1} HAc，混合均匀，转移到 500 mL 容量瓶中，稀释，定容，用酸度计校正。

* 12. 临床检验得知甲、乙、丙三人血浆中 HCO_3^- 和溶解的 CO_2 浓度分别为：

甲　　$[HCO_3^-]=24.0$ mmol·L^{-1}　　　　　　$[CO_2]_{溶解}=1.2$ mmol·L^{-1}

乙　　$[HCO_3^-]=21.6$ mmol·L^{-1}　　　　　　$[CO_2]_{溶解}=1.35$ mmol·L^{-1}

丙　　$[HCO_3^-]=56.0$ mmol·L^{-1}　　　　　　$[CO_2]_{溶解}=1.40$ mmol·L^{-1}

37℃时 H$_2$CO$_3$ 的 pK_a 为 6.1，求血浆中 pH 各为多少？并判断谁为酸中毒？谁为碱中毒？

解：甲：$pH=pK_a+\lg\dfrac{[HCO_3^-]}{[CO_2]_{溶解}}=7.4$　正常

乙：$pH=pK_a+\lg\dfrac{[HCO_3^-]}{[CO_2]_{溶解}}=7.3$　酸中毒

丙：$pH=pK_a+\lg\dfrac{[HCO_3^-]}{[CO_2]_{溶解}}=7.7$　碱中毒

* 13. Give the products in the following acid-base reactions. Identify the conjugate acid-base pairs.

(1) $NH_4^+ +CN^- =\!=\!=$

(2) $HS^- +HSO_4^- =\!=\!=$

(3) $HClO_4 +NH_3 =\!=\!=$

(4) $CH_3COO^- +H_2O =\!=\!=$

Solution：(1) $NH_4^+ +CN^- =\!=\!= NH_3 +HCN$　　NH_4^+-NH_3　　HCN-CN^-

(2) $HS^- +HSO_4^- =\!=\!= H_2S+SO_4^{2-}$　　H_2S-HS^-　　HSO_4^--SO_4^{2-}

(3) $HClO_4 +NH_3 =\!=\!= ClO_4^- +NH_4^+$　　$HClO_4$-ClO_4^-　　NH_4^+-NH_3

(4) $CH_3COO^- +H_2O =\!=\!= CH_3COOH+OH^-$　　CH_3COOH-CH_3COO^-　　H_2O-OH^-

* 14. List the conjugate acids of H_2O，OH^-，NH_2^-，HPO_4^{2-} and Cl^-. List the conjugate bases of HS^-，H_2O，CH_3COOH，HPO_4^{2-} and CH_3OH.

Solution：

	H_2O	OH^-	NH_2^-	HPO_4^{2-}	Cl^-
conjugate acids	H_3O^+	H_2O	NH_3	$H_2PO_4^-$	HCl
	HS^-	H_2O	CH_3COOH	HPO_4^{2-}	CH_3OH
conjugate bases	S^{2-}	OH^-	CH_3COO^-	PO_4^{3-}	CH_3O^-

*15. In a solution of a weak acid, $HA + H_2O \rightleftharpoons H_3O^+ + A^-$, the following equilibrium concentrations are found: $[H_3O^+] = 0.0017$ mol·L^{-1} and $[HA] = 0.0983$ mol·L^{-1}. Calculate the ionization constant for the weak acid, HA.

Solution: From the formula:

$$K_a = \frac{[H_3O^+][A^-]}{[HA]} = \frac{[H_3O^+]^2}{[HA]} = \frac{0.0017^2}{0.0983} = 2.9 \times 10^{-5}$$

*16. Ascorbic acid, $C_5H_7O_4COOH$, known as vitamin C, is an essential vitamin for all mammals. Among mammals, only humans, monkeys and guinea pigs cannot synthesize it in their bodies. K_a for ascorbic acid is 7.9×10^{-5}. Calculate $[H_3O^+]$ and pH in a 0.100 mol·L^{-1} solution of ascorbic acid.

Solution: From the formula:

$$c/K_a = \frac{0.1}{7.9 \times 10^{-5}} > 500$$

$$[H_3O^+] = \sqrt{cK_a} = 2.8 \times 10^{-3} \text{ mol·}L^{-1}, \quad pH = 2.55$$

*17. Buffer solutions are especially important in our body fluids and metabolism. Write net ionic equations to illustrate the buffering action of

(a) the $H_2CO_3/NaHCO_3$ buffer system in blood.

(b) the NaH_2PO_4/Na_2HPO_4 buffer system inside cells.

Solution: (a) $H_2CO_3 + H_2O \rightleftharpoons HCO_3^- + H_3O^+$

(b) $H_2PO_4^- + H_2O \rightleftharpoons HPO_4^{2-} + H_3O^+$

*18. Calculate pH for each of the following buffer solutions:

(a) 0.10 mol·L^{-1} HF and 0.20 mol·L^{-1} KF.

(b) 0.050 mol·L^{-1} CH_3COOH and 0.025 mol·L^{-1} $Ba(CH_3COO)_2$.

Solution: From the Henderson-Hasselbalch formula, $pH = pK_a + \lg \dfrac{c(A^-)}{c(HA)}$

(a) $pH = pK_a + \lg \dfrac{c(F^-)}{c(HF)} = 3.45 + \lg \dfrac{0.20}{0.10} = 3.75$

(b) $pH = pK_a + \lg \dfrac{c(Ac^-)}{c(HAc)} = 4.75 + \lg \dfrac{0.050}{0.050} = 4.75$

五、自测试卷 （共100分）

一、选择题 （每题2分，共40分）

1. 下列关于活度系数的说法错误的是 （　　　）

A. 浓度越大，活度系数越大 　　　B. 浓度越大，活度系数越小

C. 浓度极稀时，活度系数接近于1 　　D. 离子强度越大，活度系数越小

2. 电导实验测得 0.1 mol·L^{-1} KCl 溶液中 KCl 的解离度为 86%，其原因是 （　　　）

A. KCl 在水溶液中不能全部解离

B. 浓度太低，若提高到 1 mol·L^{-1}，则电离度就可达到 100%

C. 浓度太高，若稀释到 0.001 $mol \cdot L^{-1}$，则电离度就可达到 100%

D. 阴阳离子互吸作用所致

3. 下列离子中，哪一个是酸碱两性物质 （　　　）

A. CO_3^{2-} 　　　　B. Al^{3+} 　　　　C. HPO_4^{2-} 　　　　D. NO_3^-

4. 下列各组化合物中不是共轭酸碱对的是 （　　　）

A. H_2O，OH^- 　　B. H_3O^+，H_2O 　　C. HCN，CN^- 　　D. NH_4^+，NH_4Cl

5. 根据酸碱质子理论，在酸碱反应 $CO_3^{2-}+H_2O \Longrightarrow HCO_3^-+OH^-$ 中，属于碱的是 （　　　）

A. OH^- 和 H_2O 　　　　　　　　B. CO_3^{2-} 和 HCO_3^-

C. CO_3^{2-} 和 OH^- 　　　　　　　D. HCO_3^- 和 OH^-

6. 醋酸在液氨和 HNO_3 中分别是 （　　　）

A. 弱酸和强碱 　　B. 强酸和弱碱 　　C. 强酸和强碱 　　D. 强酸和弱酸

7. 在一定温度下，向 10 mL 纯水中加入少量酸或碱，水的离子积（K_w）将 （　　　）

A. 增大 　　　　B. 减少 　　　　C. 保持不变 　　　　D. 变为 1×10^{-12}

8. 用 0.1 $mol \cdot L^{-1}$ NaOH 溶液分别与 HCl 和 HAc 溶液各 20 mL 反应时，均消耗掉 20 mL NaOH，这表示 （　　　）

A. HCl 和 HAc 溶液中，H^+ 浓度相等

B. HCl 和 HAc 溶液的解离度相等

C. HCl 和 HAc 溶液的物质的量浓度相等

D. HCl 和 HAc 溶液的酸度相等

9. 对于 pH 值相同的甲酸和乙酸溶液，下列说法正确的是 （　　　）

A. 两种酸的解离度相同 　　　　　　B. 两种酸的 K_a 相同

C. 两种酸的浓度相同 　　　　　　　D. 两种酸的浓度不同

10. 下列溶液中 pH 最小的是 （　　　）（NH_3 的 $K_b=1.8 \times 10^{-5}$，HAc 的 $K_a=1.8 \times 10^{-5}$）

A. 0.2 $mol \cdot L^{-1}$ 氨水中加入等体积的 0.2 $mol \cdot L^{-1}$ 的 HAc

B. 0.2 $mol \cdot L^{-1}$ 氨水中加入等体积的 0.1 $mol \cdot L^{-1}$ 的 HCl

C. 0.2 $mol \cdot L^{-1}$ 氨水中加入等体积的 0.1 $mol \cdot L^{-1}$ 的 NaOH

D. 0.2 $mol \cdot L^{-1}$ 氨水中加入等体积的 0.2 $mol \cdot L^{-1}$ 的 NH_4Cl

11. 物质的量浓度相同的 NaX、NaY 和 NaZ 溶液，其 pH 值依次分别为 9、10 和 11，则 HX、HY、HZ 的 K_a 由大到小的顺序是 （　　　）

A. HX、HZ、HY 　　　　　　　　B. HZ、HY、HX

C. HX、HY、HZ 　　　　　　　　D. HY、HZ、HX

12. 已知 HOCN 的 $K_a=3.3 \times 10^{-4}$，则在 0.10 $mol \cdot L^{-1}$ 的 NaOCN 水溶液中 $[OH^-]$ 等于 （　　　）

A. 5.7×10^{-3} $mol \cdot L^{-1}$ 　　　　B. 1.7×10^{-6} $mol \cdot L^{-1}$

C. 5.7×10^{-2} $mol \cdot L^{-1}$ 　　　　D. 3.3×10^{-4} $mol \cdot L^{-1}$

13. 一元弱酸 HA 的浓度为 c_1 时，解离度为 α_1，若将其浓度稀释至 $c_1/4$ 时，HA 的解离度为 （　　　）

A. $\dfrac{1}{2}\alpha_1$ 　　　　B. $2\alpha_1$ 　　　　C. $\dfrac{1}{4}\alpha_1$ 　　　　D. $4\alpha_1$

14. H_2S 在水中有下列平衡：

$$H_2S+H_2O \Longrightarrow H_3O^++HS^- \qquad HS^-+H_2O \Longrightarrow H_3O^++S^{2-}$$

为了增加溶液中 S^{2-} 浓度，可采用（　　　）

A. 增加 H_2S 浓度　　B. 加适量 NaOH　　C. 加适量 HCl　　　　D. 加适量 H_2SO_4

15. 可以使 H_2CO_3 溶液解离度减少的是（　　　）

A. 加入 NaCl　　　　B. 加水稀释　　　　C. 加入 NaOH　　　　D. 加入 HCl

16. 下列哪种溶液能与 $0.2\ mol \cdot L^{-1}$ $NaHCO_3$ 以等体积混合配成缓冲液（　　　）

A. $0.2\ mol \cdot L^{-1}$ HAc　　　　　　　　B. $0.2\ mol \cdot L^{-1}$ NaOH

C. $0.1\ mol \cdot L^{-1}$ H_2SO_4　　　　　　　D. $0.1\ mol \cdot L^{-1}$ NaOH

17. 用 H_3PO_4（$pK_{a_1}=2.12$，$pK_{a_2}=7.21$，$pK_{a_3}=12.67$）和 NaOH 来配制 pH=7.0 的缓冲溶液，此缓冲溶液的抗酸成分是（　　　）

A. H_3PO_4　　　　B. $H_2PO_4^-$　　　　C. HPO_4^{2-}　　　　D. PO_4^{3-}

18. HA 和 A^- 组成缓冲溶液，若 A^- 的 $K_b=10^{-5}$，则此缓冲溶液在缓冲容量最大时的 pH 值为（　　　）

A. 5　　　　　　　　B. 9　　　　　　　　C. 10　　　　　　　　D. 6

19. 下列各缓冲溶液中缓冲容量最大的是（　　　）

A. 800 mL 中含有 0.1 mol HAc 和 0.1 mol NaAc

B. 1000 mL 中含有 0.1 mol HAc 和 0.1 mol NaAc

C. 500 mL 中含有 0.04 mol HAc 和 0.06 mol NaAc

D. 800 mL 中含有 0.12 mol HAc 和 0.08 mol NaAc

20. 下列有关缓冲溶液的叙述中，正确的是（　　　）

A. 缓冲溶液的 pH 值主要取决于共轭酸的 pK_a

B. 酸性（pH<7）缓冲溶液可抵抗少量外来碱的影响，但不能抵抗外来酸的影响

C. 具有缓冲能力的溶液就是缓冲溶液

D. 总浓度一定时，缓冲比越大，缓冲容量越大

二、填空题（每个空格 1 分，共 10 分）

1. 离子相互作用原理认为：强电解质溶液中，由于阴阳离子之间相互吸引或者相互排斥，离子周围有相对较多的异号电荷离子，形成＿＿＿＿＿＿＿＿，导致离子迁移速率变＿＿＿＿（填"慢"或"快"），使得实验测定的解离度小于 100%，形成一种表观解离度。

2. 酸碱的强度和＿＿＿＿＿＿＿＿和＿＿＿＿＿＿＿＿有关。

3. 在 HAc 溶液中加入少量 HCl，溶液中 HAc 的解离度 α＿＿＿＿（填"变大"或"变小"），溶液的 pH＿＿＿＿（填"变大"或"变小"），Ac^- 浓度＿＿＿＿（填"变大"或"变小"），这种效应称为＿＿＿＿＿＿＿＿。

4. 缓冲容量的影响因素包括＿＿＿＿＿＿＿＿和＿＿＿＿＿＿＿＿。

三、简答题（每题 2 分，共 10 分）

1. 简述稀释、同离子效应、盐效应对弱酸弱碱解离度及解离平衡的影响。

2. 酸碱质子理论中的酸碱反应的实质是什么？举例说明。

3. 举例说明缓冲溶液的作用原理。

4. 列举至少 2 种常用于酸度计校正的标准缓冲溶液及其 pH 值。

5. 举例并简述酸碱电子理论关于酸碱的定义。

四、计算题（每题 10 分，共 40 分）

1. 试计算 $0.10\ mol \cdot L^{-1}$ H_3PO_4 溶液中，以下物质的浓度：H_3PO_4、$H_2PO_4^-$、HPO_4^{2-}、H^+ 和 pH。（已知 H_3PO_4 的 $K_{a_1}=7.5\times10^{-3}$；$K_{a_2}=6.2\times10^{-8}$；$K_{a_3}=2.2\times10^{-13}$）

2. $10\ mL\ 0.10\ mol \cdot L^{-1}$ 甲胺〔CH_3NH_2〕溶液，与 $5\ mL\ 0.10\ mol \cdot L^{-1}$ 盐酸反应得到缓冲溶液，其 pH＝10.7，求甲胺的 K_b，该溶液的有效缓冲范围是多少？

3. 人体血浆中最主要的缓冲体系是 H_2CO_3-HCO_3^-，其 pH≈7.4，已知 H_2CO_3 的 $pK_{a_1}=6.1$，试计算血液中 HCO_3^- 与 H_2CO_3 浓度比值。

4. 生物实验需配制磷酸盐缓冲溶液，要配制 1L 总浓度 0.2 mol·L^{-1}，pH 为 6.9 的缓冲溶液，需要多少 2 mol·L^{-1}磷酸与多少克 NaOH？如何配制？此溶液是否与人体血浆等渗？

六、自测试卷参考答案

一、选择题

1	2	3	4	5	6	7	8	9	10
A	D	C	D	C	B	C	C	D	A
11	12	13	14	15	16	17	18	19	20
C	B	B	B	D	D	C	B	A	A

二、填空题

1. 离子氛　慢
2. 酸碱的本性　溶剂的性质
3. 变小　变小　变小　同离子效应
4. 缓冲溶液的总浓度　缓冲比

三、简答题

1. 稀释：解离度变大，解离平衡正向移动。

同离子效应：解离度变小，解离平衡逆向移动。

盐效应：解离度变大，解离平衡正向移动。

2. 酸碱质子理论中的酸碱反应的实质是两对共轭酸碱对之间的质子传递的过程。

如

$$\begin{array}{c} \overset{\displaystyle H^+}{\overbrace{}} \\ \underset{\text{酸}_1\quad\text{碱}_2\quad\quad\text{酸}_2\quad\text{碱}_1}{HCl+NH_3 \Longrightarrow NH_4^+ +Cl^-} \end{array}$$

3. 以醋酸缓冲系（HAc-NaAc）为例。

在 HAc-NaAc 混合溶液中，$HAc+H_2O \Longrightarrow H_3O^+ +Ac^-$

加入少量强酸时，平衡向左移动生成 HAc，Ac^-消耗了外加的 H^+，H^+浓度没有明显增加，pH 值几乎不变。共轭碱 Ac^-起到了抗酸作用，为抗酸成分。

加入少量强碱时，平衡向右移动，HAc 解离出 H_3O^+，消耗了外加的 OH^-，所以 H_3O^+ 浓度没有明显减少，pH 值几乎不变。共轭酸 HAc 起抗碱作用，为抗碱成分。

4. $0.05\ mol \cdot L^{-1}$ 邻苯二甲酸氢钾　　pH＝4.008

$0.025\ mol \cdot L^{-1}\ KH_2PO_4$-$0.025\ mol \cdot L^{-1}\ Na_2HPO_4$　　pH＝6.865

5. 任何分子、基团或离子，只要含有电子结构未饱和的原子，可以接受外来的电子对，就称之为路易斯酸，如 H^+、Cu^{2+}、BF_3；碱的定义则是：凡含有可以给予电子对的分子、基团或离子皆称之为路易斯碱，如 OH^-、NH_3、S^{2-}。

四、计算题

1. $[H_3PO_4]$＝$0.0761\ mol \cdot L^{-1}$；$[H_2PO_4^-]$＝$[H^+]$＝$0.0239\ mol \cdot L^{-1}$；pH＝1.62；$[HPO_4^{2-}]$＝$6.23 \times 10^{-8}\ mol \cdot L^{-1}$

2. K_b＝5.0×10^{-4}；9.7～11.7

3. 20：1

4. 需 100 mL 2 $mol \cdot L^{-1}$ 磷酸与 10.635 g NaOH。在磷酸溶液中加入 NaOH，混合均匀后，稀释到 1 L，以酸度计校正 pH。高渗。

第七章

沉淀溶解平衡

一、学习要求

1. **掌握：** 难溶强电解质的沉淀溶解平衡及表达式。

2. **熟悉：** 溶度积与溶解度的关系，溶度积规则；并应用溶度积规则判断沉淀的生成和溶解及沉淀的次序。

3. **了解：** 同离子效应和盐效应的有关应用。

二、本章要点

（一） 溶度积

1. 沉淀溶解平衡常数——溶度积

在一定温度下，难溶强电解质的饱和溶液中，有关离子浓度（按化学计量数次方）的乘积称为**溶度积常数**，简称**溶度积**。用 $K_{sp}^{\ominus}$ 表示。

$$A_m B_n(s) \rightleftharpoons m A^{n+} + n B^{m-}$$

$$K_{sp}^{\ominus} = [c(A^{n+})]^m [c(B^{m-})]^n$$

2. 溶度积与溶解度的相互换算

溶度积与溶解度都可以用来表示难溶强电解质的溶解能力。当温度一定时，对于相同类型的难溶强电解质，$K_{sp}^{\ominus}$ 越大，其溶解度越大；反之，则越小。但对不同类型的难溶强电解质，则不能直接由 $K_{sp}^{\ominus}$ 来比较其溶解度的大小。

（二） 沉淀溶解平衡的移动

1. 溶度积规则

在难溶强电解质的溶液中，任意情况下离子浓度的乘积称为离子积 Q。

$Q = K_{sp}^{\ominus}$，此时溶液为饱和溶液，饱和溶液与未溶固体处于平衡状态；

$Q > K_{sp}^{\ominus}$，此时溶液为过饱和溶液，沉淀将从溶液中析出，直至建立平衡为止；

$Q < K_{sp}^{\ominus}$，此时溶液为未饱和溶液，无沉淀生成。若向溶液中加入固体，固体会溶解，直至建立平衡为止。

2. 沉淀的生成

根据溶度积规则可知，要使沉淀自溶液中析出，必须增大溶液中有关离子的浓度，使难溶强电解质的离子积大于溶度积，即 $Q > K_{sp}^{\ominus}$。一般可采取加入过量沉淀剂、控制溶液的 pH 值以及同离子效应与盐效应方法来实现。

同离子效应：在难溶强电解质饱和溶液中，加入含有相同离子的易溶强电解质时，难溶强电解质的溶解度降低的效应。

盐效应：在难溶强电解质饱和溶液中，加入一种不含相同离子的易溶强电解质，使难溶强电解质的溶解度略有增加的现象。

3. 分步沉淀和沉淀的转化

如果在溶液中有两种以上的离子可与同一试剂反应产生沉淀，由于各种沉淀的溶度积不同，沉淀时的先后次序不同，首先析出的是离子积最先达到溶度积的化合物。这种按先后顺序沉淀的现象，叫作**分步沉淀**。

分步沉淀常应用于离子的分离。当一种试剂能沉淀溶液中几种离子时，生成沉淀所需试剂离子浓度越小的越先沉淀；如果生成各个沉淀所需试剂离子的浓度相差较大，就能分步沉淀，从而达到分离目的。当然，分离效果还与溶液中被沉淀离子的最初浓度有关。

将沉淀从一种形式转化为另一种形式，称为**沉淀转化**。

由一种难溶强电解质转化为另一种更难溶强电解质是比较容易的，反之，则比较困难，甚至不可能转化。

4. 沉淀的溶解

根据溶度积规则，沉淀溶解的必要条件是 $Q < K_{sp}^{\ominus}$，因此只需加入适当试剂，降低溶液中难溶电解质的某种离子浓度，沉淀便可溶解。常用的方法有生成弱电解质、生成配合物、利用氧化还原反应。

三、解题示例

1. (1) 已知 25℃时 $BaCrO_4$ 在纯水中溶解度为 1.15×10^{-5} mol·L^{-1}，求 $BaCrO_4$ 的溶度积。

(2) 已知 25℃时 PbI_2 在纯水中溶解度为 0.594 g·L^{-1}，求 PbI_2 的溶度积。

解：(1) $K_{sp}^{\ominus}(BaCrO_4) = (1.15 \times 10^{-5})^2 = 1.32 \times 10^{-10}$

(2) $K_{sp}^{\ominus}(PbI_2) = \dfrac{0.594}{461} \times \left(\dfrac{0.594}{461} \times 2\right)^2 = 8.59 \times 10^{-9}$

2. 由下列难溶物的溶度积求在纯水中的溶解度 s（分别以 mol·L^{-1} 和 g·L^{-1} 为单位；忽略副反应）：

(1) $Zn(OH)_2$ $K_{sp}^{\ominus} = 1.20 \times 10^{-17}$

(2) PbF_2 $K_{sp}^{\ominus}=7.12\times10^{-7}$

解： (1) $K_{sp}^{\ominus}=s\times(2s)^2=1.20\times10^{-17}$，$s=1.44\times10^{-6}$ mol $\cdot$ L^{-1}，即 1.43×10^{-4} g $\cdot$ L^{-1}；

(2) $K_{sp}^{\ominus}=s\times(2s)^2=7.12\times10^{-7}$，$s=5.63\times10^{-3}$ mol $\cdot$ L^{-1}，即 1.379 g $\cdot$ L^{-1}。

3. 在 100 mL 0.20 mol $\cdot$ L^{-1} 的 $MgCl_2$ 溶液中，加入 100 mL 含有 NH_4Cl 的 0.010 mol $\cdot$ L^{-1} 氨水溶液，欲阻止生成 $Mg(OH)_2$ 沉淀，上述氨水中需含多少 NH_4Cl？

解： 25℃时，$K_{sp}^{\ominus}[Mg(OH)_2]=1.20\times10^{-11}$

溶液混合后

$$c_{MgCl_2}=\frac{0.20}{2}=0.10 \text{ mol} \cdot \text{L}^{-1} \qquad c_{NH_3 \cdot H_2O}=0.005 \text{ mol} \cdot \text{L}^{-1}$$

当 $Q<K_{sp}^{\ominus}$，则不产生 $Mg(OH)_2$ 沉淀

$$c_{OH^-}<\sqrt{\frac{K_{sp}^{\ominus}}{c_{Mg^{2+}}}}=\sqrt{\frac{1.20\times10^{-11}}{0.10}}=1.10\times10^{-5} \text{ mol} \cdot \text{L}^{-1}$$

$$c_{NH_4^+}\approx K_b\frac{c_{NH_3 \cdot H_2O}}{c_{OH^-}}=1.76\times10^{-5}\times\frac{0.005}{1.10\times10^{-5}}=0.008 \text{ mol} \cdot \text{L}^{-1}$$

$$m_{NH_4Cl}\approx0.008\times\frac{200}{1000}\times53.5=0.086 \text{ g}$$

4. 若在 1.0 L Na_2CO_3 溶液中使 0.010 mol 的 $BaSO_4$ 转化 $BaCO_3$，求 Na_2CO_3 的最初浓度为多少？

解： 25℃时，$K_{sp}^{\ominus}(BaSO_4)=1.08\times10^{-10}$，$K_{sp}^{\ominus}(BaCO_3)=8.1\times10^{-9}$

该沉淀转化反应的离子方程式为：

$$BaSO_4(s)+CO_3^{2-}(aq)\Longrightarrow BaCO_3(s)+SO_4^{2-}(aq)$$

反应的标准平衡常数为：

$$K^{\ominus}=\frac{c_{eq}(SO_4^{2-})/c^{\ominus}}{c_{eq}(CO_3^{2-})/c^{\ominus}}=\frac{[c_{eq}(Ba^{2+})/c^{\ominus}][c_{eq}(SO_4^{2-})/c^{\ominus}]}{[c_{eq}(Ba^{2+})/c^{\ominus}][c_{eq}(CO_3^{2-})/c^{\ominus}]}$$

$$=\frac{K_{sp}^{\ominus}(BaSO_4)}{K_{sp}^{\ominus}(BaCO_3)}=\frac{1.08\times10^{-10}}{8.1\times10^{-9}}=0.013$$

$$[CO_3^{2-}]=\frac{[SO_4^{2-}]}{K}=\frac{0.01}{0.013}=0.77 \text{ mol} \cdot \text{L}^{-1}$$

Na_2CO_3 的最初浓度为

$$0.010+0.77=0.78 \text{ mol} \cdot \text{L}^{-1}$$

5. 某溶液含有 Fe^{3+} 和 Fe^{2+}，其浓度均为 0.050 mol $\cdot$ L^{-1}，要求 $Fe(OH)_3$ 完全沉淀而不生成 $Fe(OH)_2$ 沉淀，需控制 pH 在什么范围？

解： 25℃时，$K_{sp}^{\ominus}[Fe(OH)_3]=2.79\times10^{-39}$，$K_{sp}^{\ominus}[Fe(OH)_2]=4.87\times10^{-17}$

$Fe(OH)_3$ 完全沉淀，$c_{Fe^{3+}}\leqslant10^{-6}$ mol $\cdot$ L^{-1}

$$c_{Fe^{3+}}\times c_{OH^-}^3\geqslant2.79\times10^{-39}$$

$$c_{OH^-}\geqslant1.41\times10^{-11} \text{ mol} \cdot \text{L}^{-1}$$

$$pOH\leqslant10.85$$

$$pH\geqslant3.15$$

要使 $Fe(OH)_2$ 不沉淀，此时溶液中的 $c_{Fe^{2+}} = 0.050 \, mol \cdot L^{-1}$

$$c_{Fe^{2+}} c_{OH^-}^2 \leqslant 4.87 \times 10^{-17}$$

$$c_{OH^-} \leqslant 3.12 \times 10^{-8}$$

$$pOH \geqslant 7.51$$

$$pH \leqslant 6.49$$

即 pH 在 3.15～6.49 之间。

6. 某溶液中含有 Cl^- 和 CrO_4^{2-}，浓度分别为 $0.10 \, mol \cdot L^{-1}$ 和 $0.0010 \, mol \cdot L^{-1}$。通过计算说明，逐滴加入 $AgNO_3$ 溶液，哪一种沉淀首先析出？当第二种沉淀析出时，第一种沉淀是否已经完全沉淀（忽略滴加 $AgNO_3$ 溶液时的体积变化）？

解：25℃时，$K_{sp}^{\ominus}(AgCl) = 1.56 \times 10^{-10}$，$K_{sp}^{\ominus}(Ag_2CrO_4) = 8.10 \times 10^{-12}$

开始生成 AgCl 沉淀和 Ag_2CrO_4 沉淀所需要的 Ag^+ 浓度分别为：

$$c_{Ag^+}(AgCl) \geqslant \frac{K_{sp}^{\ominus}(AgCl)}{c(Cl^-)/c^{\ominus}} = \frac{1.56 \times 10^{-10}}{0.10} = 1.56 \times 10^{-9} \, mol \cdot L^{-1}$$

$$c_{Ag^+}(Ag_2CrO_4) \geqslant \sqrt{\frac{K_{sp}^{\ominus}(Ag_2CrO_4)}{c(CrO_4^{2-})/c^{\ominus}} c^{\ominus}} = \sqrt{\frac{8.10 \times 10^{-12}}{0.0010}} = 9.0 \times 10^{-5} \, mol \cdot L^{-1}$$

生成 AgCl 所需要的 Ag^+ 浓度较小，因此首先生成 AgCl 沉淀。

当 Ag_2CrO_4 沉淀析出时，溶液中 Ag^+ 浓度为 $9.0 \times 10^{-5} \, mol \cdot L^{-1}$，此时溶液中 Cl^- 浓度为

$$c_{eq}(Cl^-) = \frac{1.56 \times 10^{-10}}{9.0 \times 10^{-5}} = 1.73 \times 10^{-6} \, mol \cdot L^{-1}$$

一般来说，一种离子与沉淀剂生成沉淀后，其浓度不超过 $1.0 \times 10^{-6} \, mol \cdot L^{-1}$ 时，则认为该离子已经沉淀完全，因此，当 Ag_2CrO_4 沉淀析出 Cl^- 还没有沉淀完全。

四、习题解答

1. 写出下列难溶强电解质 $PbCl_2$、$AgBr$、$Ba_3(PO_4)_2$、Ag_2S 的溶度积表示式。

解：$PbCl_2$：$K_{sp}^{\ominus} = [Pb^{2+}][Cl^-]^2$

$AgBr$：$K_{sp}^{\ominus} = [Ag^+][Br^-]$

$Ba_3(PO_4)_2$：$K_{sp}^{\ominus} = [Ba^{2+}]^3[PO_4^{3-}]^2$

Ag_2S：$K_{sp}^{\ominus} = [Ag^+]^2[S^{2-}]$

2. 已知 Ag_2S 的 $K_{sp}^{\ominus} = 1.6 \times 10^{-49}$，$PbS$ 的 $K_{sp}^{\ominus} = 3.4 \times 10^{-28}$，问在各自的饱和溶液中，$[Ag^+]$、$[Pb^{2+}]$ 的浓度各是多少？

解：$Ag_2S(s) \Longrightarrow 2Ag^+ + S^{2-}$

$$[Ag^+] \quad \frac{[Ag^+]}{2}$$

$$K_{sp}^{\ominus} = [Ag^+]^2[S^{2-}] = \frac{1}{2}[Ag^+]^3$$

$$[Ag^+] = 6.8 \times 10^{-17} \, mol \cdot L^{-1}$$

$$PbS(s) \Longrightarrow Pb^{2+} + S^{2-}$$

$$\phantom{K_{sp}^{\ominus} = }[Pb^{2+}] \quad [Pb^{2+}]$$

$$K_{sp}^{\ominus} = [Pb^{2+}][S^{2-}] = [Pb^{2+}]^2$$

$$[Pb^{2+}] = 1.8 \times 10^{-14} \, mol \cdot L^{-1}$$

3. 已知 298 K 时 PbI_2 在纯水中的溶解度为 $1.35 \times 10^{-3} \, mol \cdot L^{-1}$，求其溶度积。

解： $PbI_2(s) \Longrightarrow PbI_2(aq) \Longrightarrow Pb^{2+} + 2I^-$

$$\phantom{K_{sp}^{\ominus} xxxxxxxxxxxx} s \qquad 2s$$

$$K_{sp}^{\ominus} = [Pb][I^-]^2 = s \times (2s)^2 = 4s^3$$

$$K_{sp}^{\ominus} = 4 \times (1.35 \times 10^{-3})^3 = 9.84 \times 10^{-9}$$

4. Ag^+、Pb^{2+} 两种离子的质量浓度均为 $100 \, mg \cdot L^{-1}$，要使之生成碘化物沉淀，问需用最低的 $[I^-]$ 各为多少？AgI 和 PbI_2 沉淀哪个先析出？已知 $K_{sp}^{\ominus}(AgI) = 8.52 \times 10^{-17}$，$K_{sp}^{\ominus}(PbI_2) = 9.8 \times 10^{-9}$。

解： Ag^+ 的物质的量浓度为：

$$\frac{\rho}{M} = \frac{100 \times 10^{-3}}{108} = 9.26 \times 10^{-4} \, mol \cdot L^{-1}$$

Pb^{2+} 的物质的量浓度为：

$$\frac{\rho}{M} = \frac{100 \times 10^{-3}}{207.2} = 4.83 \times 10^{-4} \, mol \cdot L^{-1}$$

要使 AgI 沉淀，要求 $Q = c_{Ag^+} c_{I^-} \geqslant K_{sp}^{\ominus}(AgI)$

所以：$c_{I^-} \geqslant \dfrac{K_{sp}^{\ominus}(AgI)}{c_{Ag^+}} = \dfrac{8.52 \times 10^{-17}}{9.26 \times 10^{-4}} = 9.2 \times 10^{-14} \, mol \cdot L^{-1}$

要使 PbI_2 沉淀，要求 $Q = c_{Pb^{2+}} \times c_{I^-}^2 \geqslant K_{sp}(PbI_2)$

所以：$c_{I^-} \geqslant \sqrt{\dfrac{K_{sp}^{\ominus}(PbI_2)}{c_{Pb^{2+}}}} = \sqrt{\dfrac{9.8 \times 10^{-9}}{4.83 \times 10^{-4}}} = 4.5 \times 10^{-3} \, mol \cdot L^{-1}$

因此先沉淀的是 AgI。

5. 一种溶液含有 Fe^{3+} 和 Fe^{2+}，它们的浓度均为 $0.010 \, mol \cdot L^{-1}$，当 $Fe(OH)_2$ 开始沉淀时，Fe^{3+} 的浓度是多少？已知 $K_{sp}^{\ominus}[Fe(OH)_3] = 2.79 \times 10^{-39}$，$K_{sp}^{\ominus}[Fe(OH)_2] = 4.87 \times 10^{-17}$。

解： 判断 Fe^{3+} 和 Fe^{2+} 中哪个先沉淀：

要使 Fe^{3+} 沉淀，要求 $Q = c_{Fe^{3+}}(c_{OH^-})^3 \geqslant K_{sp}^{\ominus}[Fe(OH)_3]$

$$c_{OH^-} \geqslant \sqrt[3]{\frac{K_{sp}^{\ominus}[Fe(OH)_3]}{c_{Fe^{3+}}}} = 6.5 \times 10^{-13} \, mol \cdot L^{-1}$$

要使 Fe^{2+} 沉淀，要求 $Q = c_{Fe^{2+}}(c_{OH^-})^2 \geqslant K_{sp}^{\ominus}[Fe(OH)_2]$

$$c_{OH^-} \geqslant \sqrt{\frac{K_{sp}^{\ominus}[Fe(OH)_2]}{c_{Fe^{2+}}}} = 7.0 \times 10^{-8} \, mol \cdot L^{-1}$$

所以：Fe^{3+} 先沉淀。

当 Fe^{2+} 开始沉淀的时候，Fe^{3+} 已经沉淀，所以这时微量溶解出来的 $Fe(OH)_3$ 在水中是饱和的，即 $Fe(OH)_3$ 处于饱和状态（达到了沉淀溶解平衡），所以 $Q = K_{sp}^{\ominus}[Fe(OH)_3] = [Fe^{3+}][OH^-]^3$

$$[OH^-] = 7.0 \times 10^{-8} \text{ mol} \cdot L^{-1}$$

$$[Fe^{3+}] = \frac{K_{sp}^{\ominus}[Fe(OH)_3]}{[OH^-]^3} = 8.1 \times 10^{-18} \text{ mol} \cdot L^{-1} \leqslant 10^{-6} \text{ mol} \cdot L^{-1}$$

所以，当 $Fe(OH)_2$ 开始沉淀的时候，Fe^{3+} 已经沉淀完全。

6. 现有 $0.1 \text{ mol} \cdot L^{-1}$ 的 Fe^{2+} 和 Fe^{3+} 溶液，控制溶液的 pH 值只使一种离子沉淀而另一种离子留在溶液中？已知 $K_{sp}^{\ominus}[Fe(OH)_3] = 2.79 \times 10^{-39}$，$K_{sp}^{\ominus}[Fe(OH)_2] = 4.87 \times 10^{-17}$。

解：$Fe(OH)_2$ 开始沉淀时：

$$[OH^-] = \sqrt{\frac{K_{sp}^{\ominus}}{[Fe^{2+}]}} = \sqrt{\frac{4.87 \times 10^{-17}}{0.1}} = 2.2 \times 10^{-8} \text{ mol} \cdot L^{-1}$$

$$pOH = -\lg[OH^-] = -\lg 2.2 \times 10^{-8} = 7.66$$

$$pH = 14 - pOH = 6.34$$

$Fe(OH)_3$ 开始沉淀时：

$$c_{OH^-} = \sqrt[3]{\frac{K_{sp}[Fe(OH)_3]}{c_{Fe^{3+}}}} = \sqrt[3]{\frac{2.79 \times 10^{-39}}{0.1}} = 3.0 \times 10^{-13} \text{ mol} \cdot L^{-1}$$

所以，Fe^{3+} 先沉淀。

当 Fe^{3+} 沉淀完全时：

$$[OH^-] = \sqrt[3]{\frac{K_{sp}}{[Fe^{3+}]}} = \sqrt[3]{\frac{2.79 \times 10^{-39}}{10^{-6}}} = 1.4 \times 10^{-11} \text{ mol} \cdot L^{-1}$$

$$pOH = -\lg[OH^-] = -\lg 1.4 \times 10^{-11} = 10.85$$

$$pH = 14 - pOH = 3.15$$

所以 pH 范围是：$3.15 < pH < 6.34$

7. 欲使 0.10 mol 的 MnS 和 CuS 溶于 1.0 L 盐酸中，问所需盐酸的最低浓度各是多少？

解：$MnS + 2H^+ \Longrightarrow Mn^{2+} + H_2S$

$$K = \frac{[Mn^{2+}][H_2S]}{[H^+]^2} = \frac{K_{sp}^{\ominus}}{K_{a_1}K_{a_2}}$$

即：$\dfrac{0.1 \times 0.1}{[H^+]^2} = \dfrac{1.40 \times 10^{-15}}{1.1 \times 10^{-21}}$

$$[H^+] = 8.9 \times 10^{-5} \text{ mol} \cdot L^{-1}$$

所需盐酸的最低浓度：$0.2 + 8.9 \times 10^{-5} \approx 0.2 \text{ mol} \cdot L^{-1}$

同理对 CuS 得，$[H^+] = 3.6 \times 10^{10} \text{ mol} \cdot L^{-1}$

从计算可知，CuS 不溶于盐酸。

*8. 假设溶于水中的 $Mn(OH)_2$ 完全解离，试计算：①$Mn(OH)_2$ 在水中的溶解度；②$Mn(OH)_2$ 在 $0.10 \text{ mol} \cdot L^{-1}$ NaOH 溶液中的溶解度〔假如 $Mn(OH)_2$ 在 NaOH 溶液中不发生其它变化〕。

解：$K_{sp}^{\ominus} = 4.0 \times 10^{-14}$

（1）$Mn(OH)_2 \Longrightarrow Mn^{2+} + 2OH^-$

$$\qquad\qquad s \qquad\qquad 2s$$

$$K_{sp}^{\ominus}=s\times(2s)^2=4s^3$$

$$S=\sqrt[3]{\frac{K_{sp}^{\ominus}}{4}}=2.2\times10^{-5}\ mol\cdot L^{-1}$$

(2) $Mn(OH)_2\Longleftrightarrow Mn^{2+}+2OH^-$

$$s\quad 2s+0.10\approx0.10$$

$$K_{sp}^{\ominus}=0.10^2\ s$$

$$s=4.0\times10^{-12}\ mol\cdot L^{-1}$$

** 9. 某溶液中含有 $FeCl_2$ 和 $CuCl_2$，两者浓度均为 $0.10\ mol\cdot L^{-1}$，通入 H_2S 是否会生成 FeS 沉淀？已知在 100 kPa，室温时，H_2S 饱和溶液浓度为 $0.10\ mol\cdot L^{-1}$。

解：FeS：$K_{sp}^{\ominus}=3.70\times10^{-19}$

CuS：$K_{sp}^{\ominus}=8.50\times10^{-45}$

H_2S 饱和溶液中：$[S^{2-}]=K_{a_2}=1.0\times10^{-14}\ mol\cdot L^{-1}$

$$[Cu^{2+}][S^{2-}]=1.0\times10^{-15}>K_{sp}^{\ominus}$$

故 CuS 先沉淀

$$Cu^{2+}+H_2S\Longleftrightarrow CuS+2H^+$$

该反应的 $K=\dfrac{[H^+]^2}{[Cu^{2+}][H_2S]}=\dfrac{K_{a_1}K_{a_2}}{K_{sp}^{\ominus}(CuS)}=\dfrac{1.1\times10^{-21}}{8.5\times10^{-45}}=1.29\times10^{23}$

所以反应很完全，$0.1\ mol\cdot L^{-1}$ 的 Cu^{2+} 全部生成 CuS，产生 $0.2\ mol\cdot L^{-1}$ 的 H^+

此时，溶液中的 $[S^{2-}]=\dfrac{K_{a_1}K_{a_2}[H_2S]}{[H^+]^2}=\dfrac{1.1\times10^{-21}\times0.1}{0.2^2}=2.75\times10^{-21}\ mol\cdot L^{-1}$

$$[Fe^{2+}][S^{2-}]=2.75\times10^{-22}<K_{sp}^{\ominus}$$

所以，FeS 不会沉淀。

** 10. From the solubility data given for the following compounds，calculate their solubility product constants.

(1) $SrCrO_4$，strontium chromate，$1.2\ mg\cdot mL^{-1}$.

(2) $Fe(OH)_2$，iron（Ⅱ）hydroxide，$1.1\times10^{-3}\ g\cdot L^{-1}$.

Solution：$M_{SrCrO_4}=203.6\ g\cdot mol^{-1}$ $M_{Fe(OH)_2}=89.9\ g\cdot mol^{-1}$

From the relation of solubility product constants and solubility

(1) $K_{sp}^{\ominus}=s^2=\left(\dfrac{\rho}{M}\right)^2=\left(\dfrac{1.2}{203.6}\right)^2=3.5\times10^{-5}$

(2) $K_{sp}^{\ominus}=4s^3=4\left(\dfrac{\rho}{M}\right)^3=4\left(\dfrac{1.1\times10^{-3}}{89.9}\right)^3=7.3\times10^{-15}$

** 11. Will a precipitate of $PbCl_2$ form when 5.0 g of solid $Pb(NO_3)_2$ is added to 1.00 L of $0.010\ mol\cdot L^{-1}$ NaCl? Assume that volume change is negligible.

Solution：$K_{sp}^{\ominus}(PbCl_2)=1.6\times10^{-5}$ $M_{Pb(NO_3)_2}=331.2\ g\cdot mol^{-1}$

$$c_{Pb^{2+}}=\dfrac{\dfrac{5.0}{M}}{1.00}=0.015\ mol\cdot L^{-1}$$

$$Q=c(Pb^{2+})c(Cl^-)^2=1.5\times10^{-6}<K_{sp}^{\ominus}=1.6\times10^{-5}$$

No precipitate.

五、自测试卷 （共100分）

一、选择题（每题2分，共40分）

1. 向200 mL 0.1 $mol \cdot L^{-1}$ NaCl溶液中加200 mL 0.1 $mol \cdot L^{-1}$ $AgNO_3$溶液，形成的混合溶液中NO_3^-的浓度是（　　　）

A. 0.1 $mol \cdot L^{-1}$　　　B. 0.05 $mol \cdot L^{-1}$　　　C. 0.2 $mol \cdot L^{-1}$　　　D. 减少到0

2. $PbCl_2$饱和溶液的浓度是1.59×10^{-2} $mol \cdot L^{-1}$，它的溶度积常数是（　　　）

A. 2.5×10^{-4}　　　B. 4.0×10^{-6}　　　C. 1.6×10^{-5}　　　D. 8×10^{-6}

3. 如果$HgCl_2$的$K_{sp}^{\ominus}$为4×10^{-15}，则$HgCl_2$饱和溶液中，Cl^-浓度是（　　　）

A. 8×10^{-15}　　　B. 2×10^{-15}　　　C. 1×10^{-5}　　　D. 2×10^{-5}

4. 18℃时，AgBr的溶解度为1.65×10^{-4} $g \cdot L^{-1}$，该条件下AgBr（分子量为187.8）的溶度积为（　　　）

A. 2.72×10^{-8}　　　B. 7.72×10^{-13}　　　C. 8.79×10^{-7}　　　D. 4.5×10^{-5}

5. 如果CaC_2O_4的$K_{sp}^{\ominus}$为2.6×10^{-9}，要使每升含有0.02 mol钙离子浓度的溶液生成沉淀，所需的草酸根离子的浓度是（　　　）

A. 1.0×10^{-9}　　　B. 1.3×10^{-7}　　　C. 2.2×10^{-5}　　　D. 5.2×10^{-11}

6. $La_2(C_2O_4)_3$的饱和溶液的浓度为1.1×10^{-6} $mol \cdot L^{-1}$，该化合物的溶度积常数为（　　　）

A. 1.7×10^{-28}　　　B. 1.6×10^{-30}　　　C. 1.6×10^{-34}　　　D. 1.2×10^{-12}

7. AgCN的溶度积常数等于1.2×10^{-16}，从CN^-浓度为6×10^{-6} $mol \cdot L^{-1}$的溶液中开始生成AgCN沉淀的Ag^+浓度（$mol \cdot L^{-1}$）是（　　　）

A. 2×10^{-11}　　　B. 5×10^{-7}　　　C. 7.2×10^{-3}　　　D. 7.2×10^{-10}

8. 往银盐溶液中添加HCl使AgCl沉淀，直到溶液中氯离子的浓度为0.20 $mol \cdot L^{-1}$为止。理论上说此时银离子的浓度为（　　　）[$K_{sp}^{\ominus}(AgCl) = 1.56 \times 10^{-10}$]

A. $\sqrt{1.56 \times 10^{-5}}$　　　B. $\sqrt{7.8 \times 10^{-10}}$　　　C. 7.8×10^{-10}　　　D. 1.56×10^{-10}

9. $Ca_3(PO_4)_2$的溶解度为x $mol \cdot L^{-1}$，其溶度积$K_{sp}^{\ominus}$为（　　　）

A. $6x^5$　　　B. $6x^6$　　　C. $36x^5$　　　D. $108x^5$

10. Fe_2S_3的溶度积$K_{sp}^{\ominus}$表达式是（　　　）

A. $K_{sp}^{\ominus} = [Fe^{3+}][S^{2-}]$

B. $K_{sp}^{\ominus} = [Fe_2^{3+}][S_3^{2-}]$

C. $K_{sp}^{\ominus} = 2[Fe^{3+}] \times 3[S^{2-}]$

D. $K_{sp}^{\ominus} = [Fe^{3+}]^2[S^{2-}]^3$

11. 以下难溶电解质中，溶解度最大的是（　　　）

A. $AgIO_3$（$K_{sp}^{\ominus} = 3.0 \times 10^{-8}$）

B. $BaSO_4$（$K_{sp}^{\ominus} = 1.1 \times 10^{-10}$）

C. $Mg(OH)_2$（$K_{sp}^{\ominus} = 1.8 \times 10^{-11}$）

D. PbI_2（$K_{sp}^{\ominus} = 7.1 \times 10^{-9}$）

12. 在一定温度下给饱和AgCl溶液中加入少量NaCl，会发生（　　　）

A. AgCl的$K_{sp}^{\ominus}$减小

B. AgCl的$K_{sp}^{\ominus}$增大

C. 固体AgCl继续溶解

D. 产生AgCl沉淀

13. 在 $[I^-]=0.1\ mol\cdot L^{-1}$ 的溶液中，PbI_2 的溶解度 (s) 可表示为 (　　)

A. $s=\sqrt[3]{K_{sp}^{\ominus}/4}$　　　B. $s=\sqrt[3]{K_{sp}^{\ominus}}$　　　C. $s=100K_{sp}^{\ominus}$　　　D. $s=25K_{sp}^{\ominus}$

14. Hg_2I_2 的摩尔溶解度为 $x[Hg_2I_2(s)\Longrightarrow Hg_2^{2+}+2I^-]$，则其 $K_{sp}^{\ominus}$ 应为 (　　)

A. $16x^4$　　　　B. x^2　　　　C. $4x^3$　　　　D. x^3

15. $BaSO_4$ 在适量浓度的 NaCl 溶液中的溶解度比在纯水中的溶解度 (　　)

A. 急剧增大　　　B. 急剧减少　　　C. 稍微增大　　　D. 稍微减少

16. 25℃时，$Ca(OH)_2$ 在水中溶解度为 (　　)[已知 $Ca(OH)_2$ 的 $K_{sp}^{\ominus}$ 为 5.5×10^{-6}]

A. $2.3\times10^{-3}\ mol\cdot L^{-1}$　　　　　　　　B. $1.1\times10^{-2}\ mol\cdot L^{-1}$

C. $1.7\times10^{-2}\ mol\cdot L^{-1}$　　　　　　　　D. $3.0\times10^{-11}\ mol\cdot L^{-1}$

17. 下列难溶盐的饱和溶液中 Ag^+ 浓度最大的是 (　　) ($K_{sp}^{\ominus}[AgCl]=1.56\times10^{-10}$；$K_{sp}^{\ominus}[Ag_2CrO_4]=9.0\times10^{-12}$；$K_{sp}^{\ominus}[Ag_2CO_3]=8.1\times10^{-12}$；$K_{sp}^{\ominus}[AgBr]=5.0\times10^{-13}$)

A. AgCl　　　　B. Ag_2CO_3　　　　C. Ag_2CrO_4　　　　D. AgBr

18. $CaSO_4$ 在下列溶液中溶解度最大的是 (　　)

A. $1\ mol\cdot L^{-1}$ NaCl　　　　　　　　B. $1\ mol\cdot L^{-1}$ H_2SO_4

C. $2\ mol\cdot L^{-1}$ $CaCl_2$　　　　　　　　D. 纯水

19. 难溶硫化物如 FeS、CuS、ZnS 等有的溶于盐酸溶液，有的则不溶，主要是因为它们的 (　　)

A. 酸碱性不同　　　B. 溶解速度不同　　　C. $K_{sp}^{\ominus}$ 不同　　　D. 溶解温度不同

20. 已知 AgCl、AgBr 和 $Ag_2C_2O_4$ 的溶度积各为 1.8×10^{-10}、5.0×10^{-13} 和 3.6×10^{-11}，某溶液中含有 KCl、KBr 和 $Na_2C_2O_4$ 的浓度均为 $0.01\ mol\cdot L^{-1}$，在向该溶液逐滴加入 $0.01\ mol\cdot L^{-1}$ 的 $AgNO_3$ 时，最先产生沉淀的是 (　　)

A. AgBr　　　　　　　　　　　　B. AgCl

C. $Ag_2C_2O_4$　　　　　　　　　　D. AgCl 和 $Ag_2C_2O_4$

二、填空题 (每个空格 1 分，共 10 分)

1. $K_{sp}^{\ominus}$ 与其它平衡常数一样，只与难溶电解质的_____和_____有关。

2. 难溶强电解质的同离子效应使其溶解度_____，它的盐效应使溶解度_____。

3. 各难溶金属的硫化物或氢氧化物的 $K_{sp}^{\ominus}$ 值一般差别较大，通过调节溶液的_____值，以控制_____及_____浓度，即能有效地分离各种沉淀物或金属离子。

4. 同类型的难溶强电介质的 $K_{sp}^{\ominus}$ 越小，其溶解度越_____。

5. 所谓"沉淀完全"，指溶液中被沉淀的离子的浓度小于_____。

6. 已知 $K_{sp}^{\ominus}(CaCO_3)=4.96\times10^{-9}$，$K_{sp}^{\ominus}(CaSO_4)=7.10\times10^{-5}$，试计算反应 $CaSO_4(s)+Na_2CO_3(aq)\Longrightarrow CaCO_3(s)+Na_2SO_4(aq)$ 的标准平衡常数 $K^{\ominus}$_____。

三、简答题 (每题 5 分，共 10 分)

1. 试解释以下事实：

(1) $BaSO_4$ 在水中比在 $1mol\cdot L^{-1}$ H_2SO_4 中溶解得多；

（2）$BaSO_4$ 在 KNO_3 溶液中比在纯水中溶解得多；

（3）$BaSO_4$ 在 $Ba(NO_3)_2$ 溶液中比在纯水中溶解得少。

2. 试用溶度积规则解释以下事实：
（1）CaC_2O_4 溶于稀 HCl 中；

（2）$Mg(OH)_2$ 溶于 NH_4Cl 溶液中；

（3）往 $ZnSO_4$ 溶液中通入 H_2S，ZnS 的沉淀往往不完全，但若往 $ZnSO_4$ 中先加入适量 $NaAc$，再通入气体 H_2S，ZnS 几乎可以完全沉淀。

四、计算题（每题 10 分，共 40 分）

1. 在含有 Pb^{2+} 浓度为 $0.010\ mol \cdot L^{-1}$ 的溶液中加入 $NaCl$ 使之沉淀，试通过计算说明在 $1.0\ L$ 的该溶液中至少应加多少克 $NaCl$ 晶体。[已知 $K_{sp}^{\ominus}(PbCl_2)=1.6\times10^{-5}$]

2. 已知 $Mg(OH)_2$ 在 298 K 的溶解度为 $6.53\times10^{-3}\ g \cdot L^{-1}$，计算该温度下 $Mg(OH)_2$ 的 $K_{sp}^{\ominus}$；如果在 $50\ mL\ 0.2\ mol \cdot L^{-1}$ 的 $MgCl_2$ 溶液中加入等体积的 $0.2\ mol \cdot L^{-1}$ 的氨水，是否有 $Mg(OH)_2$ 沉淀生成？[已知 $K_b(NH_3 \cdot H_2O)=1.8\times10^{-5}$]

3. 某溶液中 Cd^{2+} 和 Zn^{2+} 浓度均为 $0.10\ mol \cdot L^{-1}$，为使 Cd^{2+} 生成 CdS 沉淀与 Zn^{2+} 分离，须通入饱和 H_2S 溶液（$0.10\ mol \cdot L^{-1}$），试问此时 $[H^+]$ 应控制在什么范围？（已知 CdS 的 $K_{sp}^{\ominus} = 1.40 \times 10^{-29}$，ZnS 的 $K_{sp}^{\ominus} = 2.93 \times 10^{-23}$，$H_2S$ 的 $K_{a_1} = 1.1 \times 10^{-7}$，$K_{a_2} = 1.0 \times 10^{-14}$）

4. 某酸性溶液中，Fe^{3+} 和 Zn^{2+} 的浓度均为 $0.010\ mol \cdot L^{-1}$，根据它们的溶度积，计算出彼此分离的 pH 范围。[已知 $Fe(OH)_3$ 的 $K_{sp}^{\ominus} = 2.64 \times 10^{-39}$，$Zn(OH)_2$ 的 $K_{sp}^{\ominus} = 6.86 \times 10^{-17}$]

六、自测试卷参考答案

一、选择题

1	2	3	4	5	6	7	8	9	10
B	C	D	B	B	A	A	C	D	D
11	12	13	14	15	16	17	18	19	20
D	D	C	C	C	B	C	A	C	A

二、填空题

1. 本性，温度

2. 降低，增大

3. pH，S^{2-}，OH^-

4. 越小

5. $10^{-6}\ mol \cdot L^{-1}$

6. 1.43×10^4

三、简答题

1. （1）同离子效应；（2）盐效应；（3）同离子效应

2. （1）降低了 $C_2O_4^{2-}$ 的离子浓度；（2）降低了 OH^- 的离子浓度；

（3）Ac^- 与 H^+ 作用生成 HAc，降低了 H^+ 浓度，增大了 S^{2-} 浓度。

四、计算题

1. 2.34g

2. $K_{sp}^{\ominus}[Mg(OH)_2] = 5.61 \times 10^{-12}$，$[OH^-] = 1.34 \times 10^{-3}$ mol·L^{-1}，$Q = 1.80 \times 10^{-7} > K_{sp}^{\ominus}$，有沉淀生成。

3. 0.61 mol·L^{-1} < $[H^+]$ < 2.80 mol·L^{-1}

4. 3.1 < pH < 6.9

第八章

配位化合物

一、学习要求

1. **掌握：** 配合物的组成、定义、类型、结构特点和系统命名；配位解离平衡的意义及其有关计算。

2. **熟悉：** 配合物价键理论和晶体场理论的主要论点，并能用以解释一些实例。

3. **了解：** 螯合物的特点及其应用。

二、本章要点

（一） 配合物的组成

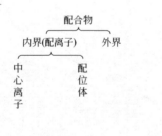

（二） 配合物的命名

配合物的命名服从无机化合物的命名原则，即某某酸、氢氧化某某、某酸某、某化某等。配位主体命名顺序：配体数（中文）-配体名-合-中心离子名-[中心离子氧化数（罗马数字）]。配体次序，按下列规则进行：先阴离子，后阳离子、中性；先简单，后复杂；先无机，后有机；同类配体按配位原子元素符号的英文字母顺序；同类配体配位原子相同，含较少原子数目的配体排在前面；配体含原子数目相同，按结构式中与配位原子相连的原子的元素符号的字母顺序排列。

（三） 配合物价键理论的基本要点

1. 配合物价键理论的基本要点

（1）为了增加成键能力，中心离子（或原子）用能量相近的空轨道进行杂化，形成的杂化轨道与配位体成键。

（2）配位键是中心离子（或原子）提供与配位数相同数目的空轨道，与配位体上孤电子对或 π 电子的轨道在对称性匹配时相互重叠而形成。

（3）配合物中配位键是一种极性共价键，因而与一切共价键一样，具有方向性和饱和性。

2. 内轨型和外轨型配合物

根据配合物形成时中心离子轨道杂化过程中电子排布是否改变，配合物可分成内轨型和外轨型两类。在配离子的形成过程中，若中心离子的电子排布不变，配位体孤电子对仅进入外层杂化轨道，所形成的配离子称为**外轨型配离子**。在配离子的形成过程中，若中心离子的电子排布发生改变，未成对电子重新配对，从而腾出内层空轨道参与杂化，形成的配离子称为**内轨型配离子**。

（四） 晶体场理论基本要点

1. 晶体场分裂能

晶体场理论认为中心离子的价电子层中的 d 电子，会受到配位体所形成的晶体场的排斥作用，结果造成中心离子 d 轨道的能量发生改变，有些 d 轨道的能量升高，有些则降低，这就是 d 轨道的能量分裂，分裂能记作 Δ，八面体场 d 轨道分裂能为 Δ_O，而 d 轨道的能量分裂取决于以下因素。

(1) 中心离子的电荷和半径

(2) 配位体的空间构型

中心离子的电子在不同的晶体场中所受到的排斥不同，结果造成不同情况的 d 轨道分裂。

(3) 配体场的强弱

对八面体配合物讲，相同类型晶体场，不同配位体的场强按下列顺序增大：

$I^- < Br^- < Cl^- \sim SCN^- < F^- < OH^- \sim ONO^- \sim HCOO^-$（甲酸根）$< C_2O_4^{2-}$（草酸根）$< H_2O < NCS^- < EDTA < en$（乙二胺）$< S_2O_3^{2-} < NO_2^- < CN^- < CO$。该顺序称为**光谱化学序列或分光化学序列**（Spectrochemical Series）。

2. 晶体场稳定化能

中心离子的 d 电子在分裂后 d 轨道中的排布，除应遵循能量最低原理和洪特规则外，还会受到分裂能的影响。我们把电子偶合成对能量称为**电子成对能**，用 P 表示。若 $\Delta_O < P$，按能量最低原理，形成的配合物是高自旋，磁矩较大；若 $\Delta_O > P$，按能量最低原理，未成对电子数减少，形成的配合物是低自旋，磁矩较小。

在配位体场的作用下，中心离子 d 电子进入分裂后各轨道的总能量通常要比未分裂前的总能量低，这样就使生成的配合物具有一定的稳定性，而这一总能量降低，就称为**晶体场稳**

定化能（Crystal Field Stabilization Energy，用 $CFSE$ 表示）。

（五） 配合物的标准稳定常数

各种配离子在水溶液中具有不同的稳定性，它们在溶液中能发生不同程度的离解（也称解离）。这个可逆过程，在一定条件下建立平衡，这种平衡叫作配位平衡。标准状态下，配位平衡的平衡常数称为**标准稳定常数**，$K_f^{\ominus}$。实际上，配离子的生成和解离一般是逐级进行的，因此在溶液中存在一系列的配位平衡，各级均有对应的稳定常数。稳定常数的累积也称为**累积稳定常数**，以 $\beta_n^{\ominus}$ 表示（n 表示累积的级数）。逐级稳定常数相差不大，因此计算时必须考虑各级配离子的存在。但在实际工作中，体系内加入过量的配体，配位平衡向着生成配合物的方向移动，配离子主要以最高配位形式存在，因而可以采用标准稳定常数 $K_f^{\ominus}$ 进行计算。

（六） 螯合物

由多齿配位体和同一中心原子形成具有环状结构的配合物，称为**螯合物**，也称为内配合物。能与中心离子形成螯合物的配位体称为**螯合剂**（Chelating Agents）。因成环而使配合物稳定性增大的现象称为**螯合效应**。

作为螯合剂必须具有以下两点：螯合剂分子（或离子）具有两个或两个以上配位原子，而且这些配位原子必须能与中心金属离子 M 配位；螯合剂中每两个配位原子之间相隔二到三个其它原子，以便与中心原子形成稳定的五元环或六元环。多于六原子环或少于五原子环都不稳定。

乙二胺四乙酸（EDTA）是"NO"型螯合剂，其结构如下：

$$\text{HOOCH}_2\text{C} \diagdown \underset{\displaystyle}{\overset{\displaystyle}{\text{N}}}\text{—CH}_2\text{CH}_2\text{—}\underset{\displaystyle}{\overset{\displaystyle}{\text{N}}} \diagup \text{CH}_2\text{COOH}$$

EDTA 能与许多金属离子形成稳定的螯合物，同时，EDTA 也相当于一个六元酸，有六级解离平衡，在水溶液中，EDTA 可以 H_6Y^{2+}、H_5Y^+、H_4Y、H_3Y^-、H_2Y^{2-}、HY^{3-} 和 Y^{4-} 七种形式存在。乙二胺四乙酸根（Y^{4-}）是一种六齿配体，有很强的配位能力。与金属离子形成的配合物具有以下性质：①广谱性，在溶液中它几乎能与所有金属离子形成螯合物；②螯合比恒定，一般而言，EDTA 与金属离子形成的螯合物的螯合比为 1∶1；③稳定性高，EDTA 与大多数金属离子形成多个五元环型的螯合物，因而稳定性较高，其它金属离子与 Y^{4-} 所形成的配离子的结构也类似；④配合物的颜色特征，EDTA 与无色金属离子形成无色配合物，与有色金属离子一般生成颜色更深的螯合物；⑤pH 值影响小。形成酸式或碱式螯合物一般不太稳定。

三、解题示例

1. 一种由 Cr、NH_3、Cl 组成的化合物，摩尔质量为 260 g·mol^{-1}。已知：①质量百分数 Cr 为 20.0%，NH_3 为 39.2%，Cl 为 40.8%；②25.0 mL 的 0.052 mol·L^{-1} 该配合物水溶液中的 Cl^{-1} 需用 32.5 mL 的 0.121 mol·L^{-1} $AgNO_3$ 溶液方可完全沉淀。此外，若向盛有该配合物溶液的试管中加入 NaOH 溶液，并加热，在试管口处的湿石蕊试纸不变蓝色。

根据上述情况判断该配合物的结构式。

解：由①可知　$n(Cr)=20\%\times260.2\div52=1$，$n(NH_3)=39.2\%\times260.6\div17=6$

$$n(Cl^-)=40.8\%\times260.6\div35.5=3$$

由②可知

$$\frac{被\ Ag^+\ 沉淀的\ n(Cl^-)}{配合物总\ n_总}=\frac{32.5\times0.121}{25.0\times0.052}\approx3$$

由此可知，1 mol 配合物中的 3 mol Cl^- 全部位于配离子的外界。根据该配合物不能与 NaOH 发生反应放出 NH_3，可知 NH_3 全在配离子的内界，因此该配合物的结构式应为 $[Cr(NH_3)_6]Cl_3$。

2. 命名下列配合物和配离子：

(1) $(NH_4)_3[SbCl_6]$

(2) $K_3[Cr(SCN)_3Cl_3]$

(3) $[Cr(NH_3)_2(en)_2](NO_3)_3$

(4) $[Co(H_2O)_4(NH_3)Br]Br_2\cdot2H_2O$

(5) $[Cr(Py)_2(H_2O)_2(en)]Cl_3$

(6) $NH_4[Fe(SCN)_4(NH_3)_2]$

解：

(1) 六氯合锑（Ⅲ）酸铵

(2) 三氯·三硫氰根合铬（Ⅲ）酸钾

(3) 硝酸二氨·二乙二胺合铬（Ⅲ）

(4) 二水合溴化（一）溴·氨·四水合钴（Ⅲ）

(5) 氯化二水·乙二胺·二吡啶合铬（Ⅲ）

(6) 四硫氰根·二氨合铁（Ⅲ）酸铵

3. 已知 $[Ni(CN)_4]^{2-}$ 和 $[HgI_4]^{2-}$ 都是逆磁性的，试分析这两个配离子采用哪种轨道杂化成键，其空间构型是什么？是内轨型还是外轨型配合物？

解：已知 $[Ni(CN)_4]^{2-}$ 和 $[HgI_4]^{2-}$ 都是逆磁性的，说明没有未成对的 d 电子。Ni^{2+} 外层有 8 个 d 电子，必定有一个 d 轨道未填电子，故 Ni^{2+} 采用的是 dsp^2 杂化，空间构型为正方形，内轨型。

Hg^{2+} 外层有 10 个 d 电子，只能用 sp^3 杂化，形成外轨型。

4. 已知巯基（—SH）与某些重金属离子形成强配位键，预计是重金属离子的最好的螯合剂的物质为：（　）

A. $CH_3—SH$ 　　　　　　　　　　B. $H—SH$

C. $CH_3—S—S—CH_3$ 　　　　　　D. $HS—CH_2—CH—OH—CH_3$

解：答案 D

作为螯合剂必须具有以下两点：螯合剂分子（或离子）具有两个或两个以上配位原子，而且这些配位原子必须能与中心金属离子配位；螯合剂中每两个配位原子之间相隔二到三个其它原子，以便与中心原子形成稳定的五元环或六元环。按照这一条件，A、B 中只有一个硫原子，不能作为螯合剂。C 中有两个硫原子，但相互连在一起，不能形成稳定的五元环或六元环。只有 D 中含有硫原子和氧原子，且间隔 2 个其它原子，与金属原子作用形成五元环，故选 D。

5. 实验测得 $[Fe(H_2O)_6]^{3+}$ 和 $[Fe(CN)_6]^{3-}$ 磁矩相差很大，用晶体场理论如何解释？

解：$[Fe(H_2O)_6]^{3+}$ 的 H_2O 是弱场配体，晶体场分裂能小于电子成对能，即 $\Delta_O < P$，d 电子采用 $d\varepsilon^3 d\gamma^2$ 排布方式，磁矩大，高自旋。$[Fe(CN)_6]^{3-}$ 的 CN^- 是强场配体，晶体场分裂能大于电子成对能，即 $\Delta_O > P$，d 电子采用 $d\varepsilon^5$ 排布方式，磁矩小，低自旋。

6. 用晶体场理论定性解释二价铁和三价铁水合离子的颜色的不同。

解：当遇相同配体时，元素的价态影响分裂能的大小。同种元素价态不同，分裂能不同，d-d 跃迁需要的能量不同，吸收可见光强度不同，呈现的颜色也不同。

7. 在含有 $0.2\ mol \cdot L^{-1}\ [Ag(CN)_2]^-$ 溶液中，加入等体积的 $0.2\ mol \cdot L^{-1}\ KI$ 溶液，试问：

(1) 是否有 AgI 沉淀生成？

(2) 欲使 AgI 沉淀不生成，则溶液中至少应含有自由 CN^- 的浓度为多少？

解：

(1) $Ag^+ + 2CN^- \Longrightarrow [Ag(CN)_2]^- \qquad K_{f,[Ag(CN)_2]^-}^\ominus = 1.3 \times 10^{21}$

设：Ag^+ 浓度为 x $\qquad \dfrac{0.1-x}{x(2x)^2} = 1.3 \times 10^{21}$

$$x = 2.68 \times 10^{-8}\ mol \cdot L^{-1}$$

$$Q_i = 2.68 \times 10^{-8} \times 0.1 > 1.5 \times 10^{-16} = K_{sp,AgI}^\ominus$$

所以，有 AgI 沉淀生成。

(2) $AgI + 2CN^- \Longrightarrow [Ag(CN)_2]^- + I^-$

$$K^\ominus = K_{f,[Ag(CN)_2]^-}^\ominus \cdot K_{sp,AgI}^\ominus = 1.3 \times 10^{21} \times 1.50 \times 10^{-16} = 1.95 \times 10^5$$

设溶液中至少应含有自由 CN^- 的浓度为 y

$$AgI + 2CN^- \Longrightarrow [Ag(CN)_2]^- + I^-$$

平衡： $\qquad\qquad y \qquad\qquad 0.1 \qquad 0.1$

$$K^\ominus = 1.95 \times 10^5 = \frac{0.1 \times 0.1}{y^2}$$

$$y = 2.26 \times 10^{-4}\ mol \cdot L^{-1}$$

8. 将 20 mL $0.025\ mol \cdot L^{-1}$ 的 $AgNO_3$ 溶液与 2.0 mL $1.0\ mol \cdot L^{-1}$ 的 NH_3 溶液混合，试计算：

(1) 混合溶液中 $[Ag(NH_3)_2]^+$ 的浓度。

(2) 在此溶液中再加入 2.0 mL $1.0\ mol \cdot L^{-1}$ 的 KCN，求得到溶液中 $[Ag(NH_3)_2]^+$ 的浓度（忽略 CN^- 的水解）。

(3) 配位反应方向与配合物稳定性关系如何？试通过计算说明。

解：(1) 溶液混合后，

$$c_{Ag^+} = \frac{0.025 \times 20}{22} = 0.023\ mol \cdot L^{-1},\ c_{NH_3} = \frac{1.0 \times 2.0}{22} = 0.091\ mol \cdot L^{-1}$$

NH_3 过量，可以认为全部生成了 $[Ag(NH_3)_2]^+$

$$c_{[Ag(NH_3)_2]^+} \approx 0.023\ mol \cdot L^{-1}$$

(2) $[Ag(NH_3)_2]^+ + 2CN^- \Longrightarrow [Ag(CN)_2]^- + 2NH_3$

$$K^\ominus = K_{f,[Ag(CN)_2]^-}^\ominus / K_{f,[Ag(NH_3)_2]^+}^\ominus = 8.0 \times 10^{13}$$

加入 KCN，浓度为 $0.083\ \text{mol}\cdot L^{-1}$，对于 $0.023\ \text{mol}\cdot L^{-1}$ 的 $[Ag(NH_3)_2]^+$ 也过量可以认为全部转化为 $[Ag(CN)_2]^-$

$$c_{[Ag(CN)_2]^-}=\frac{0.023\times22}{24}=0.021\ \text{mol}\cdot L^{-1},\quad c_{CN^-}=\frac{1.0\times2.0}{24}-(0.021\times2)=0.041\ \text{mol}\cdot L^{-1}$$

$$c_{NH_3}=\frac{1.0\times2.0}{24}=0.083\ \text{mol}\cdot L^{-1}$$

设此溶液中 $[Ag(NH_3)_2]^+$ 为 x

$$[Ag(NH_3)_2]^++2CN^-\Longleftrightarrow[Ag(CN)_2]^-+2NH_3$$

平衡时：　　　　　　　x　　　$0.041+2x$　　$0.021-x$　$0.083-2x$

$$K^{\ominus}=\frac{(0.021-x)(0.083-2x)^2}{x(0.041+2x)^2}=\frac{0.021\times0.083^2}{0.041^2x}=8.0\times10^{13}\quad x=1.1\times10^{-15}\ \text{mol}\cdot L^{-1}$$

（3）从计算结果看，配位反应向生成更稳定的方向进行。

9. 计算 $0.1\ \text{mol}\ [Ag(NH_3)_2]^+$ 在 $1\ L\ 1\ \text{mol}\cdot L^{-1}$ HCl 中的银离子浓度。

已知：$K^{\ominus}_{b,NH_3}=1.8\times10^{-5}$，$K^{\ominus}_{f,[Ag(NH_3)_2]^+}=1.62\times10^7$，$K^{\ominus}_{sp,AgCl}=1.56\times10^{-10}$。

解：
$$[Ag(NH_3)_2]^++2H^++Cl^-\Longleftrightarrow AgCl+2NH_4^+$$

$$K^{\ominus}_j=\frac{c^2(NH_4^+)}{c[Ag(NH_3)_2]^+c^2(H^+)c(Cl^-)}\times\frac{c^2(NH_3)c(Ag^+)}{c^2(NH_3)c(Ag^+)}=\frac{(K^{\ominus}_{b,NH_3})^2}{K^{\ominus}_fK^{\ominus}_{sp}(K^{\ominus}_w)^2}$$
$$=1.3\times10^{21}$$

反应非常完全。

$0.1\ \text{mol}$ 的 $[Ag(NH_3)_2]^+$ 完全转化为 AgCl，c_{Cl^-} 为 $0.9\ \text{mol}\cdot L^{-1}$

$AgCl\Longleftrightarrow Ag^++Cl^-$，设平衡时 Ag^+ 浓度为 x，

则：　　　　　　x　　0.9

$$K^{\ominus}_{sp,AgCl}=0.9x=1.56\times10^{-10},\quad x=1.73\times10^{-10}\ \text{mol}\cdot L^{-1}$$

四、习题解答

1. 无水 $CrCl_3$ 和氨作用能形成两种配合物 A 和 B，组成分别为 $[CrCl_3\cdot6NH_3]$ 和 $[CrCl_3\cdot5NH_3]$。加入 $AgNO_3$，A 溶液中几乎全部的氯沉淀为 AgCl，而 B 溶液中只有 2/3 的氯沉淀出来，加入 NaOH 并加热，两种溶液均无氨味。试写出这两种配合物的化学式并命名。

解： 形成配合物 A 为 $[CrCl_3\cdot6NH_3]$，加入 $AgNO_3$ 后，A 溶液中几乎全部的氯沉淀为 AgCl，说明在配合物组成中氯离子均在外界中，因为金属离子 Cr^{3+} 一般形成配合物的配位数为 6，根据分析，配合物 A 的分子结构简式为：$[Cr(NH_3)_6]Cl_3$；

形成配合物 B 为 $[CrCl_3\cdot5NH_3]$，加入 $AgNO_3$，B 溶液中 2/3 氯沉淀为 AgCl，说明在配合物组成中 2 个氯离子均在外界中，因为金属离子 Cr^{3+} 一般形成配合物的配位数为 6，根据分析，配合物 A 的分子结构简式为：$[CrCl(NH_3)_5]Cl_2$。

2. 指出下列配合物的中心离子、配体、配位数、配离子电荷数和配合物名称。

$K_2[HgI_4]$　　　　　　　$[CrCl_2(H_2O)_4]Cl$　　　　$[Co(NH_3)_2(en)_2](NO_3)_2$

$Fe_3[Fe(CN)_6]_2$　　　　$K[Co(NO_2)_4(NH_3)_2]$　　　$Fe(CO)_5$

解：

配合物	中心离子	配体	配位数	配离子电荷数	配合物名称
$K_2[HgI_4]$	Hg^{2+}	I^-	4	-2	四碘合汞（Ⅱ）酸钾
$[CrCl_2(H_2O)_4]Cl$	Cr^{3+}	Cl^-,H_2O	6	$+1$	氯化二氯·四水合铬（Ⅲ）
$[Co(NH_3)_2(en)_2](NO_3)_2$	Co^{2+}	NH_3,en	6	$+2$	硝酸二氨·二乙二胺合钴（Ⅱ）
$Fe_3[Fe(CN)_6]_2$	Fe^{3+}	CN^-	6	-3	六氰合铁（Ⅲ）酸亚铁
$K[Co(NO_2)_4(NH_3)_2]$	Co^{3+}	NO_2^-,NH_3	6	-1	四硝基·二氨合钴（Ⅲ）酸钾
$Fe(CO)_5$	Fe	CO	5	0	五羰合铁

3. 试用价键理论说明下列配离子的类型、空间构型和磁性。

(1) $[CoF_6]^{3-}$ 和 $[Co(CN)_6]^{3-}$

(2) $[Ni(NH_3)_4]^{2+}$ 和 $[Ni(CN)_4]^{2-}$

解：

	$[CoF_6]^{3-}$	$[Co(CN)_6]^{3-}$	$[Ni(NH_3)_4]^{2+}$	$[Ni(CN)_4]^{2-}$
类型	外轨型	内轨型	外轨型	内轨型
杂化态	sp^3d^2	d^2sp^3	sp^3	dsp^2
空间构型	正八面体	正八面体	正四面体	正方形
磁性	顺磁性	逆磁性	顺磁性	逆磁性

4. 已知 $[Co(NH_3)_6]^{2+}$ 和 $[Co(NH_3)_6]^{3+}$ 分别为外轨型和内轨型配离子。试从晶体场理论说明它们的中心离子 d 电子分布方式、磁矩以及自旋状态。

解： 对 $[Co(NH_3)_6]^{2+}$ 而言，7 个 d 电子的二价钴离子与氨配位是外轨型，3d 轨道有 3 个有未成对电子，对应晶体场分裂能比电子成对能要小，故 d 电子分布方式为：$d\varepsilon^5 d\gamma^2$，磁矩大，高自旋。$[Co(NH_3)_6]^{3+}$ 为内轨型配离子，6 个 d 电子全部配对，对应晶体场分裂能比电子成对能大的情况，故 d 电子分布方式为：$d\varepsilon^6$，磁矩为零，逆磁性。

5. 试根据晶体场理论，简要说明下列问题：

(1) Ni^{2+} 的八面体配合物都是高自旋配合物；

(2) 过渡金属的水合离子多数有颜色，也有少数是无色的。

解： (1) Ni^{2+} 的八面体配合物中的 Ni^{2+} 的 d^8 电子构型，无论强弱场均为 $d\varepsilon^6 d\gamma^2$，2 个未成对电子，故为高自旋。

(2) 大多数过渡金属离子具有未充满的 d 轨道，水合离子形成时，d 轨道发生分裂，产生 d-d 跃迁，可以吸收可见光，呈现颜色。

6. 将 $0.1\ mol\cdot L^{-1}$ $ZnCl_2$ 溶液与 $1.0\ mol\cdot L^{-1}$ NH_3 溶液等体积混合，求此溶液中 $[Zn(NH_3)_4]^{2+}$ 和 Zn^{2+} 的浓度。

解： 设 Zn^{2+} 的浓度为 x

$$Zn^{2+}+4NH_3\rightleftharpoons[Zn(NH_3)_4]^{2+}\qquad K_f^\ominus=5.0\times10^8$$

起始：　　0.05　　0.5　　　　　　0

平衡：　　　x　$0.5-4(0.05-x)$　$0.05-x$

$$K_f^\ominus=5.0\times10^8=\frac{0.05-x}{x[0.5-4(0.05-x)]^4}$$

因为：$K_f^{\ominus}=5.0\times10^8$，$0.05-x\approx0.05$，$0.5-4(0.05-x)=0.3$

所以：$K_f^{\ominus}=5.0\times10^8=\dfrac{0.05}{x(0.3)^4}$，$x=1.23\times10^{-8}$ mol·L^{-1}

因此，Zn^{2+} 的浓度为 1.23×10^{-8} mol·L^{-1}，$[Zn(NH_3)_4]^{2+}$ 的浓度为：$0.05-x=0.05$ mol·L^{-1}。

7. 在 100 mL 0.05 mol·$L^{-1}[Ag(NH_3)_2]^+$ 溶液中加入 1 mL 1 mol·L^{-1} NaCl 溶液，溶液中 NH_3 的浓度至少需多大才能阻止 AgCl 沉淀生成？

解：

$$[Ag(NH_3)_2]^+ + Cl^- \Longrightarrow AgCl + 2NH_3$$

$$K^{\ominus}=\dfrac{c_{NH_3}^2}{c_{[Ag(NH_3)_2]^+}c_{Cl^-}}=\dfrac{1}{K_{f,[Ag(NH_3)_2]^+}^{\ominus}K_{sp,AgCl}^{\ominus}}$$

$$=\dfrac{1}{1.62\times10^7\times1.56\times10^{-10}}=396$$

使 AgCl 不沉淀，根据平衡，设氨的平衡浓度为 x，则：

$$[Ag(NH_3)_2]^+ + Cl^- \Longrightarrow AgCl + 2NH_3$$

平衡时，　　　　　　　0.05　　　　　0.01　　　　　　　x

$$\dfrac{x^2}{0.05\times0.01}=396, x=0.44\ \text{mol·}L^{-1}$$

至少要维持 0.44 mol·L^{-1} 以上的 NH_3 浓度，才能阻止 AgCl 沉淀生成。

8. 计算 AgCl 在 0.1 mol·L^{-1} NH_3 溶液中的溶解度。

解：

$$AgCl + 2NH_3 \Longrightarrow [Ag(NH_3)_2]^+ + Cl^-$$

$$K^{\ominus}=\dfrac{c_{[Ag(NH_3)_2]^+}c_{Cl^-}}{c_{NH_3}^2}=\dfrac{K_{f,[Ag(NH_3)_2]^+}^{\ominus}\times K_{sp,AgCl}^{\ominus}}{1}=2.53\times10^{-3}$$

设 AgCl 的溶解度为 x，则：$AgCl + 2NH_3 \Longrightarrow [Ag(NH_3)_2]^+ + Cl^-$

平衡时，　　　$0.1-2x$　　　　　x　　　　　x

$$\dfrac{x^2}{(0.1-2x)^2}=\dfrac{1}{396}, x=0.005\ \text{mol·}L^{-1}$$

AgCl 在 0.1 mol·L^{-1} NH_3 溶液中的溶解度为 0.005 mol·L^{-1}。

* 9. 在 100 mL 0.15 mol·$L^{-1}[Ag(CN)_2]^-$ 溶液中加入 50 mL 0.1 mol·L^{-1} KI 溶液，是否有 AgI 沉淀生成？在上述溶液中再加入 50 mL 0.2 mol·L^{-1} KCN 溶液，又是否产生 AgI 沉淀？

解：

(1) $Ag^+ + 2CN^- \Longrightarrow [Ag(CN)_2]^-$，$K_{f,[Ag(CN)_2]^-}^{\ominus}=1.3\times10^{21}$

设 Ag^+ 浓度为 x，则：$\dfrac{0.1-x}{x\times(2x)^2}=\dfrac{0.1-x}{4x^3}=1.3\times10^{21}$

而 $0.1-x\approx0.1$，所以，$\dfrac{0.1}{4x^3}=1.3\times10^{21}$

$$x=2.67\times10^{-8}\ \text{mol·}L^{-1}$$

$$K_{sp,AgI}^{\ominus}=1.5\times10^{-16}$$

$$Q_i = 2.67 \times 10^{-8} \times 0.1 \times \frac{50}{150} > 1.5 \times 10^{-16}$$

所以,有沉淀生成。

(2)设游离 Ag^+ 浓度为 y,则:

$$\frac{0.075-y}{y \times (0.05+2y)^2} = 1.3 \times 10^{21}, \quad 因为:0.075-y \approx 0.075, (0.05+2y) \approx 0.05$$

$$\frac{0.075-y}{y \times (0.05+2y)^2} = \frac{0.075}{y \times (0.05)^2} = 1.3 \times 10^{21}, \quad y = 2.3 \times 10^{-20} \; mol \cdot L^{-1}$$

$$K_{sp,AgI}^{\ominus} = 1.50 \times 10^{-16}, \quad Q_i = 2.3 \times 10^{-20} \times 0.1 \times \frac{50}{200} < 1.5 \times 10^{-16}$$

沉淀将会溶解（无沉淀）。

* 10. 0.08 mol $AgNO_3$ 溶解在 1 L $Na_2S_2O_3$ 溶液中形成 $[Ag(S_2O_3)_2]^{3-}$,过量的 $S_2O_3^{2-}$ 浓度为 0.2 mol·L^{-1}。欲得卤化银沉淀,所需 I^- 和 Cl^- 的浓度各为多少?能否得到 AgI 和 AgCl 沉淀?

解:

$$Ag^+ + 2S_2O_3^{2-} \Longrightarrow [Ag(S_2O_3)_2]^{3-}, \quad K_{f,[Ag(S_2O_3)_2]^{3-}}^{\ominus} = 2.38 \times 10^{13}$$

设平衡 Ag^+ 浓度为 x,则:$\dfrac{0.08-x}{x \times (0.2+2x)^2} = 2.38 \times 10^{13}$

$$0.08-x \approx 0.08, 0.2+2x \approx 0.2, \frac{0.08}{x \times (0.2)^2} = 2.38 \times 10^{13}$$

$$x = 8.4 \times 10^{-14} \; mol \cdot L^{-1}$$

$$K_{sp,AgCl}^{\ominus} = 1.56 \times 10^{-10} = 8.4 \times 10^{-14} \times c_{Cl^-}$$

$c_{Cl^-} = 1.82 \times 10^3 \; mol \cdot L^{-1}$,不能得到 AgCl 沉淀。

$K_{sp,AgI}^{\ominus} = 1.50 \times 10^{-16} = 8.4 \times 10^{-14} \times c_{I^-}$, $c_{I^-} = 1.78 \times 10^{-3} \; mol \cdot L^{-1}$

即需要 $c_{I^-} > 1.78 \times 10^{-3} \; mol \cdot L^{-1}$,就能得到 AgI 沉淀。

* 11. 50 mL 0.1 mol·L^{-1} $AgNO_3$ 溶液与等体积的 6 mol·L^{-1} NH_3 混合后,向此溶液中加入 0.119 g KBr 固体,有无 AgBr 沉淀生成?欲阻止 AgBr 沉淀析出,原混合液中氨的初浓度至少要多少?

解:

$$Ag^+ \quad + \quad 2NH_3 \quad \Longrightarrow \quad [Ag(NH_3)_2]^+ \quad K_{f,[Ag(NH_3)_2]^+}^{\ominus} = 1.62 \times 10^7$$

平衡时, $\quad c_{Ag^+} \quad 3-2 \times 0.05+2c_{Ag^+} \quad 0.05-c_{Ag^+}$

$$\frac{0.05-c_{Ag^+}}{c_{Ag^+} \times (2.9+2c_{Ag^+})^2} \approx \frac{0.05}{c_{Ag^+} \times (2.9)^2} = 1.62 \times 10^7$$

$c_{Ag^+} = 3.7 \times 10^{-10} \; (mol \cdot L^{-1})$,又:$c_{Br^-} = \dfrac{0.119}{119 \times 0.1} = 0.01 \; (mol \cdot L^{-1})$

$$Q = c_{Ag^+} c_{Br^-} = 3.7 \times 10^{-10} \times 0.01 = 3.7 \times 10^{-12} > K_{sp,AgBr}^{\ominus} = 7.7 \times 10^{-13}$$

有 AgBr 沉淀生成。

若要阻止 AgBr 沉淀生成,即 $Q = c_{Ag^+} c_{Br^-} < K_{sp,AgBr}^{\ominus} = 7.7 \times 10^{-13}$

$$c_{Ag^+} < \frac{K_{sp,AgBr}^{\ominus}}{c_{Br^-}} = \frac{7.7 \times 10^{-13}}{0.01} = 7.7 \times 10^{-11} \; mol \cdot L^{-1}$$

平衡，$Ag^+ + 2NH_3 \Longrightarrow [Ag(NH_3)_2]^+$　$K_{f,[Ag(NH_3)_2]^+}^{\ominus}=1.62\times10^7$

7.7×10^{-11}　　x　　$0.05-7.7\times10^{-11}\approx0.05$

$$K_{f,[Ag(NH_3)_2]^+}^{\ominus}=1.62\times10^7=\frac{0.05}{7.7\times10^{-11}x^2}$$

$$x=6.3\ \text{mol}\cdot\text{L}^{-1}$$

起始浓度为：$6.3+0.1=6.4\ \text{mol}\cdot\text{L}^{-1}$

$**$12. 分别计算 $Zn(OH)_2$ 溶于氨水生成 $[Zn(NH_3)_4]^{2+}$ 和 $[Zn(OH)_4]^{2-}$ 时的平衡常数，若溶液中 NH_3 和 NH_4^+ 的浓度均为 $0.1\ \text{mol}\cdot\text{L}^{-1}$，则 $Zn(OH)_2$ 溶于该溶液中主要生成哪一种配离子？已知：$K_{f,[Zn(NH_3)_4]^{2+}}^{\ominus}=5.0\times10^8$，$K_{sp,Zn(OH)_2}^{\ominus}=1.2\times10^{-17}$，$K_{f,[Zn(OH)_4]^{2-}}^{\ominus}=3.16\times10^{15}$。

解：$K_b^{\ominus}=\dfrac{c_{NH_4^+}c_{OH^-}}{c_{NH_3}}=\dfrac{0.1\times c_{OH^-}}{0.1}$，$c_{OH^-}=K_b^{\ominus}=1.8\times10^{-5}\ \text{mol}\cdot\text{L}^{-1}$

$$[Zn(OH)_4]^{2-}+4NH_3\Longrightarrow[Zn(NH_3)_4]^{2+}+4OH^-$$

$$K^{\ominus}=\frac{c_{[Zn(NH_3)_4]^{2+}}\,c_{OH^-}^4}{c_{[Zn(OH)_4]^{2-}}\,c_{NH_3}^4}=\frac{K_{f,[Zn(NH_3)_4]^{2+}}^{\ominus}}{K_{f,[Zn(OH)_4]^{2-}}^{\ominus}}=\frac{5.0\times10^8}{3.16\times10^{15}}=1.6\times10^{-7}$$

其中，$c_{NH_3}=0.1\ \text{mol}\cdot\text{L}^{-1}$，$c_{OH^-}=1.8\times10^{-5}\ \text{mol}\cdot\text{L}^{-1}$，代入平衡式，

$$K^{\ominus}=1.6\times10^{-7}=\frac{c_{[Zn(NH_3)_4]^{2+}}}{c_{[Zn(OH)_4]^{2-}}}\times\left(\frac{c_{OH^-}}{c_{NH_3}}\right)^4\quad\text{得：}$$

$$\frac{c_{[Zn(NH_3)_4]^{2+}}}{c_{[Zn(OH)_4]^{2-}}}=1.6\times10^{-7}\times\left(\frac{(0.1)}{1.8\times10^{-5}}\right)^4=1.5\times10^8$$

主要生成 $[Zn(NH_3)_4]^{2+}$。

$*$13. 将含有 $0.2\ \text{mol}\cdot\text{L}^{-1}\ NH_3$ 和 $1\ \text{mol}\cdot\text{L}^{-1}\ NH_4^+$ 的缓冲溶液与 $0.2\ \text{mol}\cdot\text{L}^{-1}$ $[Cu(NH_3)_4]^{2+}$ 溶液等体积混合，有无 $Cu(OH)_2$ 沉淀生成？已知 $Cu(OH)_2$ 的 $K_{sp}^{\ominus}=2.2\times10^{-20}$。

解：

$$c_{OH^-}=K_b^{\ominus}\times c_{NH_3}/c_{NH_4^+}=1.8\times10^{-5}\times0.1/0.5=3.6\times10^{-6}\ \text{mol}\cdot\text{L}^{-1}$$

$$Cu^{2+}+4NH_3\Longrightarrow[Cu(NH_3)_4]^{2+}\qquad K_f^{\ominus}=2.1\times10^{13}$$

起始：　　　　0　　　0.1　　　　　0.1

平衡：　　　　x　　$0.1+4x$　　　$0.1-x$

$$K_f^{\ominus}=2.1\times10^{13}=\frac{0.1-x}{x(0.1+4x)^4}\approx\frac{0.1}{x(0.1)^4}$$

$$x=c_{Cu^{2+}}=4.76\times10^{-11}\ \text{mol}\cdot\text{L}^{-1}$$

$$Q=c_{Cu^{2+}}c_{OH^-}^2=4.76\times10^{-11}\times(3.6\times10^{-6})^2<K_{sp}^{\ominus}=2.2\times10^{-20}$$

无 $Cu(OH)_2$ 沉淀生成。

14. 写出下列反应的方程式并计算平衡常数：

（1）AgI 溶于 KCN；

（2）$AgBr$ 微溶于氨水中，溶液酸化后又析出沉淀（两个反应）。

解：（1）$AgI+2CN^-\Longrightarrow[Ag(CN)_2]^-+I^-$

$$K_{f,[Ag(CN)_2]^-}^{\ominus}=1.3\times10^{21},\ K_{sp,AgI}^{\ominus}=1.50\times10^{-16}$$

$$K^{\ominus}=\frac{c_{[Ag(CN)_2]^-}\cdot c_{I^-}}{c_{CN^-}^2}=\frac{c_{[Ag(CN)_2]^-}\cdot c_{I^-}\cdot c_{Ag^+}}{c_{CN^-}^2\cdot c_{Ag^+}}=K^{\ominus}_{f,[Ag(CN)_2]^-}\cdot K^{\ominus}_{sp,AgI}=1.95\times10^5$$

（2）（a）溶于氨水，$AgBr+2NH_3 \Longleftrightarrow [Ag(NH_3)_2]^+ +Br^-$

$$K^{\ominus}_{f,[Ag(NH_3)_2]^+}=1.62\times10^7，\quad K^{\ominus}_{sp,AgBr}=7.7\times10^{-13}$$

$$K^{\ominus}=\frac{c_{[Ag(NH_3)_2]^+}\cdot c_{Br^-}}{c_{NH_3}^2}=\frac{c_{[Ag(NH_3)_2]^+}\cdot c_{Br^-}\cdot c_{Ag^+}}{c_{NH_3}^2\cdot c_{Ag^+}}=K^{\ominus}_{f,[Ag(NH_3)_2]^+}\cdot K^{\ominus}_{sp,AgBr}=1.24\times10^{-5}$$

（b）又酸化时，$[Ag(NH_3)_2]^+ +2H^+ +Br^- \Longleftrightarrow AgBr+2NH_4^+$

$$K^{\ominus}_{f,[Ag(NH_3)_2]^+}=1.62\times10^7，\quad K^{\ominus}_{sp,AgBr}=7.7\times10^{-13}，\quad K^{\ominus}_b=1.76\times10^{-5}$$

$$K^{\ominus}=\frac{c_{NH_4^+}^2}{c_{[Ag(NH_3)_2]^+}\cdot c_{Br^-}\cdot c_{H^+}^2}=\frac{c_{NH_4^+}^2}{c_{[Ag(NH_3)_2]^+}\cdot c_{Br^-}\cdot c_{H^+}^2}\times\frac{c_{NH_3}^2}{c_{NH_3}^2}$$

$$=\left(\frac{K^{\ominus}_b}{K^{\ominus}_w}\right)^2\frac{1}{K^{\ominus}_{f,[Ag(NH_3)_2]^+}\cdot K^{\ominus}_{sp,AgBr}}=\left(\frac{1.8\times10^{-5}}{1\times10^{-14}}\right)^2\times\frac{1}{1.24\times10^{-5}}=2.6\times10^{23}$$

15. 下列化合物中哪些可作为有效的螯合剂？

（1）H_2O （2）$HOOH$（过氧化氢）

（3）NH_2NH_2（联氨） （4）$NH_2CH_2CH_2NH_2$

解：（4）

作为螯合剂必须具有两个条件：螯合剂分子（或离子）具有两个或两个以上配位原子，而且这些配位原子必须能与中心金属离子 M 配位；螯合剂中每两个配位原子之间相隔二到三个其它原子，以便与中心原子形成稳定的五元环或六元环。因此，只有 $NH_2CH_2CH_2NH_2$ 才能作为螯合剂。

16. How many unpaired electrons are present in each of the following?

（1）$[FeF_6]^{3-}$ (high-spin) （2）$[Co(en)_3]^{3+}$ (low-spin)

（3）$[Co(CN)_6]^{3-}$ (low-spin) （4）$[Mn(F)_6]^{4-}$ (high-spin)

（5）$[Fe(H_2O)_6]^{4-}$ (high-spin) （6）$[Mn(CN)_6]^{4-}$ (low-spin)

Solution：

（1）$[FeF_6]^{3-}$ (high-spin)		5
（2）$[Co(en)_3]^{3+}$ (low-spin)		0
（3）$[Co(CN)_6]^{3-}$ (low-spin)		0
（4）$[Mn(F)_6]^{4-}$ (high-spin)		5
（5）$[Fe(H_2O)_6]^{4-}$ (high-spin)		4
（6）$[Mn(CN)_6]^{4-}$ (low-spin)		1

* 17. Given the following information：

$$Ag^+ +2NH_3 \Longleftrightarrow [Ag(NH_3)_2]^+，\quad K^{\ominus}_{f,[Ag(NH_3)_2]^+}=1\times10^7$$

$$Ag^+ +2CN^- \Longleftrightarrow [Ag(CN)_2]^-\quad K^{\ominus}_{f,[Ag(CN)_2]^-}=1\times10^{20}$$

$$Ag^+ +2Cl^- \Longleftrightarrow AgCl(s)\quad K^{\ominus}_{sp,AgCl}=1\times10^{-10}$$

$$Ag^+ +2I^- \Longleftrightarrow AgI(s)\quad K^{\ominus}_{sp,AgI}=1\times10^{-17}$$

（a）Which complex is the more stable?

（b）Which solid is the less soluble?

（c）Use this information to explain why：

The addition of NH_3(aq) dissolves AgCl but not AgI.

The addition of the cyanide ion （CN^-）dissolves AgCl and AgI.

Solution：

（a） $K^{\ominus}_{f,[Ag(NH_3)_2]^+}=1\times10^7<K^{\ominus}_{f,[Ag(CN)_2]^-}=1\times10^{20}$. So，the complex，$[Ag(CN)_2]^-$ is more stable than the complex，$[Ag(NH_3)_2]^+$.

（b） $K^{\ominus}_{sp,AgCl}=1\times10^{-10}>K^{\ominus}_{sp,AgI}=1\times10^{-17}$. So，the solid AgI is the less soluble.

（c） $AgCl+2NH_3\Longleftrightarrow[Ag(NH_3)_2]^++Cl^-$

$$K^{\ominus}=\frac{c_{[Ag(NH_3)_2]^+}c_{Cl^-}}{c^2_{NH_3}}=K^{\ominus}_{f,[Ag(NH_3)_2]^+}K^{\ominus}_{sp,AgCl}=0.001$$

$$AgI+2NH_3\Longleftrightarrow[Ag(NH_3)_2]^++I^-$$

$$K^{\ominus}=\frac{c_{[Ag(NH_3)_2]^+}c_{I^-}}{c^2_{NH_3}}=K^{\ominus}_{f,[Ag(NH_3)_2]^+}K^{\ominus}_{sp,AgI}=1\times10^{-10}$$

So，the addition of $NH_3(aq)$ dissolves AgCl but not AgI.

$$AgCl+2CN^-\Longleftrightarrow[Ag(CN)_2]^-+Cl^-$$

$$K^{\ominus}=\frac{c_{[Ag(CN)_2]^-}c_{Cl^-}}{c^2_{CN^-}}=K^{\ominus}_{f,[Ag(CN)_2]^-}K^{\ominus}_{sp,AgCl}=1\times10^{10}$$

$$AgI+2CN^-\Longleftrightarrow[Ag(CN)_2]^-+I^-$$

$$K^{\ominus}=\frac{c_{[Ag(CN)_2]^-}c_{I^-}}{c^2_{CN^-}}=K^{\ominus}_{f,[Ag(CN)_2]^-}K^{\ominus}_{sp,AgI}=1000$$

So，the addition of the cyanide ion （CN^-）dissolves AgCl and AgI.

五、自测试卷 （共100分）

一、选择题 （每题2分，共40分）

1. $[Ni(en)_3]^{2+}$中镍的价态和配位数是 （　　　）

A. +2，3　　　　　　B. +3，6　　　　　　C. +2，6　　　　　　D. +3，3

2. 下列对八面体配合物的有关叙述中，正确的是 （　　　）

A. $P>\Delta_O$ 时形成低自旋配合物，磁矩大　　B. $P<\Delta_O$ 时形成低自旋配合物，磁矩小

C. $P>\Delta_O$ 时形成高自旋配合物，磁矩小　　D. $P<\Delta_O$ 时形成高自旋配合物，磁矩大

3. 0.01 mol 氯化铬 （$CrCl_3\cdot6H_2O$）在水溶液中用过量 $AgNO_3$ 处理，产生 0.02 mol AgCl 沉淀，此氯化铬最可能为 （　　　）

A. $[Cr(H_2O)_6]Cl_3$　　　　　　　　　　B. $[Cr(H_2O)_5Cl]Cl_2\cdot H_2O$

C. $[Cr(H_2O)_4Cl_2]Cl\cdot2H_2O$　　　　　　D. $[Cr(H_2O)_3Cl_3]\cdot3H_2O$

4. 已知水的 $K_f=1.86$，0.005 mol·kg^{-1}化学式为 $FeK_3C_6N_6$ 的配合物水溶液，其凝固点为 $-0.037℃$，这个配合物在水中的解离方式 （　　　）

A. $FeK_3C_6N_6\longrightarrow3K^++[Fe(CN)_6]^{3-}$

B. $FeK_3C_6N_6\longrightarrow Fe^{3+}+[K_3(CN)_6]^{3-}$

C. $FeK_3C_6N_6\longrightarrow3KCN+[Fe(CN)_2]^++CN^-$

D. $FeK_3C_6N_6\longrightarrow3K^++Fe^{3+}+6CN^-$

5. 在 $[Co(C_2O_4)_2(en)]^-$中，中心离子 Co^{3+} 的配位数为 （　　　）

A. 3   B. 4   C. 5   D. 6

6. Al^{3+} 与 EDTA 形成（　　　）

A. 螯合物   B. 聚合物   C. 非计量化合物   D. 夹心化合物

7. 下列物质中不能作为配合物的配体的是（　　　）

A. NH_3 B. NH_4^+ C. CH_3NH_2 D. $C_2H_4(NH_2)_2$

8. 已知某金属离子配合物的磁矩为 4.90 B.M.，而同一氧化态的该金属离子形成的另一配合物，其磁矩为零，则此金属离子可能为（　　　）

A. Cr(Ⅲ)   B. Mn(Ⅱ)   C. Fe(Ⅱ)   D. Ni(Ⅲ)

9. Fe^{3+} 具有 d^5 电子构型，在八面体场中要使配合物为高自旋态，则分裂能 Δ 和电子成对能 P 所要满足的条件是（　　　）

A. Δ 和 P 越大越好   B. $\Delta > P$ C. $\Delta < P$ D. $\Delta = P$

10. 下列几种物质中最稳定的是（　　　）

A. $Co(NO_3)_3$ B. $[Co(NH_3)_6](NO_3)_3$

C. $[Co(NH_3)_6]Cl_2$ D. $[Co(en)_3]Cl_3$

11. 估计下列配合物的稳定性，从大到小的顺序，正确的是（　　　）

A. $[HgI_4]^{2-} > [HgCl_4]^{2-} > [Hg(CN)_4]^{2-}$

B. $[Co(NH_3)_6]^{3+} > [Co(SCN)_4]^{2-} > [Co(CN)_6]^{3-}$

C. $[Ni(en)_3]^{2+} > [Ni(NH_3)_6]^{2+} > [Ni(H_2O)_6]^{2+}$

D. $[Fe(SCN)_6]^{3-} > [Fe(CN)_6]^{3-} > [Fe(CN)_6]^{4-}$

12. $[Ni(CN)_4]^{2-}$ 是平面正方形构型，中心离子的杂化轨道类型和 d 电子数分别是（　　　）

A. sp^2，d^7 B. sp^3，d^8 C. d^2sp^3，d^6 D. dsp^2，d^8

13. 下列配合物中，属于螯合物的是（　　　）

A. $[Ni(en)_2]Cl_2$ B. $K_2[PtCl_6]$

C. $(NH_4)[Cr(NH_3)_2(SCN)_4]$ D. $Li[AlH_4]$

14. $[Ca(EDTA)]^{2-}$ 配离子中，Ca^{2+} 的配位数是（　　　）

A. 1   B. 2   C. 4   D. 6

15. 向 $[Cu(NH_3)_4]^{2+}$ 水溶液中通入氨气，则（　　　）

A. $K^{\ominus}_{f,[Cu(NH_3)_4]^{2+}}$ 增大   B. $[Cu^{2+}]$ 增大

C. $K^{\ominus}_{f,[Cu(NH_3)_4]^{2+}}$ 减小   D. $[Cu^{2+}]$ 减小

16. 下列各组配离子中，晶体场稳定化能均为零的一组是（　　　）

A. $[Fe(H_2O)_6]^{3+}$，$[Zn(H_2O)_6]^{2+}$，$[Cr(H_2O)_6]^{3+}$

B. $[Fe(H_2O)_6]^{3+}$，$[Cr(H_2O)_6]^{3+}$，$[Ti(H_2O)_6]^{3+}$

C. $[Mn(H_2O)_6]^{2+}$，$[Fe(H_2O)_6]^{3+}$，$[Zn(H_2O)_6]^{2+}$

D. $[Ti(H_2O)_6]^{3+}$，$[Fe(H_2O)_6]^{3+}$，$[Fe(H_2O)_6]^{2+}$

17. 下列反应中配离子作为氧化剂的反应是（　　　）

A. $[Ag(NH_3)_2]Cl + KI \Longrightarrow AgI\downarrow + KCl + 2NH_3$

B. $2[Ag(NH_3)_2]OH + CH_3CHO \Longrightarrow CH_3COOH + 2Ag\downarrow + 4NH_3 + H_2O$

C. $[Cu(NH_3)_4]^{2+} + S^{2-} \Longrightarrow CuS\downarrow + 4NH_3$

D. $3[Fe(CN)_6]^{2-} + 4Fe^{3+} \Longrightarrow Fe_4[Fe(CN)_6]_3$

18. 将 $0.10 \ \text{mol} \cdot \text{L}^{-1}$ 的 $Na_3[Ag(S_2O_3)_2]$ 溶液用水稀释至原来体积的两倍，则下列叙述中正确的是（　　）

    A. $[Ag(S_2O_3)_2]^{3-}$ 的浓度恰好为稀释前的一半

    B. Ag^+ 的浓度变为稀释前的一半

    C. $S_2O_3^{2-}$ 的浓度变为稀释前的一半

    D. Na^+ 的浓度等于稀释前的一半

19. 在 $0.10 \ \text{mol} \cdot \text{L}^{-1}$ 的 $[Ag(NH_3)_2]Cl$ 溶液中，各种组分浓度大小的关系（　　）

    A. $c(NH_3) > c(Cl^-) > c[Ag(NH_3)_2]^+ > c(Ag^+)$

    B. $c(Cl^-) > c[Ag(NH_3)_2]^+ > c(Ag^+) > c(NH_3)$

    C. $c(Cl^-) > c[Ag(NH_3)_2]^+ > c(NH_3) > c(Ag^+)$

    D. $c(NH_3) > c(Cl^-) > c(Ag^+) > c[Ag(NH_3)_2]^+$

20. 已知 $K^{\ominus}_{f,[Zn(NH_3)_4]^{2+}} = 5 \times 10^8$，在 Zn^{2+} 溶液中 $c_{NH_3} = 2.0 \ \text{mol} \cdot \text{L}^{-1}$，则 $\dfrac{c_{Zn^{2+}}}{c_{[Zn(NH_3)_4]^{2+}}}$ 的值为（　　）

    A. 5.6×10^{-9} B. 1.2×10^{-10} C. 1.7×10^{-10} D. 8.7×10^{-11}

二、填空题（每个空格1分，共10分）

1. 配合物 $K_2[HgI_4]$ 在溶液中可能解离出来的阳离子有_____，阴离子有_____。

2. 已知 $[Cu(OH)_4]^{2-} + 4NH_3 \rightleftharpoons [Cu(NH_3)_4]^{2+} + 4OH^-$ 的 $K^{\ominus} > 1$，则 $K^{\ominus}_{f,[Cu(OH)_4]^{2-}}$ 比 $K^{\ominus}_{f,[Cu(NH_3)_4]^{2+}}$ _____，在标准状态下，该反应向_____进行。

3. AgCl 在氨水中的溶解是由于沉淀转化为_____而溶解，AgX 的 $K^{\ominus}_{sp}$ 越大，则在氨水中的溶解度越_____。

4. 在 $[FeF_6]^{3-}$ 溶液中加入过量 KCN，则生成_____，相应取代反应的离子方程式为_____，该反应的标准平衡常数的表达式 $K^{\ominus} =$ _____，$K^{\ominus}$ 与有关配离子的 $K^{\ominus}_f$ 间的关系式可写为 $K^{\ominus} =$ _____。

三、简答题（共14分）

1. 什么叫螯合物？螯合物有什么特点？作为螯合剂必须具备什么条件？试举例说明（2分）。

2. 有三种铂的配合物，其化学组成分别为：

(a) $[PtCl_4(NH_3)_6]$；(b) $[PtCl_4(NH_3)_4]$；(c) $[PtCl_4(NH_3)_2]$。对这三种物质分别有下述实验结果：

(a) 的水溶液能导电，每摩尔（a）与 $AgNO_3$ 溶液反应可得 4 mol AgCl 沉淀；

(b) 的水溶液能导电，每摩尔（b）与 $AgNO_3$ 溶液反应可得 2 mol AgCl 沉淀；

(c) 的水溶液基本不导电，与 $AgNO_3$ 溶液反应基本无 AgCl 沉淀生成。

(1) 写出（a）、（b）、（c）三种配合物的化学式和名称。

(2) 写出（a）、（b）、（c）中，中心离子的配位数及空间构型。（6分）

3. 命名下列化合物或写出结构：(6 分)

$(NH_4)_2[PtCl_5Br]$ $[Co(NH_3)_5Cl]Cl_2$ $K_2[NiCl_2(C_2O_4)]$

氯化三乙二胺合镍（Ⅱ）   六氰合铁（Ⅱ）酸铵   氯化二氯·四水合铬（Ⅲ）

四、计算题（每题 12 分，共 36 分）

1. AgCl 能溶解在氨水中，AgBr 则基本不溶，但是，AgCl、AgBr 皆溶解在 $Na_2S_2O_3$ 溶液中，试简要说明。已知 $K_{sp,AgCl}^{\ominus}=1.56\times10^{-10}$，$K_{sp,AgBr}^{\ominus}=7.7\times10^{-13}$，$K_{f,[Ag(NH_3)_2]^+}^{\ominus}=1.62\times10^7$，$K_{f,[Ag(S_2O_3)_2]^{3-}}^{\ominus}=2.38\times10^{13}$。

2. 室温时，0.010 mol 的 AgCl 溶解在 1.0 L 氨水中，测得平衡时 Ag^+ 的浓度为 1.2×10^{-10} mol·L^{-1}。求原氨水的浓度。已知 $K_{f,[Ag(NH_3)_2]^+}^{\ominus}=1.62\times10^7$，$K_{sp,AgCl}^{\ominus}=1.56\times10^{-10}$。

3. （1）等体积混合 0.10 mol·L^{-1} $AgNO_3$ 和 6.0 mol·L^{-1} 氨水，然后加入 NaAc 固体（忽略体积变化）。通过计算说明是否会生成 AgAc 沉淀。已知 $K_{f,[Ag(NH_3)_2]^+}^{\ominus}=1.62\times10^7$，$K_{sp,AgAc}^{\ominus}=4.4\times10^{-3}$。

（2）在 200 mL 0.10 mol·L^{-1} $AgNO_3$ 溶液中加入 1.0×10^{-3} mol NaBr，再向溶液中通入 $NH_3(g)$。试通过计算说明能否使 AgBr 沉淀溶解？已知 $K_{sp,AgBr}^{\ominus}=7.7\times10^{-13}$。

六、自测试卷参考答案

一、选择题

1	2	3	4	5	6	7	8	9	10
C	B	B	A	D	A	B	C	C	D
11	12	13	14	15	16	17	18	19	20
C	D	A	D	D	C	B	D	C	B

二、填空题

1. K^+，$[HgI_4]^{2-}$

2. 小，正

3. $[Ag(NH_3)_2]^+$，　大

4. $[Fe(CN)_6]^{3-}$，$[FeF_6]^{3-}+6CN^- \Longrightarrow [Fe(CN)_6]^{3-}+6F^-$，

$K^\ominus = \dfrac{[Fe(CN)_6]^{3-}[F^-]^6}{[FeF_6]^{3-}[CN^-]^6}$，$K^\ominus = \dfrac{K^\ominus_{f,[Fe(CN)_6]^{3-}}}{K^\ominus_{f,[FeF_6]^{3-}}}$

三、简答题

1. 多齿配位体和同一中心原子形成具有环状结构的配合物，称为螯合物。

作为螯合剂必须具有以下两点：

（1）螯合剂分子（或离子）具有两个或两个以上能与中心金属离子配位的配位原子；

（2）螯合剂中每两个配位原子之间相隔两到三个其它原子。

2. a. $[Pt(NH_3)_6]Cl_4$，氯化六氨合铂（Ⅳ）　b. $[Pt(NH_3)_4Cl_2]Cl_2$，氯化二氯·四氨合铂（Ⅳ）　c. $[Pt(NH_3)_2Cl_4]$，四氯·二氨合铂（Ⅳ），a、b、c 中心离子的配位数均为 6，八面体

3. 溴·五氯合铂（Ⅳ）酸铵，氯化（一）氯·五氨合钴（Ⅲ），二氯·草酸根合镍（Ⅱ）酸钾　$[Ni(en)_3]Cl_2$，$(NH_4)_4[Fe(CN)_6]$，$[CrCl_2(H_2O)_4]Cl$

四、计算题

1. $AgCl+2NH_3 \Longrightarrow [Ag(NH_3)_2]^+ +Cl^-$

$K^\ominus = K^\ominus_{f,[Ag(NH_3)_2]^+} K^\ominus_{sp,AgCl} = 2.5 \times 10^{-3}$，

$AgBr+2NH_3 \Longrightarrow [Ag(NH_3)_2]^+ +Br^-$

$K^\ominus = K^\ominus_{f,[Ag(NH_3)_2]^+} K^\ominus_{sp,AgBr} = 1.2 \times 10^{-5}$，

从平衡常数的数值大小比较，可以发现 AgBr 较难溶于氨水；若要溶解，加入的氨水的浓度需要非常大。

$AgCl+2S_2O_3^{2-} \Longrightarrow [Ag(S_2O_3)_2]^{3-} +Cl^-$

$K^\ominus = K^\ominus_{f,[Ag(S_2O_3)_2]^{3-}} K^\ominus_{sp,AgCl} = 3.7 \times 10^3$，

$AgBr+2S_2O_3^{2-} \Longrightarrow [Ag(S_2O_3)_2]^{3-} +Br^-$

$K^\ominus = K^\ominus_{f,[(Ag(S_2O_3)_2]^{3-}} K^\ominus_{sp,AgBr} = 18.3$

从平衡常数均大于 1，数值上说明了反应进行的可能性。

2. 由于 $[Ag^+][Cl^-] < K^{\ominus}_{sp,AgCl} = 1.56 \times 10^{-10}$，对于 AgCl 是一个未饱和的溶液，因此计算只能按下式进行：

$$Ag^+ + 2NH_3 \Longrightarrow [Ag(NH_3)_2]^+$$

平衡时：　　　　1.2×10^{-10}　　x　　　　　0.01

$$K^{\ominus}_{f,[(Ag(NH_3)_2]^+} = \frac{[Ag(NH_3)_2]^+}{[Ag]^+[NH_3]^2} = 1.62 \times 10^7 = \frac{0.01}{x^2 \times 1.2 \times 10^{-10}}$$

$x = 2.26 \text{ mol} \cdot L^{-1}$

原来氨水的浓度为：$2.26 + 0.01 \times 2 = 2.28 \text{ mol} \cdot L^{-1}$

3.（1）　　　　$Ag^+ + 2NH_3 \Longrightarrow [Ag(NH_3)_2]^+$

　　　　　　　　x　　$3 - 0.05 \times 2 + 2x$　　$0.05 - x$

$$\frac{0.05 - x}{x(2.9 + 2x)^2} = 1.62 \times 10^7, \quad x = 3.7 \times 10^{-10} \text{ mol} \cdot L^{-1}$$

由于 $K^{\ominus}_{sp,AgAc} = 4.4 \times 10^{-3}$，要使 AgAc 沉淀，必须

$$c_{Ac^-} \geqslant \frac{4.4 \times 10^{-3}}{3.7 \times 10^{-10}} = 1.2 \times 10^7 \text{ mol} \cdot L^{-1}，根本不可能沉淀。$$

（2）　　　$AgBr + 2NH_3 \Longrightarrow [Ag(NH_3)_2]^+ + Br^-$

　　　　　　　　　x　　　　　0.1　　　0.005

$$K^{\ominus} = K^{\ominus}_{f,[Ag(NH_3)_2]^+} \times K^{\ominus}_{sp,AgBr} = 1.24 \times 10^{-5} = \frac{0.1 \times 0.005}{x^2}$$

$x = 6.35 \text{ mol} \cdot L^{-1}$

因此，当氨水浓度大于 $6.35 \text{ mol} \cdot L^{-1}$ 时，即可溶解。

第九章

氧化还原反应及氧化还原平衡

一、学习要求

1. **掌握：** 氧化还原反应的基本概念，原电池的组成及表示方法，标准电极电势，能斯特方程式及有关计算，电极电势在判断反应方向和限度方面的应用，标准平衡常数、标准吉布斯自由能与标准电极电势的关系。

2. **熟悉：** 氧化数的概念，电极电势的产生和测量，判断氧化还原反应进行的次序，元素电势图及其应用。

3. **了解：** 氧化还原反应的配平，能斯特方程的推导，电解与化学电源。

二、本章要点

（一）氧化还原反应及原电池的基本概念

1. 氧化还原反应的基本概念

氧化数是指某元素原子的表观电荷数，是描述元素在化合物中表观带电状态的数目，可以根据若干经验规则来确定。氧化还原反应的基本特征是元素氧化数发生了改变，其物质基础是电子得失：失去电子的过程称为氧化半反应，得到电子的过程称为还原半反应，氧化半反应与还原半反应结合成一个完整的氧化还原反应。

同一元素的两种具有不同氧化数的物质形式中，高氧化数的叫氧化型，低氧化数的叫还原型，两者间存在共轭关系，组成一个氧化还原电对（简称为电对），符号记作：氧化型/还原型。氧化还原反应可以看成发生在两个电对之间的电子转移过程。

使用氧化数法和离子电子法等方法可以配平常见的氧化还原反应。

2. 原电池的基本概念

原电池是一种通过氧化还原反应产生电流的装置。氧化剂在原电池的正极发生还原反应，还原剂在负极发生氧化反应。不同的电对可以组成不同的电极，有四种常见的基本的电极类型。

由电池组成式可以写出电池中发生的反应（电池反应和电极反应）；另一方面，也可根据氧化还原反应组成原电池并写出电池组成式，即电池组成式与电池反应的"互译"，这是讨论电池热力学的前提。任意自发进行的反应，包括氧化还原反应、沉淀反应、配位反应、酸碱反应等非氧化还原反应，甚至扩散、稀释等物理变化理论上都可以组成原电池，对外做有用功，将体系本身具有的能量（势能）转化为电能。

等温等压下，电池反应的吉布斯自由能的变化值等于电池可以做的最大电功，即

$$\Delta_r G_m = W'_{max} = W_E = -nF\varepsilon \tag{9-1}$$

而非自发过程不能组成原电池，只能以电解池等方式利用环境对体系做功，将环境中的能量转换为化学能。

（二） 电池电动势和电极电势

消除掉液接电势后，电池电动势等于正极和负极两者电极电势之差，即

$$\varepsilon = E_+ - E_- \tag{9-2}$$

自发的电池反应的 $\varepsilon > 0$，即 $E_+ > E_-$。

电极电势的产生，是由于电极反应使电极的电子导体与电解质溶液的相界面处形成双电层而产生电势差，默认以电子导体一侧的电势减去电解质溶液一侧的电势，但其数值通常是以标准氢电极作为基准，通过比较法来确定电极电势的相对值。

电对的本性是决定电极电势大小和正负的主要因素。处于热力学标准态下的电极电势称为标准电极电势，记作 $E^\ominus$。热力学标准态下的电池电动势称为标准电池电动势，记作 $\varepsilon^\ominus$。标准电极电势的大小和正负可以用来表达电对的本性。按照递增的顺序排列不同电对的标准电极电势值得到标准电极电势表。可以使用标准电极电势来比较物质的氧化还原性的高低，使用标准电动势来判断反应处于标准态下的自发方向。

（三） 电极电势的影响因素和能斯特方程

电对中物质的浓度、气体的压强和温度等因素是决定电极电势的次要因素，其数学关系由能斯特方程给出

$$E = E^\ominus + \frac{0.0592}{n} \lg \frac{c^a（氧化型）}{c^g（还原型）} \tag{9-3}$$

电对的氧化型浓度增大（或还原型浓度减小），电极电势增大，反之亦然。氧化型或还原型物质本身浓度的变化对电极电势的影响一般不显著，而如果改变反应介质的酸碱度，或者使电对的氧化型或还原型生成难溶盐、配离子等难解离的物质，可能会导致电极电势值发生较大的改变。

（四） 电极电势和电池电动势的应用

1. 判断反应自发进行的方向

将氧化还原反应组成原电池，由公式 $-\Delta_r G_m = nF\varepsilon$，我们可以根据电池电动势是否大于零来判断非标准状态下反应的自发方向：

$$\Delta_r G_m < 0 \quad \varepsilon > 0 \quad 化学反应正向自发进行；$$
$$\Delta_r G_m = 0 \quad \varepsilon = 0 \quad 化学反应处于平衡状态；$$

$$\Delta_r G_m > 0 \qquad \varepsilon < 0 \qquad \text{化学反应正向非自发，逆向自发进行。}$$

2. 讨论反应进行的限度（计算平衡常数）

在热力学标准态下，

$$\Delta_r G_m^\ominus = -nF\varepsilon^\ominus = -RT\ln K^\ominus \tag{9-4}$$

可使用该公式进行标准吉布斯自由能变、标准电池电动势和标准平衡常数的相互换算，如通过电极电势可以计算标准平衡常数，研究氧化还原反应进行的限度：

$$\lg K^\ominus = \frac{n\varepsilon^\ominus}{0.0592} = \frac{n(E_+^\ominus - E_-^\ominus)}{0.0592} \tag{9-5}$$

沉淀反应、酸碱反应以及配位反应等也可以组成适当的原电池，计算相应的平衡常数。

使用公式（9-4）还可以通过电极电势计算标准吉布斯自由能变。

电极电势还可以用来选择合适的氧化剂和还原剂，判断氧化还原反应进行的次序。

（五） 元素电势图

元素电势图表达了某个元素的不同电对的标准电极电势之间的关系，可以用来比较某元素的各个氧化态的氧化还原性的高低，计算某些电对的电极电势，也可以用来判断歧化反应发生的可能性。

（六） 电解、化学电源

1. 电解

电解池是用来电解的装置，由电极、电解质溶液和直流电源组成。电解池中与电源负极相连的电极称为阴极，与电源正极相连的电极叫作阳极。在直流电源的作用下，电解池中发生非自发的化学反应，外界（直流电源）对体系（电池）做功，电能转化为化学能。在阴极上溶液中的阳离子接受电子，发生还原反应；在阳极上，溶液中的阴离子发生氧化反应，失去的电子进入阳极，向电源正极移动。

电极的极化对电解的分解电压的影响非常大，有浓差极化和电化学极化两种类型。电解产物的量符合法拉第定律，产生哪种电解产物受到电极电势、电极材料以及电极极化等因素的影响。

2. 化学电源

化学电源是通过自发进行的化学反应将化学能直接转变成电能的装置，可以分为一次电池和二次电池，后者在放电后可以外接电源逆转电池反应，发生电解作用进行充电，因此又称蓄电池或可充电电池。化学电源的种类繁多，在工业和日常生活中有着重要的应用。

三、解题示例

1. 用氧化数法配平下列方程式。

（1） $P + KOH + H_2O \longrightarrow PH_3 + KH_2PO_2$

（2）$KClO_3+NH_3 \longrightarrow KNO_3+KCl+Cl_2+H_2O$

解：（1）从反应式可以看出，一部分 P 氧化数升高，一部分 P 氧化数降低，发生了歧化反应，从逆反应着手。

$$P(PH_3): \qquad\qquad -3 \longrightarrow 0 \quad \downarrow 3 \quad \Big| \quad \times 1$$
$$P(KH_2PO_2): \qquad +1 \longrightarrow 0 \quad \uparrow 1 \quad \Big| \quad \times 3$$
$$4P+KOH+H_2O \longrightarrow PH_3+3KH_2PO_2$$

配平 K：$\qquad\qquad 4P+3KOH+H_2O \longrightarrow PH_3+3KH_2PO_2$

配平 H：$\qquad\qquad 4P+3KOH+3H_2O =\!=\!= PH_3+3KH_2PO_2$

核对 O：每边都有 6 个氧原子，证明反应式已配平。

（2）

$$N(NH_3): \qquad\qquad -3 \longrightarrow +5 \quad \uparrow 8 \Big| \quad \times 2$$
$$Cl(KClO_3): \qquad +5 \longrightarrow -1 \quad \downarrow 6 \Big| \quad \times 1$$
$$Cl(KClO_3): \qquad +5 \longrightarrow 0 \quad \downarrow 5 \Big| \quad \times 2$$
$$3KClO_3+2NH_3 \longrightarrow 2KNO_3+KCl+Cl_2+H_2O$$

配平 H：$\qquad\qquad 3KClO_3+2NH_3 =\!=\!= 2KNO_3+KCl+Cl_2+3H_2O$

核对 O：每边都有 9 个氧原子，证明反应式已配平。

2. 用离子电子法配平下列方程式：

（1）$KMnO_4+KI+H_2O \longrightarrow KIO_3+MnO_2+KOH$

（2）$NH_4Cl+HCl+K_2Cr_2O_7 \longrightarrow KCl+4Cr_2O_3+NO+Cl_2+H_2O$

解：（1）① $MnO_4^- \longrightarrow MnO_2$

$\qquad\qquad I^- \longrightarrow IO_3^-$

$\qquad$② $MnO_4^-+2H_2O \longrightarrow MnO_2+4OH^-$

$\qquad\qquad I^-+6OH^- \longrightarrow IO_3^-+3H_2O$

$\qquad$③ $MnO_4^-+2H_2O+3e^- \longrightarrow MnO_2+4OH^-$

$\qquad\qquad I^-+6OH^- \longrightarrow IO_3^-+3H_2O+6e^-$

$\qquad$④ $2\times(MnO_4^-+2H_2O+3e^- \longrightarrow MnO_2+4OH^-)$

$+)\qquad 1\times(I^-+6OH^- \longrightarrow IO_3^-+3H_2O+6e^-)$

$2MnO_4^-+4H_2O+I^-+6OH^- \longrightarrow 2MnO_2+8OH^-+IO_3^-+3H_2O$

消去重复项

$$2MnO_4^-+H_2O+I^- =\!=\!= 2MnO_2+2OH^-+IO_3^-$$

写成方程式形式

$$2KMnO_4+H_2O+KI =\!=\!= 2MnO_2+2KOH+KIO_3$$

（2）① $NH_4^+ \longrightarrow NO$

$\qquad\qquad Cl^- \longrightarrow Cl_2$

$\qquad\qquad Cr_2O_7^{2-} \longrightarrow Cr_2O_3$

② $NH_4^+ + H_2O \longrightarrow NO + 6H^+$

    $2Cl^- \longrightarrow Cl_2$

    $Cr_2O_7^{2-} + 8H^+ \longrightarrow Cr_2O_3 + 4H_2O$

③ $NH_4^+ + H_2O \longrightarrow NO + 6H^+ + 5e^-$

    $2Cl^- \longrightarrow Cl_2 + 2e^-$

    $Cr_2O_7^{2-} + 8H^+ + 6e^- \longrightarrow Cr_2O_3 + 4H_2O$

④ $2 \times (NH_4^+ + H_2O \longrightarrow NO + 6H^+ + 5e^-)$

    $2Cl^- \longrightarrow Cl_2 + 2e^-$

$+)$ $2 \times (Cr_2O_7^{2-} + 8H^+ + 6e^- \longrightarrow Cr_2O_3 + 4H_2O)$

$2NH_4^+ + 2H_2O + 2Cl^- + 2Cr_2O_7^{2-} + 16H^+ \longrightarrow 2Cr_2O_3 + 8H_2O + Cl_2 + 2NO + 12H^+$

消去重复项

    $2NH_4^+ + 2Cl^- + 2Cr_2O_7^{2-} + 4H^+ =\!= 2Cr_2O_3 + 6H_2O + Cl_2 + 2NO$

写成方程式形式

    $2NH_4Cl + 2K_2Cr_2O_7 + 4HCl =\!= 2Cr_2O_3 + 6H_2O + Cl_2 + 2NO + 4KCl$

3. 写出下列电池的电极反应和电池反应。

(1) $(-)Pt, Cl_2 | Cl^- \parallel H^+, Mn^{2+} | MnO_2, Pt(+)$

(2) $(-)Cu, CuS | S^{2-} \parallel Cu^{2+} | Cu(+)$

解：(1) 电极反应：负极：$2Cl^- =\!= Cl_2 + 2e^-$

             正极：$MnO_2 + 4H^+ + 2e^- =\!= Mn^{2+} + 2H_2O$

    电池反应：$MnO_2 + 4H^+ + 2Cl^- =\!= Cl_2 + Mn^{2+} + 2H_2O$

    (2) 电极反应：负极：$Cu + S^{2-} =\!= CuS + 2e^-$

              正极：$Cu^{2+} + 2e^- =\!= Cu$

    电池反应：$Cu^{2+} + S^{2-} =\!= CuS$

4. 将下列非氧化还原反应设计组成原电池，写出电池反应式。

(1) $H^+ + OH^- =\!= H_2O$

(2) $Ag^+ + 2CN^- =\!= Ag(CN)_2^-$

解：(1) 将反应改成氧化还原反应的形式：

        $H_2 + 2e^- + 2H^+ + 2OH^- =\!= H_2O + H_2 + 2e^-$

拆成氧化半反应和还原半反应：

氧化半反应：$H_2 + 2OH^- =\!= H_2O + 2e^-$ 负极：$Pt, H_2 | OH^-$

还原半反应：$2H^+ + 2e^- =\!= H_2$ 正极：$Pt, H_2 | H^+$

组成电池：$(-)Pt, H_2 | OH^- \parallel H^+ | H_2, Pt(+)$

(2) 将反应改成氧化还原反应的形式：

        $Ag + e^- + Ag^+ + 2CN^- =\!= Ag(CN)_2^- + Ag + e^-$

拆成氧化半反应和还原半反应：

氧化半反应：$Ag + 2CN^- =\!= Ag(CN)_2^- + e^-$ 负极：$Ag | Ag(CN)_2^-, CN^-$

还原半反应：$Ag^+ + e^- \Longrightarrow Ag$ 　　　　　　　　正极：$Ag|Ag^+$

组成电池：$(-)Ag|Ag(CN)_2^-, CN^- \parallel Ag^+|Ag(+)$

5. 已知下列电对的标准电极电势 $E^\ominus$：Cl_2/Cl^- 为 1.360 V，Hg^{2+}/Hg_2^{2+} 为 0.920 V，Fe^{3+}/Fe^{2+} 为 0.771 V，Zn^{2+}/Zn 为 -0.763 V，在标准状态下，可能发生氧化还原反应的一对物质是（　　）

A. Fe^{3+} 和 Cl^- 　　　　B. Zn 和 Fe^{3+} 　　　　C. Fe^{3+} 和 Hg_2^{2+} 　　　　D. Zn^{2+} 和 Fe^{2+}

解：答案 B

在标准状态下，要发生氧化还原反应的条件是：标准电极电势 $E^\ominus$ 高的氧化型物质与 $E^\ominus$ 低的还原型物质反应。$E^\ominus(Fe^{3+}/Fe^{2+}) > E^\ominus(Zn^{2+}/Zn)$，$Fe^{3+}$ 可以与 Zn 反应。

6. 已知 $Cu^{2+} + e^- \Longrightarrow Cu^+$，$E^\ominus = 0.159V$；$K_{sp}(CuI) = 5.1 \times 10^{-12}$，计算电对 $Cu^{2+} + I^- + e^- \Longrightarrow CuI$ 的标准电极电势。

解：本题与教材中例题 9-12 类似，均讨论沉淀的生成对电极电势的影响，解法类似。本题中涉及的两个电对——Cu^{2+}/Cu^+ 和 Cu^{2+}/CuI，有着相同元素（Cu）、相同氧化数（Ⅱ/Ⅰ）的共同特征，因此可以把后者看成更为简单的前者在非标准状态下的电极，以前者的能斯特方程来计算其电极电势。本题中要计算电对 Cu^{2+}/CuI 的标准电极电势，就要求其电极反应（$Cu^{2+} + I^- + e^- \Longrightarrow CuI$）中的所有物质处于热力学标准态下，所以 $c(Cu^{2+}) = c(I^-) = c^\ominus$，而 $c(Cu^+) = K_{sp}/c(I^-)$，代入 Cu^{2+}/Cu^+ 的能斯特方程中：

$$E^\ominus_{Cu^{2+}/CuI} = E_{Cu^{2+}/Cu^+} = E^\ominus_{Cu^{2+}/Cu^+} + 0.0592 \lg \frac{c(Cu^{2+})}{c(Cu^+)} = 0.159 + 0.0592 \lg \frac{1}{K_{sp}(CuI)} = 0.828 \text{ V}$$

7. 已知电对 Fe^{3+}/Fe^{2+} 的 $E^\ominus = 0.771$ V，电对 $Fe(OH)_3/Fe(OH)_2$ 的 $E^\ominus = -0.560$ V，$Fe(OH)_3$ 的 $K_{sp} = 1.1 \times 10^{-36}$，试计算 $Fe(OH)_2$ 的 K_{sp}。

解：电对 $Fe(OH)_3/Fe(OH)_2$ 可以看成由电对 Fe^{3+}/Fe^{2+} 转化而来，因此其 $E^\ominus$ 之间存在关系：

$$E^\ominus[Fe(OH)_3/Fe(OH)_2] = E(Fe^{3+}/Fe^{2+}) = E^\ominus(Fe^{3+}/Fe^{2+}) + 0.0592 \lg \frac{c(Fe^{3+})}{c(Fe^{2+})}$$

标准状态下的电对 $Fe(OH)_3/Fe(OH)_2$ 中，OH^- 浓度为 1 mol·L^{-1}，Fe^{3+} 与 Fe^{2+} 的浓度均很小。

$$K_{sp,Fe(OH)_3} = c(Fe^{3+})c(OH^-)^3 \qquad c(Fe^{3+}) = K_{sp,Fe(OH)_3}$$

$$K_{sp,Fe(OH)_2} = c(Fe^{2+})c(OH^-)^2 \qquad c(Fe^{2+}) = K_{sp,Fe(OH)_2}$$

代入数据计算，$K_{sp,Fe(OH)_2} = 3.3 \times 10^{-14}$

8. 已知 $E^\ominus(I_2/I^-) = +0.535$ V，$E^\ominus(IO_3^-/I_2) = +1.200$ V。

(1) 在标准状态下，由这两个电对组成的电池的电动势等于多少？写出电池反应式。

(2) 若 $[I^-] = 0.00100$ mol·L^{-1}，其它条件不变，通过计算说明对电池电动势有何影响。

(3) 若溶液的 pH = 14，其它条件不变，通过计算说明对电池电动势及反应方向有何影响。

解：(1) 因为 $E^\ominus(IO_3^-/I_2) > E^\ominus(I_2/I^-)$，所以电对 IO_3^-/I_2 为正极，电对 I_2/I^- 为负极。

$$\varepsilon^{\ominus}=E^{\ominus}(IO_3^-/I_2)-E^{\ominus}(I_2/I^-)=0.665 \text{ V}$$

正极 $\qquad 2IO_3^-+12H^++10e^-\!\!=\!\!=\!\!=I_2+6H_2O$

负极 $\qquad 2I^-\!\!=\!\!=\!\!=I_2+2e^-$

电池反应 $\qquad IO_3^-+5I^-+6H^+\!\!=\!\!=\!\!=3I_2+3H_2O$

（2）若 $[I^-]=0.00100 \text{ mol}\cdot L^{-1}$，负极电极电势改变，根据 Nernst 方程：

$$E(I_2/I^-)=E^{\ominus}(I_2/I^-)+\frac{0.0592}{2}\lg\frac{1}{[I^-]^2}=0.713 \text{ V}$$

$$\varepsilon=E^{\ominus}(IO_3^-/I_2)-E(I_2/I^-)=0.487 \text{ V}$$

负极的还原型浓度下降，电动势有所下降。

（3）若溶液的 pH=14，正极的电极电势改变，根据 Nernst 方程：

$$E(IO_3^-/I_2)=E^{\ominus}(IO_3^-/I_2)+\frac{0.0592}{10}\lg\frac{[H^+]^{12}}{1}=0.205 \text{ V}$$

$$\varepsilon=E(IO_3^-/I_2)-E^{\ominus}(I_2/I^-)=-0.330 \text{ V}$$

电动势变成负值，导致电池反应逆向自发进行。

9. 25℃时，以饱和甘汞电极（SCE）做参比电极，氢电极做指示电极，测定某乳酸（$CH_3CHOHCOOH$）溶液的 pH 和乳酸的解离常数 $K_a^{\ominus}$。组成如下电池：

$$(-)Pt,H_2(p=100 \text{ kPa})|CH_3CHOHCOOH(0.10 \text{ mol}\cdot L^{-1})\parallel SCE(+)。$$

已知 $E_{SCE}=0.2412 \text{ V}$，若测得电动势为 0.385 V，试求出该溶液的 pH，并计算乳酸的解离常数 $K_a^{\ominus}$。

解：饱和甘汞电极的电极电势在一定温度下保持恒定，做参比电极（参考教材第十三章第二节）。氢电极的电极电势与电解质溶液中的氢离子浓度符合能斯特方程，做指示电极。该氢电极的电解质溶液中的氢离子主要由乳酸（一元弱酸）解离产生。

$$\varepsilon=E_+-E_-=E_{SCE}-\left[E_{H^+/H_2}^{\ominus}+\frac{0.0592}{2}\lg c^2(H^+)\right]=0.2412-\left[0+\frac{0.0592}{2}\lg c^2(H^+)\right]$$

$$=0.2412+0.0592pH=0.385 \text{ V}$$

解得：pH=2.43 $\qquad [H^+]=3.7\times10^{-3} \text{ mol}\cdot L^{-1}$

$$K_a^{\ominus}\approx\frac{[H^+]^2}{c}=1.4\times10^{-4}$$

10. 根据酸性溶液中铜的元素电势图

（1）计算 $E^{\ominus}(Cu^+/Cu)$。

（2）根据电势图数据说明酸性水溶液中 Cu^+ 的稳定性如何。

（3）计算反应 $2Cu^+\!\!=\!\!=Cu^{2+}+Cu$ 的平衡常数。

解：（1） $E^{\ominus}(Cu^+/Cu)=E^{\ominus}(Cu^{2+}/Cu)\times2-E^{\ominus}(Cu^{2+}/Cu^+)=0.515V$

（2） Cu^+ 的 $E^{\ominus}$（右）>$E^{\ominus}$（左），会发生歧化反应：$2Cu^+\!\!=\!\!=\!\!=Cu^{2+}+Cu$

（3）反应 $2Cu^+\!\!=\!\!=\!\!=Cu^{2+}+Cu$ 组成电池：

正极：$Cu^++e^-\!\!=\!\!=\!\!=Cu$

负极：$Cu^+ \!=\!\!=\!\! Cu^{2+} + e^-$

$$\lg K^{\ominus} = \frac{n(E_+^{\ominus} - E_-^{\ominus})}{0.0592} = \frac{1 \times (0.515 - 0.159)}{0.0592} = 6.01$$

$$K^{\ominus} = 1.0 \times 10^6$$

四、习题解答

1. 指出下列物质中划线元素的氧化数：

(1) $\underline{Cr}_2O_7^{2-}$　　(2) $\underline{N}_2O$　　(3) $\underline{N}H_3$　　(4) $H\underline{N}_3$　　(5) $\underline{S}_8$　　(6) $\underline{S}_2O_3^{2-}$

解：(1) $+6$　　(2) $+1$　　(3) -3　　(4) $-1/3$　　(5) 0　　(6) $+2$

2. 用氧化数法或离子电子法配平下列各方程式：

(1) $As_2O_3 + HNO_3 + H_2O \!=\!\!=\!\! H_3AsO_4 + NO$

(2) $K_2Cr_2O_7 + H_2S + H_2SO_4 \!=\!\!=\!\! K_2SO_4 + Cr_2(SO_4)_3 + S + H_2O$

(3) $KOH + Br_2 \!=\!\!=\!\! KBrO_3 + KBr + H_2O$

(4) $K_2MnO_4 + H_2O \!=\!\!=\!\! KMnO_4 + MnO_2 + KOH$

(5) $Zn + HNO_3 \!=\!\!=\!\! Zn(NO_3)_2 + NH_4NO_3 + H_2O$

(6) $I_2 + Cl_2 + H_2O \!=\!\!=\!\! HCl + HIO_3$

(7) $MnO_4^- + H_2O_2 + H^+ \!=\!\!=\!\! Mn^{2+} + O_2 + H_2O$

(8) $MnO_4^- + SO_3^{2-} + OH^- \!=\!\!=\!\! MnO_4^{2-} + SO_4^{2-} + H_2O$

解：(1) $3As_2O_3 + 4HNO_3 + 7H_2O \!=\!\!=\!\! 6H_3AsO_4 + 4NO$

(2) $K_2Cr_2O_7 + 3H_2S + 4H_2SO_4 \!=\!\!=\!\! K_2SO_4 + Cr_2(SO_4)_3 + 3S + 7H_2O$

(3) $6KOH + 3Br_2 \!=\!\!=\!\! KBrO_3 + 5KBr + 3H_2O$

(4) $3K_2MnO_4 + 2H_2O \!=\!\!=\!\! 2KMnO_4 + MnO_2 + 4KOH$

(5) $4Zn + 10HNO_3 \!=\!\!=\!\! 4Zn(NO_3)_2 + NH_4NO_3 + 3H_2O$

(6) $I_2 + 5Cl_2 + 6H_2O \!=\!\!=\!\! 10HCl + 2HIO_3$

(7) $2MnO_4^- + 5H_2O_2 + 6H^+ \!=\!\!=\!\! 2Mn^{2+} + 5O_2 + 8H_2O$

(8) $2MnO_4^- + SO_3^{2-} + 2OH^- \!=\!\!=\!\! 2MnO_4^{2-} + SO_4^{2-} + H_2O$

3. 写出下列电极反应的离子电子式：

(1) $Cr_2O_7^{2-} \longrightarrow Cr^{3+}$　　　　(酸性介质)

(2) $I_2 \longrightarrow IO_3^-$　　　　(酸性介质)

(3) $MnO_2 \longrightarrow Mn(OH)_2$　　　　(碱性介质)

(4) $Cl_2 \longrightarrow ClO_3^-$　　　　(碱性介质)

解：(1) $Cr_2O_7^{2-} + 14H^+ + 6e^- \longrightarrow 2Cr^{3+} + 7H_2O$

(2) $I_2 + 6H_2O \longrightarrow 2IO_3^- + 12H^+ + 10e^-$

(3) $MnO_2 + 2H_2O + 2e^- \longrightarrow Mn(OH)_2 + 2OH^-$

(4) $Cl_2 + 12OH^- \longrightarrow 2ClO_3^- + 6H_2O + 10e^-$

4. 写出下列电池中电极反应和电池反应：

(1) $(-)Zn|Zn^{2+} \parallel Br^-, Br_2(aq)|Pt(+)$

（2）$(-)Cu,Cu(OH)_2(s)|OH^-\parallel Cu^{2+}|Cu(+)$

解：（1）$Zn+Br_2\Longrightarrow Zn^{2+}+2Br^-$

（2）$Cu^{2+}+2OH^-\Longrightarrow Cu(OH)_2$

5. 配平下列各反应方程式，并将它们设计组成原电池，写出电池组成式：

（1）$MnO_4^-+Cl^-+H^+\longrightarrow Mn^{2+}+Cl_2+H_2O$

（2）$Ag^++I^-\longrightarrow AgI(s)$

解：

（1）$2MnO_4^-+10Cl^-+16H^+\Longrightarrow 2Mn^{2+}+5Cl_2+8H_2O$

$(-)Pt,Cl_2|Cl^-\parallel MnO_4^-,Mn^{2+},H^+|Pt(+)$

（2）$Ag^++I^-\Longrightarrow AgI(s)$

$(-)Ag,AgI|I^-\parallel Ag^+|Ag(+)$

6. 现有下列物质：$KMnO_4$、$K_2Cr_2O_7$、$CuCl_2$、$FeCl_3$、I_2、Cl_2，在酸性介质中它们都能作为氧化剂。试把这些物质按氧化能力的大小排列，并注明它们的还原产物。

解：由左向右按照标准电极电势递增的顺序排列，氧化能力增强

氧化剂	$CuCl_2$	I_2	$FeCl_3$	$K_2Cr_2O_7$	Cl_2	$KMnO_4$
还原产物	Cu^{2+}	I^-	Fe^{2+}	Cr^{3+}	Cl^-	Mn^{2+}
$E^{\ominus}$	0.337 V	0.535 V	0.771 V	1.330 V	1.360 V	1.510 V

7. 现有下列物质：$FeCl_2$、$SnCl_2$、H_2、KI、Li、Al，在酸性介质中它们都能作为还原剂。试把这些物质按还原能力的大小排列，并注明它们的氧化能力。

解：由左向右按照标准电极电势递减的顺序排列，还原能力增强

还原剂	$FeCl_2$	KI	$SnCl_2$	H_2	Al	Li
氧化产物	Fe^{3+}	I_2	Sn^{4+}	H^+	Al^{3+}	Li^+
$E^{\ominus}$	0.771V	0.535V	0.154V	0V	$-1.660V$	$-3.045V$

8. 当溶液中 $c(H^+)$ 增加时，下列氧化剂的氧化能力是增强、减弱还是不变？

（1）Cl_2　　　（2）$Cr_2O_7^{2-}$　　　（3）Fe^{3+}　　　（4）MnO_4^-

解：（1）Cl_2 氧化能力不变　　（2）$Cr_2O_7^{2-}$ 氧化能力增强

（3）Fe^{3+} 氧化能力不变　　（4）MnO_4^- 氧化能力增强

9. 计算下列电极反应在 298K 时的电极电势值。

（1）$Fe^{3+}(0.100\ mol\cdot L^{-1})+e^-\Longrightarrow Fe^{2+}(0.010\ mol\cdot L^{-1})$

（2）$Hg_2Cl_2(s)+2e^-\Longrightarrow 2Hg(l)+2Cl^-(0.010\ mol\cdot L^{-1})$

（3）$Cr_2O_7^{2-}(0.100\ mol\cdot L^{-1})+14H^+(0.010\ mol\cdot L^{-1})+6e^-\Longrightarrow 2Cr^{3+}(0.010\ mol\cdot L^{-1})+7H_2O$

解：（1）$E=E^{\ominus}+\dfrac{0.0592}{1}\lg\dfrac{c(Fe^{3+})}{c(Fe^{2+})}=0.771+0.0592\lg\dfrac{0.100}{0.010}=0.830\ V$

（2）$E=E^{\ominus}+\dfrac{0.0592}{2}\lg\dfrac{1}{c^2(Cl^-)}=0.268+\dfrac{0.0592}{2}\lg\dfrac{1}{0.010^2}=0.386\ V$

（3）$E=E^{\ominus}+\dfrac{0.0592}{6}\lg\dfrac{c(Cr_2O_7^{2-})c^{14}(H^+)}{c^2(Cr^{3+})}=1.330+\dfrac{0.0592}{6}\lg\dfrac{0.100\times0.010^{14}}{0.010^2}=1.083\ V$

10. 电池 $(-)A \mid A^{2+} \parallel B^{2+} \mid B(+)$，当 $c(A^{2+}) = c(B^{2+})$ 时，测得其电动势为 0.360 V，若 $c(A^{2+}) = 1.00 \times 10^{-4}$ mol·L^{-1}，$c(B^{2+}) = 1.00$ mol·L^{-1}，求此时电池的电动势。

解： $\varepsilon = E_+ - E_- = E_+^\ominus + \dfrac{0.0592}{2} \lg c(B^{2+}) - E_-^\ominus - \dfrac{0.0592}{2} \lg c(A^{2+})$

$= \varepsilon^\ominus + \dfrac{0.0592}{2} \lg \dfrac{c(B^{2+})}{c(A^{2+})}$，$c(A^{2+}) = c(B^{2+})$ 时，$\varepsilon = \varepsilon^\ominus = 0.360$ V

$c(A^{2+}) = 1.00 \times 10^{-4}$ mol·L^{-1}，$c(B^{2+}) = 1.00$ mol·L^{-1}

$\varepsilon = \varepsilon^\ominus + \dfrac{0.0592}{2} \lg \dfrac{c(B^{2+})}{c(A^{2+})} = 0.478$ V

11. 已知电池 $(-)Cu \mid Cu^{2+}(0.010 \text{ mol·}L^{-1}) \parallel Ag^+(x \text{ mol·}L^{-1}) \mid Ag(+)$ 的电动势为 0.436 V，试求 Ag^+ 的浓度。

解： $\varepsilon = E_+ - E_- = E_+^\ominus + 0.0592 \lg x - E_-^\ominus - \dfrac{0.0592}{2} \lg c_{Cu^{2+}}$

查标准电极电势表，代入数据

$0.436 = 0.799 + 0.0592 \lg x - 0.337 - \dfrac{0.0592}{2} \lg 0.01$，

$x = 0.036$ mol·L^{-1}

12. 根据电极电势表，计算下列反应在 298K 时的 $\Delta_r G_m^\ominus$

(1) $Cl_2 + 2Br^- \xrightarrow{\hspace{1cm}} 2Cl^- + Br_2$

(2) $I_2 + Sn^{2+} \xrightarrow{\hspace{1cm}} 2I^- + Sn^{4+}$

(3) $MnO_2 + 4H^+ + 2Cl^- \xrightarrow{\hspace{1cm}} Mn^{2+} + Cl_2 + 2H_2O$

解： (1) $\Delta_r G_m^\ominus = -nF\varepsilon^\ominus = -nF(E_{Cl_2/Cl^-}^\ominus - E_{Br_2/Br^-}^\ominus)$

$= -2 \times 96485 \times (1.360 - 1.065)$

$= -56.93$ kJ·mol^{-1}

(2) $\Delta_r G_m^\ominus = -nF\varepsilon^\ominus = -nF(E_{I_2/I^-}^\ominus - E_{Sn^{4+}/Sn^{2+}}^\ominus)$

$= -2 \times 96485 \times (0.535 - 0.154)$

$= -73.5$ kJ·mol^{-1}

(3) $\Delta_r G_m^\ominus = -nF\varepsilon^\ominus = -nF(E_{MnO_2/Mn^{2+}}^\ominus - E_{Cl_2/Cl^-}^\ominus)$

$= -2 \times 96485 \times (1.230 - 1.360)$

$= 25.09$ kJ·mol^{-1}

13. 根据电极电势表，计算下列反应在 298 K 时的标准平衡常数。

(1) $Zn + Fe^{2+} \xrightarrow{\hspace{1cm}} Zn^{2+} + Fe$

(2) $2Fe^{3+} + 2Br^- \xrightarrow{\hspace{1cm}} 2Fe^{2+} + Br_2$

解： (1) $\lg K^\ominus = \dfrac{n\varepsilon^\ominus}{0.0592} = \dfrac{2(E_{Fe^{2+}/Fe}^\ominus - E_{Zn^{2+}/Zn}^\ominus)}{0.0592} = \dfrac{2 \times (-0.440 + 0.763)}{0.0592} = 10.9$

$K^\ominus = 8 \times 10^{10}$

(2) $\lg K^\ominus = \dfrac{n\varepsilon^\ominus}{0.0592} = \dfrac{2(E_{Fe^{3+}/Fe^{2+}}^\ominus - E_{Br_2/Br^-}^\ominus)}{0.0592} = \dfrac{2 \times (0.771 - 1.065)}{0.0592} = -9.93$

$K^\ominus = 1.2 \times 10^{-10}$

14. 如果原电池

$$Pt, H_2(100\ kPa)|H^+(?\ mol \cdot L^{-1})\ \|\ Cu^{2+}(1.0\ mol \cdot L^{-1})|Cu$$

的电动势为 0.500 V（298 K），则溶液的 H^+ 浓度应是多少？

解： $\varepsilon = E_+ - E_- = E^{\ominus}_{Cu^{2+}/Cu} - E_{SHE} - \dfrac{0.0592}{2}\lg c^2(H^+) = 0.337 - 0.0592\lg c(H^+) = 0.500\ V$

$c(H^+) = 1.8 \times 10^{-3}\ mol \cdot L^{-1}$

15. 已知电极反应：

$$PbSO_4 + 2e^- \Longrightarrow Pb + SO_4^{2-} \qquad E^{\ominus} = -0.359\ V$$
$$Pb^{2+} + 2e^- \Longrightarrow Pb \qquad E^{\ominus} = -0.126\ V$$

将两个电极组成原电池。写出原电池组成式，并计算 $PbSO_4$ 的溶度积。

解： $(-)Pb, PbSO_4|SO_4^{2-}\ \|\ Pb^{2+}|Pb(+)$

$\lg K^{\ominus}_{sp} = \dfrac{n\varepsilon^{\ominus}}{0.0592} = \dfrac{2(-0.359 + 0.126)}{0.0592} = -7.87$

$K^{\ominus}_{sp} = 1.3 \times 10^{-8}$

16. 已知

$$Ag^+ + e^- \Longrightarrow Ag \qquad E^{\ominus} = 0.799\ V$$

$K^{\ominus}_{sp}(AgBr) = 7.7 \times 10^{-13}$，求电极反应：$AgBr + e^- \Longrightarrow Ag + Br^-$ 的 $E^{\ominus}$。

解： $E^{\ominus}(AgBr/Ag) = E(Ag^+/Ag) = E^{\ominus}(Ag^+/Ag) + 0.0592\lg K_{sp} = 0.082\ V$

17. 已知下列电极反应：

$$H_3AsO_4 + 2H^+ + 2e^- \Longrightarrow H_3AsO_3 + H_2O \qquad E^{\ominus} = 0.559\ V$$
$$I_3^- + 2e^- \Longrightarrow 3I^- \qquad E^{\ominus} = 0.535\ V$$

试计算反应 $H_3AsO_4 + 3I^- + 2H^+ \Longrightarrow H_3AsO_3 + I_3^- + H_2O$ 在 25℃时的平衡常数。上述反应若在 pH=7 的溶液进行，自发方向如何？若溶液的 H^+ 浓度为 6 mol·L^{-1}，反应进行的自发方向又如何？

解： $\lg K^{\ominus} = \dfrac{n\varepsilon^{\ominus}}{0.0592} = \dfrac{2(0.559 - 0.535)}{0.0592}$，$K^{\ominus} = 6.5$

pH=7 时，$E_+ = E^{\ominus}_+ + \dfrac{0.0592}{2}\lg c^2(H^+) = 0.145\ V$，$\varepsilon = -0.390\ V < 0$，逆向进行。

$[H^+] = 6\ mol \cdot L^{-1}$ 时，$E_+ = E^{\ominus}_+ + \dfrac{0.0592}{2}\lg c^2(H^+) = 0.605\ V$，$\varepsilon = 0.070\ V > 0$，正向进行。

18. 25℃时，以 $Pt, I_2(p = 100\ kPa)|H^+(x\ mol \cdot L^{-1})$ 为负极，和另一正极组成原电池，负极溶液是由某弱酸 HA（0.150 mol·L^{-1}）及其共轭碱 A^-（0.250 mol·L^{-1}）组成的缓冲溶液。若测得负极的电极电势等于 -0.3100 V，试求出该缓冲溶液的 pH，并计算弱酸 HA 的解离常数 $K^{\ominus}_a$。

解： $E_- = E_{SHE} + \dfrac{0.0592}{2}\lg c^2(H^+) = -0.0592pH = -0.3100\ V$，pH=5.23

$pH = pK_a + \lg\dfrac{c(A^-)}{c(HA)} = 5.23$

$K_a = 9.8 \times 10^{-6}$

19. 已知 298K 时，配合物 $[Cd(CN)_4]^{2-}$ 的稳定常数为 $K_f^{\ominus}=6.0\times10^{18}$，镉电极的标准电极电势 $E_{Cd^{2+}/Cd}^{\ominus}=-0.403V$，试计算电对 $[Cd(CN)_4]^{2-}/Cd$ 的标准电极电势。

解： $E^{\ominus}\{[Cd(CN)_4]^{2-}/Cd\}=E(Cd^{2+}/Cd)=E^{\ominus}(Cd^{2+}/Cd)+\dfrac{0.0592}{2}\lg\dfrac{1}{K_f^{\ominus}}=-0.959V$

20. 已知 298K 时，

$$Au^+ + e^- \Longrightarrow Au \qquad E^{\ominus}=1.692\ V$$

$$[Au(CN)_2]^- + e^- \Longrightarrow Au+2CN^- \qquad E^{\ominus}=-0.574\ V$$

将两个电极组成原电池，写出原电池组成式，并计算 $[Au(CN)_2]^-$ 的稳定常数。

解： $Au|[Au(CN)_2]^-, CN^- \parallel Au^+ |Au(+)$

$\lg K_f^{\ominus}=\dfrac{n\varepsilon^{\ominus}}{0.0592}=\dfrac{1.692+0.574}{0.0592}$，$K_f^{\ominus}=2.0\times10^{38}$

21. 根据电极电势解释下列现象。

(1) 金属铁能置换 Cu^{2+}，而 $FeCl_3$ 溶液又能溶解铜。

(2) H_2S 溶液久置会变混浊。

(3) H_2O_2 溶液不稳定，易分解。

(4) Ag 不能置换 $1\ mol\cdot L^{-1}$ HCl 中的氢，但可微量置换出 $1\ mol\cdot L^{-1}$ HI 中的氢。

解： (1) $E_{Fe^{2+}/Fe}^{\ominus}=-0.440\ V$，$E_{Fe^{3+}/Fe^{2+}}^{\ominus}=0.771\ V$，$E_{Cu^{2+}/Cu}^{\ominus}=0.337\ V$，

$E_{Cu^{2+}/Cu}^{\ominus}>E_{Fe^{2+}/Fe}^{\ominus}$，所以反应 $Cu^{2+}+Fe=\!=\!=Cu+Fe^{2+}$ 可以自发进行。

$E_{Fe^{3+}/Fe^{2+}}^{\ominus}>E_{Cu^{2+}/Cu}^{\ominus}$，所以反应 $2Fe^{3+}+Cu=\!=\!=2Fe^{2+}+Cu^{2+}$ 可以自发进行。

(2) $E_{S/H_2S}^{\ominus}=0.141\ V$，$E_{O_2/H_2O}^{\ominus}=1.229\ V$，$E_{O_2/H_2O}^{\ominus}>E_{S/H_2S}^{\ominus}$，

所以反应 $O_2+2H_2S=\!=\!=2H_2O+2S$ 可以自发进行。

(3) $E_{O_2/H_2O_2}^{\ominus}=0.682\ V$，$E_{H_2O_2/H_2O}^{\ominus}=1.770\ V$，$E_{H_2O_2/H_2O}^{\ominus}>E_{O_2/H_2O_2}^{\ominus}$，

所以反应 $2H_2O_2=\!=\!=2H_2O+O_2\uparrow$ 可以自发进行。

(4) $E_{AgCl/Ag}^{\ominus}=0.222V$，$E_{AgI/Ag}^{\ominus}=-0.152\ V$，

$E_{AgCl/Ag}^{\ominus}>0$，所以反应 $Ag+2HCl=\!=\!=2AgCl\downarrow+H_2$ 不能自发进行。

$E_{AgI/Ag}^{\ominus}<0$，所以反应 $Ag+2HI=\!=\!=2AgI\downarrow+H_2$ 可以自发进行，但由于 AgI 沉淀的生成，置换反应速率较慢。

22. In、Tl 在酸性介质中的电势图为

$$In^{3+}\ \overset{-0.43}{———}\ In^+\ \overset{-0.15}{———}\ In$$

$$Tl^{3+}\ \overset{+1.25}{———}\ Tl^+\ \overset{-0.34}{———}\ Tl$$

试回答

(1) In^+、Tl^+ 能否发生歧化反应？

(2) In、Tl 与 $1\ mol\cdot L^{-1}$ HCl 反应各得到什么产物？

(3) In、Tl 与 $1\ mol\cdot L^{-1}$ Ce^{4+} 反应各得到什么产物？

解： (1) In^+ 的 $E^{\ominus}(右)>E^{\ominus}(左)$，可以发生歧化反应。

Tl^+ 的 $E^{\ominus}(右)<E^{\ominus}(左)$，不会发生歧化反应。

(2) 由电势图计算电对 In^{3+}/In 的 $E^{\ominus}$ 以及电对 Tl^{3+}/Tl 的 $E^{\ominus}$。

$$E^{\ominus}(In^{3+}/In)=(-0.43\times2-0.15)/3=-0.34\ V$$

$$E^{\ominus}(Tl^{3+}/Tl)=(1.25\times2-0.34)/3=0.72\ V$$

由于 $E^{\ominus}(In^{3+}/In)<E^{\ominus}(In^+/In)<0$，因此 In 与盐酸反应时生成 In^{3+}。

由于 $E^{\ominus}(Tl^{3+}/Tl)>0$，而 $E^{\ominus}(Tl^+/Tl)<0$，因此 Tl 与盐酸反应生成 Tl^+。

（3）查表得电对 Ce^{4+}/Ce^{3+} 的 $E^{\ominus}=1.61\ V$，大于 $E^{\ominus}(In^{3+}/In)$、$E^{\ominus}(Tl^{3+}/Tl)$，因此 In 与 Ce^{4+} 反应生成 In^{3+}，Tl 与 Ce^{4+} 反应生成 Tl^{3+}。

23. 已知溴在酸性介质中的电势图为：

$$BrO_4^- \xrightarrow{\ 1.76\ } BrO_3^- \xrightarrow{\ 1.49\ } HBrO \xrightarrow{\ 1.59\ } Br_2 \xrightarrow{\ 1.07\ } Br^-$$

试回答：

（1）溴的哪些氧化态不稳定易发生歧化反应？

（2）电对 BrO_3^-/Br^- 的 $E^{\ominus}$ 值。

解：（1）$E^{\ominus}$（右）$>E^{\ominus}$（左）的氧化态易发生歧化反应。即：HBrO 易歧化。

（2）$E^{\ominus}(BrO_3^-/Br^-)=(1.49\times4+1.59\times1+1.07\times1)/6=1.44\ V$

24. For each of the following unbalanced equation，（1）write the half-reactions for oxidation and for reduction，and （2）balance the overall equation using the half-reaction method.

(a) $Cl_2+H_2S \longrightarrow Cl^-+S+H^+$

(b) $Cl_2+S^{2-}+OH^- \longrightarrow SO_4^{2-}+Cl^-+H_2O$

(c) $MnO_4^-+IO_3^-+H_2O \longrightarrow MnO_2+IO_4^-+OH^-$

Solution：(a) $Cl_2+H_2S \longrightarrow Cl^-+S+H^+$

Half-reaction for oxidation：$H_2S \longrightarrow S+2H^++2e^-$

Half-reaction for reduction：$Cl_2+2e^- \longrightarrow 2Cl^-$

The overall equation：$Cl_2+H_2S =\!=\!= 2Cl^-+S+2H^+$

(b) $Cl_2+S^{2-}+OH^- \longrightarrow SO_4^{2-}+Cl^-+H_2O$

Half-reaction for oxidation：$S^{2-}+8OH^- \longrightarrow SO_4^{2-}+4H_2O+8e^-$

Half-reaction for reduction：$Cl_2+2e^- \longrightarrow 2Cl^-$

The overall equation：$4Cl_2+S^{2-}+8OH^- =\!=\!= SO_4^{2-}+8Cl^-+4H_2O$

(c) $MnO_4^-+IO_3^-+H_2O \longrightarrow MnO_2+IO_4^-+OH^-$

Half-reaction for oxidation：$IO_3^-+2OH^- \longrightarrow IO_4^-+H_2O+2e^-$

Half-reaction for reduction：$MnO_4^-+3e^-+2H_2O \longrightarrow MnO_2+4OH^-$

The overall equation：$2MnO_4^-+3IO_3^-+H_2O =\!=\!= 2MnO_2+3IO_4^-+2OH^-$

25. Arrange the following metals in an activity series from the most active to the least active：nobelium $[No^{3+}/No(s)$，$E^{\ominus}=-2.5V]$，cobalt $[Co^{2+}/Co(s)$，$E^{\ominus}=-0.28\ V]$，gallium $[Ga^{3+}/Ga(s)$，$E^{\ominus}=-0.34\ V]$，polonium $[Po^{2+}/Po(s)$，$E^{\ominus}=-0.65\ V]$.

Solution：In order of increasing standard electrode potential，the activity series of those metals from the most active to the least active：No＞Po＞Ga＞Co.

26. We construct a cell in which identical copper electrodes are placed in two solutions. Solution A contains $0.80\ mol \cdot L^{-1}Cu^{2+}$. Solution B contains Cu^{2+} at some concentration known to be lower than in solution A. The potential of the cell is observed to be 0.045 V. What is $[Cu^{2+}]$ in solution B?

Solution：The cell including two identical copper electrodes which have different concentration of Cu^{2+} is a Concentration Cell. The electrode which has higher concentration is anode and the lower one is cathode.

From the formula $\varepsilon = E_+ - E_-$ and Nernst Formula

$$\varepsilon = E_A - E_B = E_{Cu^{2+}/Cu}^{\ominus} + \frac{0.0592}{2} lg\, c(Cu^{2+})_A - E_{Cu^{2+}/Cu}^{\ominus} - \frac{0.0592}{2} lg\, c(Cu^{2+})_B$$

$$= \frac{0.0592}{2} lg \frac{0.80}{c(Cu^{2+})_B} = 0.045\ V$$

$$c(Cu^{2+})_B = 0.024\ mol \cdot L^{-1}$$

27. Using the following half-reactions and $E^{\ominus}$ data at 25℃：

$$PbSO_4(s) + 2e^- \Longrightarrow Pb(s) + SO_4^{2-} \qquad E^{\ominus} = -0.356\ V$$

$$PbI_2(s) + 2e^- \Longrightarrow Pb(s) + 2I^- \qquad E^{\ominus} = -0.365\ V$$

Calculate the equilibrium constant for the reaction

$$PbSO_4(s) + 2I^- \Longrightarrow PbI_2(s) + SO_4^{2-}$$

Solution：The reaction can be transferred to a cell.

$(+)\ PbSO_4(s) + 2e^- \Longrightarrow Pb(s) + SO_4^{2-} \quad E^{\ominus} = -0.356\ V$

$(-)\ Pb(s) + 2I^- \Longrightarrow PbI_2(s) + 2e^- \quad E^{\ominus} = -0.365\ V$

From the formula：

$$lgK^{\ominus} = \frac{n\varepsilon^{\ominus}}{0.0592} = \frac{n(E_+^{\ominus} - E_-^{\ominus})}{0.0592}$$

$$lgK^{\ominus} = \frac{n\varepsilon^{\ominus}}{0.0592} = \frac{2(-0.356 + 0.365)}{0.0592} = 0.304\ V$$

$$K^{\ominus} = 2.01$$

五、自测试卷（共 100 分）

一、选择题（每题 2 分，共 40 分）

1. 元素铑在化合物 $K_2Rh(OH)Cl_4$ 中的氧化数是（　　）

A. -2 　　　　 B. $+3$ 　　　　 C. $+4$ 　　　　 D. -4

2. 下列物质中，氢元素的氧化数为 -1 的是（　　）

A. HN_3 　　　　 B. NH_3 　　　　 C. CH_4 　　　　 D. $LiAlH_4$

3. 将反应 $[Ag(NH_3)_2]^+ + I^- \Longrightarrow AgI + 2NH_3$ 组成原电池，电池符号为（　　）

A. $(-)Ag, AgI | Ag^+ \parallel Ag^+, NH_3 | Ag(+)$

B. $(-)Ag | I^- \parallel [Ag(NH_3)_2]^+, Ag^+ | Ag(+)$

C. $(-)Ag, AgI | I^- \parallel [Ag(NH_3)_2]^+, NH_3 | Ag(+)$

D. $(-)Ag, AgI | Ag^+, I^- | [Ag(NH_3)_2]^+ | Ag(+)$

4. 已知：

$Cr^{3+} + e^- \Longrightarrow Cr^{2+}$, $E^{\ominus} = -0.410\ V$; $Cd^{2+} + 2e^- \Longrightarrow Cd$, $E^{\ominus} = -0.403\ V$;

$Hg_2^{2+} + 2e^- \Longrightarrow 2Hg$, $E^{\ominus} = +0.793\ V$; $Au^{3+} + 3e^- \Longrightarrow Au$, $E^{\ominus} = +1.500\ V$;

则在标准状态下，下列氧化剂中最强的是（　　）

A. Au^{3+}　　　　　B. Cr^{3+}　　　　　C. Cd^{2+}　　　　　D. Hg_2^{2+}

5. 已知 $E^{\ominus}(Sn^{4+}/Sn^{2+})=+0.154\ V$，$E^{\ominus}(Sn^{2+}/Sn)=-0.136\ V$，$E^{\ominus}(Fe^{3+}/Fe^{2+})=+0.771\ V$，$E^{\ominus}(Fe^{2+}/Fe)=-0.440\ V$，则在标准状态下，可以共存在同一溶液的是（　　　）

A. Fe^{3+} 和 Sn^{2+}　　B. Fe 和 Sn^{2+}　　C. Fe^{2+} 和 Sn^{2+}　　D. Sn 和 Fe^{3+}

6. 在 298 K 时，若反应 $Cl_2+2e^-\Longrightarrow2Cl^-$ 的 $E^{\ominus}=+1.360\ V$，则 $\frac{1}{2}Cl_2+e^-\Longrightarrow Cl^-$ 的 $E^{\ominus}$ 为（　　　）

A. $+1.360\ V$　　B. $-1.360\ V$　　C. $+0.680\ V$　　D. $-0.680\ V$

7. 已知标准电极电势：$E^{\ominus}_{Cl_2/Cl^-}=1.360\ V$，$E^{\ominus}_{Fe^{3+}/Fe^{2+}}=0.771\ V$，$E^{\ominus}_{Fe^{2+}/Fe}=-0.440\ V$，$E^{\ominus}_{Sn^{2+}/Sn}=-0.136\ V$，$E^{\ominus}_{I_2/I^-}=0.535\ V$，则以下各物质中，最强的还原剂是（　　　）

A. Cl^-　　　　　B. Fe^{2+}　　　　　C. Sn　　　　　D. I^-

8. 下列原电池中，电动势最大的是（　　　）

A. $Zn|Zn^{2+}(c^{\ominus})\parallel Cl^-(c^{\ominus})|AgCl，Ag$

B. $Zn|Zn^{2+}(0.1\ mol\cdot L^{-1})\parallel Ag^+(c^{\ominus})|Ag$

C. $Zn|Zn^{2+}(0.1\ mol\cdot L^{-1})\parallel [Ag(NH_3)_2]^+(c^{\ominus})，NH_3(c^{\ominus})|Ag$

D. $Zn，ZnS|S^{2-}(c^{\ominus})\parallel Ag^+(c^{\ominus})|Ag$

9. 室温下，半电池 $Pt|Cr_2O_7^{2-}$，Cr^{3+}，H^+ 中，若 $[H^+]$ 增加到原来的 10 倍，电极电势 E 比原来（　　　）

A. 减少 0.138 V　　B. 增加 0.138 V　　C. 减少 0.276 V　　D. 增加 0.276 V

10. 在 298 K，已知 $Mg^{2+}+2e^-\Longrightarrow Mg$，$E^{\ominus}=-2.370\ V$，$K_{sp}[Mg(OH)_2]=1.20\times10^{-11}$，则电极反应 $Mg(OH)_2+2e^-\Longrightarrow Mg+2OH^-$ 的 $E^{\ominus}$ 等于（　　　）

A. $-2.69\ V$　　B. $-2.05\ V$　　C. $-3.02\ V$　　D. 无法计算

11. 将银丝插入下列溶液中组成电极，则电极电势最低的是（　　　）

$[K_{sp}(AgCl)=1.56\times10^{-10}$，$K_{sp}(AgBr)=7.70\times10^{-13}$，$K_{sp}(AgI)=1.50\times10^{-16}]$

A. 1L 溶液中含有 0.1 mol $AgNO_3$

B. 1L 溶液中含有 0.1 mol $AgNO_3$ 和 0.1 mol KI

C. 1L 溶液中含有 0.1 mol $AgNO_3$ 和 0.1 mol KBr

D. 1L 溶液中含有 0.1 mol $AgNO_3$ 和 0.1 mol NaCl

12. 在 298 K 下，当氢电极的电极电势为 $-0.828V$ 时，设氢气仍处于标准状态下，则电极中的 pH 约为（　　　）

A. 0　　　　　B. 1　　　　　C. 7　　　　　D. 14

13. 已知 $Ag^++e^-\Longrightarrow Ag$，$E^{\ominus}=+0.799\ V$；$Cu^{2+}+2e^-\Longrightarrow Cu$，$E^{\ominus}=0.337\ V$，关于银电极与铜电极组成的原电池，下列叙述中错误的是（　　　）

A. 两电极组成电池时，电池反应方程式中电子转移数为 2

B. 标准态下，电子从铜电极流向银电极

C. 电池的标准电动势为 0.462 V

D. 根据金属活动性顺序，反应 $2Ag^++Cu\Longrightarrow2Ag+Cu^{2+}$ 一定正向自发

14. 室温下，在处于标准态的丹尼尔电池 $(-)Zn|Zn^{2+}(c^{\ominus})\parallel Cu^{2+}(c^{\ominus})|Cu(+)$ 的正极溶液中加入过量 NH_3，使平衡时 NH_3 的浓度达到 5 $mol\cdot L^{-1}$，电池电动势减少了 0.477 V，则 $[Cu(NH_3)_4]^{2+}$ 的标准稳定常数 K_f 为（　　　）

A. 7.68×10^{-17} B. 4.76×10^{-14} C. 2.08×10^{13} D. 1.30×10^{16}

15. 两个铜电极的铜离子浓度不同，将这两个铜电极用盐桥和导线连接起来组成原电池，这个电池的电动势和标准电动势的关系为（   ）

A. $\varepsilon^{\ominus}=0$，$\varepsilon=0$ B. $\varepsilon^{\ominus}\neq0$，$\varepsilon\neq0$ C. $\varepsilon^{\ominus}\neq0$，$\varepsilon=0$ D. $\varepsilon^{\ominus}=0$，$\varepsilon\neq0$

16. 已知：$E^{\ominus}(Sn^{4+}/Sn^{2+})=+0.154$ V，$E^{\ominus}(I_2/I^-)=0.535$ V，$E^{\ominus}(Fe^{3+}/Fe^{2+})=+0.771$ V，$E^{\ominus}(Br_2/Br^-)=1.065$ V，$E^{\ominus}(Cr_2O_7^{2-}/Cr^{3+})=+1.330$ V，$E^{\ominus}(Cl_2/Cl^-)=1.360$ V。在含有 Cl^-、Br^-、I^- 的溶液中，要用氧化剂把 I^- 氧化为 I_2，而 Br^- 和 Cl^- 仍留在溶液中，可选用下列物质中的（   ）

A. $K_2Cr_2O_7$ B. $FeCl_3$ C. $SnCl_4$ D. $FeCl_2$

17. 298 K 时，$Ag^++e^-\Longleftrightarrow Ag$，$E^{\ominus}=+0.799$ V；$Ag_2CrO_4+2e^-\Longleftrightarrow 2Ag+CrO_4^{2-}$，$E^{\ominus}=+0.447$ V 则 Ag_2CrO_4 的 K_{sp} 为（   ）

A. 1.3×10^{-12} B. 7.7×10^{11} C. 1.1×10^{-6} D. 6.8×10^{-6}

18. 298 K 时，电极 $MnO_4^-+8H^++5e^-\Longleftrightarrow Mn^{2+}+4H_2O$，$E_1^{\ominus}=1.510$ V；$MnO_2+4H^++2e^-\Longleftrightarrow Mn^{2+}+2H_2O$，$E_2^{\ominus}=1.230$ V，则电极 $MnO_4^-+4H^++3e^-\Longleftrightarrow MnO_2+2H_2O$，$E_3^{\ominus}$ 为（   ）

A. 5.090 V   B. 0.280 V   C. 2.741 V   D. 1.697 V

19. 已知以下电对的标准电极电势：$E^{\ominus}(O_2/H_2O_2)=0.682$ V，$E^{\ominus}(H_2O_2/H_2O)=1.770$ V，$E^{\ominus}(MnO_4^-/Mn^{2+})=1.510$ V，$E^{\ominus}(I_2/I^-)=0.535$ V，以下说法错误的是（   ）

A. H_2O_2 可以发生歧化反应

B. MnO_4^- 可以氧化 H_2O_2 生成 O_2

C. 电对 O_2/H_2O 的标准电极电势等于 1.226 V

D. 反应 $H_2O_2+2I^-+2H^+\Longrightarrow2H_2O+I_2$ 的 $\Delta_rG_m^{\ominus}$ 的数值 >0

20. 已知电池 $(-)Pt|Fe^{2+}(0.1\ mol\cdot L^{-1})$，$Fe^{3+}(0.001\ mol\cdot L^{-1})\parallel Ag^+(1.0\ mol\cdot L^{-1})|Ag(+)$，标准电极电势 $E_{Ag^+/Ag}^{\ominus}=0.799$ V、$E_{Fe^{3+}/Fe^{2+}}^{\ominus}=0.771$ V，下列说法错误的是（   ）

A. 电池总反应是 $Ag^++Fe^{2+}\Longrightarrow Ag+Fe^{3+}$

B. 电池电动势等于 0.028 V

C. 标准平衡常数约为 3.0

D. 电池反应此时自发进行

二、填空题（每个空格 1 分，共 10 分）

1. 氧化数是指＿＿＿＿＿＿＿＿＿＿＿＿＿＿。氧化数降低的反应是＿＿＿＿反应（填"氧化"或"还原"）。

2. 原电池是一种＿＿＿＿＿＿＿＿＿＿＿＿＿＿＿＿＿＿＿的装置，自发进行的原电池的电动势 ε＿＿＿ 0（填">"或"<"）。

3. 重铬酸根电极 $Pt|Cr_2O_7^{2-}$，Cr^{3+}，H^+ 中，氧化型物质包括＿＿＿＿＿＿＿＿＿＿，还原型物质包括＿＿＿＿＿＿＿＿＿＿。

4. 铅酸电池的负极的电极组成式为＿＿＿＿＿＿＿＿＿＿＿＿＿＿，放电时的电池总反应方程式为＿＿＿＿＿＿＿＿＿＿＿＿＿＿＿＿。

5. 电解池中，与电源负极相连的电极称为＿＿＿＿，在电解进行时，这个电极发生＿＿＿＿反应（填"氧化"或"还原"）。

三、简答题 （每题 2 分，共 10 分）

1. 配平下列方程式：

(1) $MnO_4^- + HCOOH + H^+ \longrightarrow Mn^{2+} + CO_2 + H_2O$

(2) $As_2O_3 + S + HNO_3 + H_2O \longrightarrow H_3AsO_4 + H_2SO_4 + NO$

2. 试把以下 2 个化学反应组成原电池，写出电池符号。

(1) $Pb^{2+} + 2Cl^- \Longrightarrow PbCl_2$

(2) $Ag^+ + 2NH_3 \Longrightarrow [Ag(NH_3)_2]^+$

3. 举例说明电极的各种类型。

4. 以金属电极为例简述电极电势的产生。

5. 以碱性氢氧燃料电池为例，简述其电池结构、电极反应、电池反应。

四、计算题 （每题 10 分，共 40 分）

1. 已知

$MnO_2 + 4H^+ + 2e^- \Longrightarrow Mn^{2+} + 2H_2O$，$E^\ominus = +1.230$ V

$Cl_2 + 2e^- \Longrightarrow 2Cl^-$，$E^\ominus = +1.360$ V

请判断下列氧化还原反应在标准状态时的反应方向和当 HCl 浓度为 $10 \ mol \cdot L^{-1}$，$c(Mn^{2+}) = 1 \ mol \cdot L^{-1}$ 时的反应方向。通过计算说明。

$MnO_2 + 2Cl^- + 4H^+ \Longrightarrow Cl_2 + Mn^{2+} + 2H_2O$

2. 已知下列电极反应：

$2HAc + 2e^- \rightleftharpoons H_2 + 2Ac^-$，$E^{\ominus} = -0.281$ V.

求 HAc 的 $K_a^{\ominus}$ 值（298 K）。

3. 判断在标准状态下以下两个歧化反应能否发生？

（1）$2Cu^+ \rightleftharpoons Cu^{2+} + Cu$

（2）$2[Cu(NH_3)_2]^+ \rightleftharpoons Cu + [Cu(NH_3)_4]^{2+}$

已知：$E^{\ominus}_{Cu^{2+}/Cu^+} = 0.159$ V，$E^{\ominus}_{Cu^+/Cu} = 0.520$ V，$K^{\ominus}_{f,[Cu(NH_3)_4]^{2+}} = 2.10 \times 10^{13}$，$K^{\ominus}_{f,[Cu(NH_3)_2]^+} = 7.20 \times 10^{10}$。

4. 已知 298K 下，氯的元素电势图

$$E_A^{\ominus}/V$$
$$ClO_4^- \overset{1.190}{\rule{1.2cm}{0.4pt}} ClO_3^- \overset{1.210}{\rule{1.2cm}{0.4pt}} HClO_2 \overset{1.640}{\rule{1.2cm}{0.4pt}} HClO \overset{1.630}{\rule{1.2cm}{0.4pt}} Cl_2 \overset{1.360}{\rule{1.2cm}{0.4pt}} Cl^-$$

$$E_B^{\ominus}/V$$
$$ClO_4^- \overset{?}{\rule{1.2cm}{0.4pt}} ClO_3^- \overset{0.330}{\rule{1.2cm}{0.4pt}} ClO_2^- \overset{0.660}{\rule{1.2cm}{0.4pt}} ClO^- \overset{0.420}{\rule{1.2cm}{0.4pt}} Cl_2 \overset{1.360}{\rule{1.2cm}{0.4pt}} Cl^-$$

（1）84 消毒液的主要成分为次氯酸钠，洁厕灵的主要成分为稀盐酸，将这两种物质混合后可能会产生对人体有害的氯气。根据元素电势图解释反应发生的原理，并写出反应方程。

（2）计算 $E_B^{\ominus}(ClO_4^-/ClO_3^-)$，已知水的离子积常数为 1.0×10^{-14}。

六、自测试卷参考答案

一、选择题

1	2	3	4	5	6	7	8	9	10
B	D	C	A	C	A	C	D	B	A

11	12	13	14	15	16	17	18	19	20
B	D	D	C	D	B	A	D	D	B

二、填空题

1. 元素原子的表观电荷数　还原

2. 将化学能直接变成电能　$>$

3. $Cr_2O_7^{2-}$，H^+　Cr^{3+}

4. Pb，$PbSO_4 | SO_4^{2-}$　$Pb + PbO_2 + 2H_2SO_4 \Longrightarrow 2PbSO_4 + 2H_2O$

5. 阴极　还原

三、简答题

1. （1）$2MnO_4^- + 5HCOOH + 6H^+ \Longrightarrow 2Mn^{2+} + 5CO_2 + 8H_2O$

（2）$3As_2O_3 + 3S + 10HNO_3 + 7H_2O \Longrightarrow 6H_3AsO_4 + 3H_2SO_4 + 10NO$

2. （1）$(-)Pb$，$PbCl_2 | Cl^- \parallel Pb^{2+} | Pb(+)$

（2）$(-)Ag | Ag(NH_3)_2^+$，$NH_3 \parallel Ag^+ | Ag(+)$

3. （1）金属电极：$Zn | Zn^{2+}$；$Zn^{2+} + 2e^- \Longrightarrow Zn$

（2）气体电极：Pt，$Cl_2 | Cl^-$；$Cl_2 + 2e^- \Longrightarrow 2Cl^-$

（3）金属-金属难溶盐电极：Ag，$AgCl | Cl^-$；$AgCl + e^- \Longrightarrow Ag + Cl^-$

（4）氧化还原电极：$Pt | Fe^{3+}$，Fe^{2+}；$Fe^{3+} + e^- \Longrightarrow Fe^{2+}$

4. 以金属电极为例，一方面金属离子进入溶液中，电子留在金属表面上，使金属带负电而溶液带正电；另一方面，溶液中离子从金属表面获得电子，沉积在金属表面，使金属带正电而溶液带负电。综合两种倾向，在金属与溶液的相界面处形成双电层结构，从而在金属与溶液两相之间产生电势差，即金属电极的电极电势。

5. 碱性氢氧燃料电池的燃料极（负极）使用多孔性金属镍吸附氢气，空气极（正极）使用多孔性金属银吸附氧气，电解质是吸附 KOH 溶液的多孔性材料，其电池符号表示为：

$(-)Ni | H_2 | KOH(30\%) | O_2 | Ag(+)$，负极反应：$2H_2 + 4OH^- \Longrightarrow 4H_2O + 4e^-$，正极反应：$O_2 + 2H_2O + 4e^- \Longrightarrow 4OH^-$，电池总反应：$2H_2 + O_2 \Longrightarrow 2H_2O$

四、计算题

1. 标准态下，反应逆向进行。

HCl 浓度为 $10\ mol \cdot L^{-1}$ 时，$E(MnO_2/Mn^{2+}) = 1.348\ V$，$E(Cl_2/Cl^-) = 1.299\ V$，反应正向进行

2. 1.8×10^{-5}

3. （1）可以发生

（2）$E^{\ominus}_{[Cu(NH_3)_4]^{2+}/[Cu(NH_3)_2]^+} = 0.013$ V；$E^{\ominus}_{[Cu(NH_3)_2]^+/Cu} = -0.123$ V，不能发生

4. （1）$E^{\ominus}_A(HClO/Cl_2) > E^{\ominus}_A(Cl_2/Cl^-)$，因此标准态下（酸性）可以发生反应：

$$HClO + Cl^- + H^+ \rule[0.5ex]{1em}{0.4pt}\rule[0.5ex]{1em}{0.4pt} Cl_2 \uparrow + H_2O$$

（2）0.361 V

第十章
重要元素及化合物概述

一、学习要求

了解： 常见单质的物理性质、化学性质的一般规律，并能利用物质结构基础知识进行简单分析；典型氧化物、氯化物和氢氧化物等常见无机化合物的基本性质的一般特性及其变化规律；重要单质、化合物的典型应用及其与性质的关系。

二、本章要点

（一）卤素及其化合物概述

1. 卤素在周期表中的位置、价层电子结构及其一般性质

ⅦA元素，包括 F、Cl、Br、I、At，卤素原子的价电子层构型为 ns^2np^5，最活泼非金属，自然界中均以化合态存在。

2. 卤素的常见氧化态及成键特征

氧化态：$+2$、$+3$、$+5$、$+7$（F 除外）。形成共价化合物、含氧酸、盐以及卤素互化物。

成键特征：一个共价单键、X_2（非极性）、HX（极性）、X^-（离子键）。

3. 氟的化学性质的特殊性

氟的特殊性均由半径特别小引起，氟的电子亲和能特别小，F—F 键能（解离能）较低，孤对电子间斥力大，氟化物中氟氧化数总为 -1。

4. 卤素单质物理性质的规律性变化

X_2 为非极性分子，主要是色散力，分子量增大，色散力增大，物理性质随分子量呈规律性变化。

5. 卤素单质与水的反应

X_2 与水的反应：

F_2 分解水：$2F_2 + 2H_2O \!=\!=\!= 4HF + O_2$

Cl_2 在水中的歧化：$Cl_2 + H_2O \!=\!=\!= H^+ + Cl^- + HClO$

6. 卤化氢和氢卤酸的化学性质

热稳定性高；还原性：$HCl < HBr < HI$；氢卤酸的酸性：除 HF 外均为强酸，且 $HF < HCl < HBr < HI$。高浓度（$5\ mol \cdot L^{-1}$ 以上）的 HF 溶液中由于发生强烈的 HF 分子之间的质子自递作用，从而使得酸性大幅度增强。

7. 卤化物的分类及其熔沸点的变化

共价型卤化物：BCl_3、CCl_4（非金属或高氧化态金属形成的卤化物），熔沸点低；

离子型卤化物：碱金属、碱土金属及若干镧系和锕系元素金属形成的卤化物，熔沸点高；

共价过渡型卤化物：$BeCl_2$。

8. 卤素互化物的组成和性质

组成：由轻卤素氧化重卤素形成。

性质：绝大多数卤素互化物不稳定，熔沸点低。卤素互化物都是氧化剂，具有强氧化性。

（二）氧、硫及其化合物概述

1. 氧气的结构特点及其反应性

结构特点：在 π 轨道中有不成对的单电子，O_2 分子具有偶数电子同时又显示顺磁性。

反应性：形成离子型、共价型、O_2^{2-}、O_2^-。

2. 周期表中元素氧化物的酸碱性的变化规律

① 同周期最高氧化态的氧化物，从左到右，酸性增强。

② 同族相同价态的氧化物，从上到下，碱性增强。

③ 同一元素的不同氧化态，氧化态越高，酸性越强。

3. O_3 分子的结构特点

中心氧原子以 sp^3 杂化与其它两个配位氧原子相结合，中心氧原子的两个未成对电子分别与其它两个氧原子中的一个未成对电子相结合，占据两个杂化轨道，形成两个 σ 键，第三个杂化轨道由孤对电子占据，并与两个配位原子各提供的一个电子形成 3 个氧原子、4 个电子的离域大 π 键。

4. H_2O_2 的化学性质

热稳定性差；弱酸性；氧化还原性；形成过氧化链（过氧链转移）。

5. 硫化物化学性质和用途

① 水解性。所有硫化物均发生水解。Al_2S_3、Cr_2S_3 发生双水解。

② 还原性。

③ 难溶性。金属硫化物大多数是难溶于水且有特征颜色（碱金属、碱土金属、NH_4^+ 的硫化物易溶）。

④ 用途：在分析化学上用来鉴别和分离不同金属离子。

6. SO_2 和 SO_3 的结构和性质上的差异

结构：SO_2 是 V 形分子结构，SO_3 分子构型为平面三角形。

性质：SO_2 既有氧化性又有还原性，还原性是主要的。遇强还原剂才表现氧化性。

还原性：$SO_2 < H_2SO_3 <$ 亚硫酸盐。

SO_3 是强氧化剂。

7. 硫酸盐的化学性质

易溶性：除 Ca^{2+}、Sr^{2+}、Ba^{2+}、Pb^{2+}、Ag^+、Hg^{2+} 外，一般硫酸盐都易溶于水。

热稳定性大：8 电子构型的阳离子的盐通常 1273K 以上才分解。

18 电子、(18+2) 电子、9~17 电子构型热稳定性略差。

易形成复盐（成矾）：多数硫酸盐有形成复盐的趋势。

8. $S_2O_3^{2-}$ 的化学性质

$S_2O_3^{2-}$ 不稳定，酸中易分解放出 SO_2 析出单质 S；在 $S_2O_3^{2-}$ 中有 -2 价 S，所以 $S_2O_3^{2-}$ 有还原性；$S_2O_3^{2-}$ 有较强的配位能力。

（三）氮、砷分族及其化合物概述

1. 氮族元素的价层电子结构与氧化态的关系

周期表中 V A 族，价层电子结构为：ns^2np^3，因为 np^3 为半充满的稳定结构，难以失去电子。又因为获得 3 个电子变为 8 电子的稳定结构也相对较困难，所以，以形成共价化合物为其主要特征。

常见氧化态：+III、+V。

2. 氮原子的成键特征和价键结构

N 除形成 σ 键外，易形成 p-p π 键（包括离域 π 键）。

N 最多只能形成 4 个共价键，即配位数不超过 4。

N 可以以 sp^3、sp^2、sp 杂化成键。

3. 氮气的结构与其稳定性的关系

N≡N，叁键，键长较短，使 π 键电子云重叠程度增大，π 键的键能也反常地大于 σ 键。而从电子云结构看，π 电子云在外围，N_2 发生反应需先打开键能大的 π 键，因此反应较困难，氮气分子比较稳定。N_2 的稳定性并不是说明 N 原子不活泼，作为电负性较大的非金属元素，N 原子的成键能力还是很强的，化学活泼性较高。

4. NH_3 分子的结构和化学性质

加合性（碱性及形成配合物、有机化学亲核反应）（N 上的孤电子对）；

还原性（-3 价的 N）；

取代反应（三个 H）。

5. 铵盐的性质

易溶性；水解性；不稳定性（易分解）。

6. NO、NO_2 的结构差异

NO 中 N 以 sp 杂化轨道成键，一个 σ 键，两个 π 键。

NO_2 中 N 以 sp^2 杂化轨道成键，2 个 σ 键，一个 π_3^4 键。

7．HNO_2 和 HNO_3 在性质的差异

① HNO_2 为一元弱酸。HNO_3 为强酸。

② HNO_2 有氧化还原性，酸是较强的氧化剂，碱为中强还原剂（盐）。HNO_3 具强氧化性。

③ NO_2^- 可作配体形成配合物。

8．单质磷的同素异形体

单质磷与单质氮不同，因为 P 为第三周期元素，形成 p-p π 键的能力弱，所以单质磷是 P 原子以单键结合所形成的多原子分子。

磷有多种同素异形体，主要是白磷、红磷、黑磷。

9．白磷的化学活泼性

白磷晶体是由 P_4 分子组成的分子晶体，P_4 分子呈四面体构型，P—P 之间以单键结合，且 P—P 键几乎为纯 p 轨道成键，而纯 p 轨道间的夹角应为 $90°$，而实际仅有 $60°$，因此 P_4 分子中的 P—P 键较弱，易于断裂，使白磷在常温下有很高的化学活性。虽然白磷并不稳定，但由于白磷结构简单，所以在热力学上约定俗成地规定为最稳定单质。

10．H_3PO_4 的化学性质

① 常温下，无氧化性、不挥发的三元中强酸。

② 高温下，能使金属还原。

③ 具有很强的配位能力，与许多金属离子形成可溶性配合物。

11．砷分族单质的金属性与碱、氧化性酸的反应

As、Sb、Bi 金属性依次增强。

As、Sb、Bi 均可与氧化性酸作用，但产物不同，产物为 Sb^{3+}、Bi^{3+}、H_2AsO_3 或 As_2O_3。As 还可与熔碱作用，而 Sb、Bi 不能。

（四） 碳、 硅、 硼及其化合物概述

1．碳、硅、硼的价层电子结构及其成键特征

C、Si 有四个价轨道，有四个价电子，为等电子原子；B 有四个价轨道，有三个价电子，为缺电子原子。C 以 sp、sp^2、sp^3 杂化成键，如 CO、CO_2、CCl_4 等。因为半径小，除形成 σ 键外，还可形成 p-p π 键，所以可以有双、三键，成键能力非常强，这就是有机化合物都是以碳原子为核心的原因。Si 以 sp^3 形成四个 σ 键，如单质 Si、SiO_2 及其硅酸盐中。又因为是第三周期元素，有 3d 空轨道可以利用，所以可形成配位数大于四的化合物，如 SiF_6^{2-}。B 以 sp^2、sp^3 成键，如 H_3BO_3、硼酸盐中，可形成缺电子的多中心键，如 3c-2e 键。

2．碳、硅、硼在性质上的相似性

C、Si 为同族，原子结构相似，性质相似，B 与 Si 为对角性质相似。

C、Si、B 的相似性：

① 电负性大，电离能高，失去电子难，以形成共价化合物为特征。

② C、Si、B 都有自相成键的特征，即 C—C、Si—Si、B—B，形成氢化物——成烷特征。

③ 亲氧性，尤其 Si—O、B—O 键能大。

④ 单质几乎都是原子晶体。

3．单质碳的同素异构体

包括：金刚石、石墨、富勒烯、无定形碳等。

4．CO、CO_2 的结构和性质的差异

简单可总结为：CO：一个 σ 键，两个 π 键（其中一个是分子内的配位键）。还原性、加合性（做配体）、极弱酸性。CO_2：两个 π_3^4 键，不活泼，高温下与 C 生成 CO；H_2CO_3 的酸酐；酸性氧化物，与碱或碱性氧化物作用。

5．水晶、硅藻土和石英玻璃的特点及用途

无定型体 SiO_2：石英玻璃、硅藻土、燧石。晶体 SiO_2：天然晶体为石英，属于原子晶体。纯石英是水晶，玛瑙、紫晶等是含有杂质的石英。

石英玻璃的热膨胀系数小，可以耐受温度的剧变，灼烧后立即投入冷水中也不至于破裂，可用于制造耐高温的仪器。石英玻璃能做水银灯芯和其它光学仪器、制光导纤维、石英玻璃纤维。硅藻土多孔性结构，可作吸附剂。

6．单质硼中的多种 B—B 键

单质硼有多种同素异形体，基本结构单元为 B_{12} 二十面体。二十面体连接的方式不同导致至少有三种晶体。B 单质中有两种 B—B 键，既有普通的 2c-2e 的 σ 键，又有 3c-2e 的三中心键。

7．硼酸的晶体结构及其性质

B：sp^2 杂化，通过分子间氢键连成片状结构，层间则以微弱的范德华力相吸引。由于硼酸晶体的片层状结构，使之有滑腻感，可作润滑剂。

硼酸为白色片状晶体，由于硼酸的缔合结构，使它在冷水中的溶解度很小，加热时由于晶体中的部分氢键被破坏，其溶解度增大。

硼酸为一元弱酸，因为 H_3BO_3 的酸性不是由于它本身给出质子，而是由于 B 的缺电子性，使硼酸也成为缺电子分子（路易斯酸），B 的空轨道接受了来自 H_2O 分子中 OH^- 上的孤对电子，而使水释放出质子。因为 B 只有一个空轨道，一个 H_3BO_3 只能接受一个水分子的一个 OH^-，释放出一个 H^+，所以为一元酸。

（五）碱金属、碱土金属及其化合物概述

1．碱金属元素的结构和金属性

价电子结构：ns^1。半径大，电负性小，是周期表中最活泼的金属元素。以失去电子，形成 M^+ 离子型化合物为主要特征。从 Li 到 Cs 活泼性增大。

2．碱土金属和碱金属元素在性质上的差异

价电子结构：ns^2。与碱金属比，金属活泼性降低，但仍是活泼金属，活泼性仅次于碱金属。以形成 M^{2+} 的离子型化合物为主要特征。

3. 碱金属和碱土金属单质的物理和化学性质

物理性质：碱金属密度小、硬度小、熔点低、导电性强，是典型的轻金属。碱土金属的金属键比碱金属强，硬度增大，密度、熔点和沸点则较碱金属为高。

化学性质：（1）易与非金属作用（为活泼金属）；（2）易与水作用（置换水中氢）；（3）与酸作用（金属通性）；（4）高温下还原 SiO_2、$TiCl_4$ 等氧化物、氯化物；（5）与液氨生成氨合离子（如 Na）。

4. 碱金属和碱土金属的氧化物及其化学性质

可形成普通氧化物、过氧化物、超氧化物、臭氧化物。

主要性质：（1）溶于水形成 $M(OH)_n$；（2）过氧化物、超氧化物、臭氧化物有氧化性。

5. 碱金属和碱土金属的氢化物的性质和用途

离子型氢化物，都是强还原剂。两个基本特征：（1）大多数氢化物不稳定，加热分解放出氢气，可作储氢材料；（2）与水作用生成氢气，可作为野外产生氢气的原料。

6. 碱金属和碱土金属的常见盐类的性质

①溶解性，多易溶；②易形成复盐；③热稳定性相对好；④形成结晶水。

（六）p 区金属及其化合物概述

1. p 区金属与 s 区金属在价层电子结构、金属性和成键特征上的差异

p 区金属包括：Al、Ga、In、Tl、Ge、Sn、Pb、Sb、Bi、Po 等。

① p 区金属元素的价电子构型为 $ns^2np^{1\sim4}$，与 s 区金属比，有了 np 电子，即价电子数增多。

② 由于价电子增多，半径减小，有效核电荷增多，电负性增大，p 区元素的金属性较弱。由于金属性减弱，其中有 Al、Ga、In、Ge、Sn、Pb 的单质、氧化物及其水合物均表现出两性。

③ 在形成化合物时表现出明显的共价性。p 区金属元素的高价氧化态化合物多数为共价化合物，低氧化态的化合物中部分离子性较强。

2. 碳族元素中各元素在氧化态上的差异

碳族元素中，锗分族中的氧化态从 Ge 到 Pb 低氧化态趋于稳定，而 C、Si 以形成共价型化合物为主要特征。Ge、Sn、Pb 离子性增强，有低价的盐如 Sn^{2+}、Pb^{2+}。锗族元素自相成键能力差，除 Ge 外，Sn、Pb 无类似于 C、Si 的氢化物。

3. Pb 与非氧化性的弱酸 HAc 的作用

有 O_2 存在时，铅可溶于醋酸生成易溶的醋酸铅：

$$2Pb+O_2 =\!=\!= 2PbO$$

$$PbO+2HAc =\!=\!= Pb(Ac)_2+H_2O$$

这一性质可用于醋酸从含铅矿石中浸取铅或铅的提纯。

4. 配制 $SnCl_2$ 溶液的方法

配制 $SnCl_2$ 溶液时，先将 $SnCl_2$ 溶解在少量浓 HCl 中，再加水稀释以防止水解。为防止 Sn^{2+} 的氧化，还要在新配制的 $SnCl_2$ 溶液中加入少量锡粒。

（七） ds 区金属及其化合物概述

1. 铜族元素的通性

铜族包括铜（Cu）、银（Ag）、金（Au）三种元素。价电子结构为 $(n-1)d^{10}ns^1$，水溶液中常见氧化态：铜为＋2、银为＋1、金为＋3。铜＋1、银＋2、金＋1 不稳定，Cu^+，Au^+ 易发生歧化反应。金属活泼性从上到下，金属活泼性递减；与碱金属的变化规律相反。

2. 锌族元素的通性

锌族元素位于周期系的 ⅡB 族，包括锌（Zn）、镉（Cd）、汞（Hg）三种元素。锌族的价电子结构为 $(n-1)d^{10}ns^2$。最外层电子数为 2，次外层为 18 电子构型，结构决定性质，故锌族元素具有如下特征性质及其变化规律：

① 锌族元素的特征氧化态都是＋Ⅱ（汞和镉还有＋Ⅰ氧化态的化合物）。

② 锌族元素的金属活泼性不如碱土金属。

③ 同族元素金属活泼性与ⅠB金属相同，从锌到汞活泼性降低，恰好与碱土金属相反。

④ 同周期ⅠB与ⅡB金属相比，ⅡB族金属比ⅠB族金属活泼。

3. 铜族元素和锌族元素的性质比较

铜族元素的价电子与锌族元素只差一个，故性质上有很大的相似性，但又有差别，主要表现在：

① 两族元素化学活泼性都随原子序数的增大而减小。

② 两族元素形成配合物的倾向都很大，共价性很强。

③ 两族元素的盐都有一定程度的水解。

④ 锌族单质的熔、沸点，熔化热、气化热、导电性都比铜族元素低，这是由于锌族最外层电子成对的缘故。

⑤ 锌族元素的标准电极电势比铜族元素更负，锌族元素比铜族元素活泼。

（八） d 区过渡元素及其化合物概述

1. d 区过渡元素的分类和性质

d 区过渡元素包括：第一过渡系元素（轻过渡系，位于周期表中第 4 周期的 Sc～Ni），第二过渡系元素（第 5 周期中的 Y～Pd），第三过渡系元素（重过渡系，第 6 周期中的 La～Pt），Y 和 La 也是稀土元素的一种，第 Ⅷ 族的 Fe、Co、Ni 称为铁系元素，除 Fe、Co、Ni 外的第Ⅷ族的 Ru、Os、Rh、Ir、Pd、Pt 称为铂系元素。

性质：

① 它们都是金属，导热导电、高熔点、高硬度、延展性好。

② 大部分过渡金属的电极电势为负值，即还原能力较强，可置换酸中氢。

③ 除少数例外（ⅢB），它们都存在多种氧化态。

④ 水合离子和酸根离子常呈现一定的颜色。

⑤ 它们的原子和离子形成配合物的倾向都较大。

⑥ 可形成顺磁性的化合物。

2. d 区过渡元素的价层电子结构

d 区元素原子的价电子层构型：$(n-1)d^{1-10}ns^{1-2}$，除 $Pd(3d^{10}4s^0)$ 和ⅠB$[(n-1)d^{10}ns^1]$

外，均有未充满的 d 轨道且最外层也只有 1～2 个电子。因而它们原子的最外两个电子层都是未充满的。

3．第一过渡系金属的活泼性

① d 区元素中以ⅢB族元素的化学性质最活泼。能与空气、水、稀酸等反应。

② 第一过渡系元素比较活泼，除 V 外，均能与稀酸反应置换出氢。

③ 第二、第三过渡系元素不活泼（ⅢB族例外），均不能与稀酸反应，W 和 Pt 不与浓硝酸反应，但溶于王水，Nd、Ta、Ru、Rh、Os、Ir 等不与王水反应。

变化规律：

同周期：从左至右活泼性降低。

同族：从上到下活泼性降低。

4．过渡元素的配位能力及其水合离子的颜色

① 过渡元素的价电子轨道多 [5 个 $(n-1)$d 轨道，1 个 ns 轨道，3 个 np 轨道]。

② 空价电子轨道可以接受配体电子对形成 σ 配键。

③ d 电子较多的过渡元素可以与配体形成 d-π 反馈键。

另：因 d 轨道不满而参加成键时易形成内轨型配合物。且相对电负性较大，金属离子与配体间的相互作用加强，可以形成较稳定的配合物。

过渡元素的水合离子大部分都有一定的颜色，这是因为电子的跃迁（d-d 跃迁）能级一般在可见光的范围（d^0、d^{10} 结构的离子无色）。

5．钒的氧化态和化学性质

电子构型为：$3d^3 4s^2$，氧化态有：$+V$、$+IV$、$+III$、$+II$。以 $+V$ 价最稳定。$+IV$ 价在酸中也较稳定。

$E^{\ominus}(V^{2+}/V) = -1.180\ V$，钒是活泼金属，但是因为易钝化，所以有良好的抗酸能力。

6．铬的氧化态

价层电子构型：$3d^5 4s^1$。

主要氧化态：$+III$、VI。

7．Cr(Ⅵ) 的化合物的化学性质

① CrO_4^{2-}、$Cr_2O_7^{2-}$ 均有颜色。

② CrO_4^{2-} 和 $Cr_2O_7^{2-}$ 可相互转化。

③ CrO_4^{2-} 的盐多难溶。

④ Cr(Ⅵ) 有较强的氧化性，尤其在酸性介质中。

8．锰的氧化态

Mn：价电子构型 $3d^5 4s^2$。

锰可呈现从 $+II$ 到 $+VII$ 的氧化态。常见氧化态 $+VII$、$+VI$、$+IV$、$+II$。

9．$KMnO_4$ 试剂的保存

应保存于棕色瓶中，存放于避光阴凉处。久置有棕色沉淀析出。

10．$KMnO_4$ 在酸性、中性、碱性介质中的还原产物

碱性：$2MnO_4^- + SO_3^{2-} + 2OH^- \rule[0.5ex]{2em}{0.4pt} 2MnO_4^{2-}（绿）+ SO_4^{2-} + H_2O$

中性：$2MnO_4^- + 3SO_3^{2-} + H_2O == 2MnO_2\downarrow + 3SO_4^{2-} + 2OH^-$

酸性：$2MnO_4^- + 5SO_3^{2-} + 6H^+ == 2Mn^{2+} + 5SO_4^{2-} + 3H_2O$

11. 铁系元素＋2价盐的化学性质

水合离子有颜色；强酸盐均有水解；易形成配合物；M^{2+} 有一定还原性。

12. 铁系元素＋3价盐的化学性质

Co(Ⅲ)、Ni(Ⅲ) 强氧化性而不稳定。重要的是 Fe(Ⅲ) 的盐，有一定氧化性：$E^\ominus$ (Fe^{3+}/Fe^{2+}) ＝0.771 V。

13. 铁系元素的配合物的性质和用途

Fe^{3+}：$[Fe(CN)_6]^{3-}$、$[Fe(SCN)_6]^{3-}$

Co^{2+}：$[Co(NH_3)_6]^{2+}$、$[Co(CN)_6]^{3-}$

Ni^{2+}：$[Ni(NH_3)_4]^{2+}$、$[Ni(CN)_4]^{2-}$

性质和用途：特征颜色，用于离子的鉴定。

三、解题示例

1. 在酸性的 KIO_3 溶液中加入 $Na_2S_2O_3$，有什么反应发生？

解：有碘析出。因酸性条件下 IO_3^- 氧化能力很强，而 $Na_2S_2O_3$ 是中等强度还原剂，两者相遇，IO_3^- 可被还原为 I^-。在酸性介质中，I^- 遇未反应的 IO_3^-，则产生 I_2。反应方程式如下：

$$6S_2O_3^{2-} + 6H^+ + IO_3^- == 3S_4O_6^{2-} + I^- + 3H_2O$$
$$5I^- + IO_3^- + 6H^+ == 3I_2 + 3H_2O$$

2. 为什么浓硝酸一般被还原为 NO_2，而稀硝酸一般被还原为 NO，这与它们的氧化能力的强弱是否矛盾？

解：硝酸的还原产物可能有多种（NO_2、NO、N_2O、N_2、NH_4^+ 等），往往同时生成多种还原产物的混合物，具体以哪种为主，取决于硝酸的浓度、金属的活泼性和温度等因素。仅对硝酸的浓度而言，浓硝酸的还原产物主要为 NO_2，稀硝酸的还原产物主要为 NO。考察其相应电对的电极电势：$E^\ominus$(NO_3^-/NO_2)＝0.800 V，$E^\ominus$(NO_3^-/NO)＝0.960 V，后者更大，说明 NO 是热力学的稳定产物，所以在稀硝酸反应时，以 NO 为主要产物。而在浓硝酸反应时，反应非常迅速，以动力学产物优先，反应直接快速地生成了 NO_2 并逸出反应体系。

3. 为什么 PF_3 可以和许多过渡金属形成配合物，而 NF_3 几乎不具有这种性质？PH_3 和过渡金属形成配合物的能力为什么比 NH_3 强？

解：PF_3 分子为不等性 sp^3 杂化，PF_3 和过渡金属原子之间除了 σ 键外，磷原子还有空的 3d 轨道可以接受过渡金属的未杂化的 d 轨道反馈来的电子对形成的反馈 π 配键和 δ 配键（δ 键为两个 d 轨道四瓣相叠）；而 N 的电负性较高并没有匹配的 d 轨道，且 NF_3 中 N 原子上的一对孤对电子偏向 F 一侧，故 NF_3 几乎不能作为配体来使用。同样，PH_3 分子与过渡金属形成配位键的能力也强于 NH_3。

4. 哪些金属为稀有金属？它们与普通金属是怎么划分的？

解：轻稀有金属：锂、铷、铯、铍；分散性稀有金属：镓、铟、铊；高熔点稀有金属：

钛、锆、铪、钒、铌、钽、钼、钨；铂系金属：钌、铑、钯、锇、铱、铂；稀土金属：钪、钇、镧及镧系；放射性稀有金属：钫、镭、锕、钍、镤、铀及铀系。

划分：稀有金属是指那些在地壳中含量少或分布稀散、提取困难的有色金属。

5. 在标准状况下，750 mL 含有 O_3 的氧气，当其中所含 O_3 完全分解后体积变为 780 mL，若将此含有 O_3 的氧气 1 L 通入 KI 溶液中，能析出多少克 I_2？

解：设 750 mL 氧气中有 x mL O_3

$$则：\quad 2O_3 \longrightarrow 3O_2 \qquad 增加的体积/mL$$
$$\quad\quad 2 \qquad\quad 3 \qquad\qquad\quad 1$$
$$\quad\quad x \qquad\qquad\qquad\qquad\quad 30$$

$$所以 \qquad \frac{2}{x}=\frac{1}{30} \qquad x=60\,mL$$

所以，此氧气中 O_3 的体积分数为 $\dfrac{60}{750}=8\%$，即 1 L 氧气中含 80 mL O_3。

设能析出 I_2 y g，则 $2I^- + 2H^+ + O_3 \longrightarrow I_2 + O_2 + H_2O$

$$\qquad\qquad\qquad 1\,mol \quad 254\,g$$

$$\qquad\qquad \frac{0.08}{22.4}\,mol \qquad y$$

$$y=0.91\,g$$

6. 把 H_2S 和 SO_2 气体同时通入 NaOH 溶液至溶液呈中性，有何结果？

解：结果产生了 $Na_2S_2O_3$，主要反应方程式如下：

$$NaOH + SO_2 =\!=\!= NaHSO_3$$
$$NaOH + H_2S =\!=\!= NaHS + H_2O$$
$$2NaHS + 4NaHSO_3 =\!=\!= 3Na_2S_2O_3 + 3H_2O$$

7. 写出以 S 为原料制备以下各种化合物的反应方程式：H_2S、SF_6、SO_3、H_2SO_4、SO_2Cl_2。

解：

$$(1)\quad H_2 + S =\!=\!= H_2S$$

$$(2)\quad S + 3F_2(过量) =\!=\!= SF_6$$

$$(3)\quad S + O_2 \xrightarrow{\text{燃烧}} SO_2$$
$$2SO_2 + O_2 \xrightarrow{\text{催化剂}} 2SO_3$$

$$(4)\quad 2S + 3O_2 + 2H_2O =\!=\!= 2H_2SO_4$$
$$或\ S + 6HNO_3(浓) \xrightarrow{\Delta} H_2SO_4 + 6NO_2 + 2H_2O$$

$$(5)\quad S + O_2 \xrightarrow{\text{燃烧}} SO_2$$
$$SO_2 + Cl_2 =\!=\!= SO_2Cl_2$$

8. 金属镁在空气中燃烧的产物为白色粉末，将其溶于水中有氨的气味产生。试对这一现象作出解释。

解：镁与空气中的氮反应生成氮化镁，其溶于水中与水反应生成氨：

$$3Mg + N_2 =\!=\!= Mg_3N_2$$
$$Mg_3N_2 + 6H_2O =\!=\!= 3Mg(OH)_2 + 2NH_3$$

四、习题解答

1. 氯化亚铜、氯化亚汞都是反磁性物质。问该用 CuCl、HgCl 还是 Cu_2Cl_2、Hg_2Cl_2 表示其组成？为什么？

解：$Cu(3d^{10}4s^1)$ 与 $Cl(3s^23p^5)$ 组成 CuCl 没有未成对电子，Cu（Ⅰ）为 18 电子结构，与反磁性相符。

$Hg(5d^{10}6s^2)$ 与 $Cl(3s^23p^5)$ 组成 HgCl 有一个单电子，与反磁性不符，应用 Hg_2Cl_2 表示其组成。

2. 试用实验事实说明 $KMnO_4$ 的氧化能力比 $K_2Cr_2O_7$ 强，写出有关反应方程式。

解：在酸性条件下，将适量的 $KMnO_4$ 溶液与 $K_2Cr_2O_7$ 溶液混合，用 KI 溶液滴定，会发现 $KMnO_4$ 的紫红色逐渐变浅，变为橙黄色（$K_2Cr_2O_7$ 的颜色），证明 $KMnO_4$ 先和 KI 反应。考察标准电极电势：$E^{\ominus}(MnO_4^-/Mn^{2+})=1.51$ V，$E^{\ominus}(Cr_2O_7^{2-}/Cr^{3+})=1.33$ V，$KMnO_4$ 的氧化性要强一些，因此在滴定的条件下，以热力学控制氧化还原反应的次序，KI 优先还原氧化性高的 $KMnO_4$。反应方程式如下：

$$2MnO_4^- + 10I^- + 16H^+ \!=\!=\!=\! 2Mn^{2+} + 8H_2O + 5I_2$$
$$Cr_2O_7^{2-} + 6I^- + 14H^+ \!=\!=\!=\! 2Cr^{3+} + 7H_2O + 3I_2$$

3. 说明 I_2 易溶于 CCl_4、KI 溶液的原因。

解：I_2 是非极性分子，易溶于非极性溶剂 CCl_4。

I_2 和 KI 作用生成多卤离子 I_3^-。

4. 已知 Pb（Ⅳ）是强氧化剂，则 Pb（Ⅱ）的还原能力如何？

解：Pb（Ⅱ）是一弱还原剂。

5. 当把 $BiCl_3$ 溶于盐酸中形成的溶液用纯水稀释时，有白色沉淀生成，写出反应的化学方程式并解释这一现象。

解：$BiCl_3 + H_2O \!=\!=\!=\! BiOCl + 2HCl$

6. Suggest three tests which can be used to distinguish between a metal and a nonmetal.

Solution：Among many possible answers are （a）physical properties such as metallic luster，heat conductivity，ductility，high density；（b）electrical conductivity；and （c）reducibility（nonmetallic elements can in general be reduced to negative oxidation states，whereas metallic elements cannot）.

7. Select the strongest and the weakest acid in each of the following sets：

（a）HBr，HF，H_2Te，H_2Se，PH_3，H_2O；（b）HClO，HIO，H_3PO_3，H_2SO_3，H_3AsO_3

Solution：（a）HBr，a strong acid，is the strongest acid in the group；PH_3，which has weakly basic properties，is the least acidic.

（b）H_2SO_3，which is farthest to the right in the periodic table and has the most oxygen atoms，is the most acidic；HClO，with the fewest oxygen atoms and the farthest up in the periodic table，is the weakest.

8. What factors are responsible for the difference in the properties of CO_2 and SiO_2？

Solution: Because of the tendency of carbon to form double bonds, CO_2 exists as discrete molecules. In SiO_2 there is an extended network of Si—O single bonds. The existence of d orbitals on silicon allows reactions that are impossible with the corresponding carbon compounds.

五、自测试卷 (共100分)

一、选择题 (每题2分，共40分)

1. 下列氢化物中，在室温下与水反应不产生氢气的是 (　　)

A. $LiAlH_4$ 　　　　　 B. CaH_2 　　　　　 C. SiH_4 　　　　　 D. NH_3

2. 重晶石的化学式是 (　　)

A. $BaCO_3$ 　　　　 B. $BaSO_4$ 　　　　 C. Na_2SO_4 　　　　 D. Na_2CO_3

3. BCl_3 分子中，除了 B—Cl σ 键外，还有大 π 键是 (　　)

A. π_4^4 　　　　　 B. π_3^6 　　　　　 C. π_4^6 　　　　　 D. π_3^5

4. 在下列硫化物中，溶于 Na_2S 溶液的是 (　　)

A. CuS 　　　　　 B. Au_2S 　　　　　 C. ZuS 　　　　　 D. HgS

5. 在下列氢氧化物中，不能存在的是 (　　)

A. $Al(OH)_3$ 　　　 B. $Cu(OH)_3$ 　　　 C. $Ir(OH)_3$ 　　　 D. $Ti(OH)_3$

6. 下列物质中，有较强还原性的含氢酸是 (　　)

A. HPO_3 　　　　 B. H_3PO_3 　　　　 C. H_3PO_2 　　　　 D. H_3BO_3

7. 下列金属元素中，熔点最高的是 (　　)

A. Re 　　　　　 B. Au 　　　　　 C. Mo 　　　　　 D. W

8. 做干燥剂的硅胶中含有 $CoCl_2$ 以显示硅胶的吸湿情况，无水 $CoCl_2$ 呈现 (　　)

A. 蓝色 　　　　　 B. 红色 　　　　　 C. 紫色 　　　　　 D. 无色

9. 对于锰的多种氧化态的化合物，下列说法错误的是 (　　)

A. Mn^{2+} 在酸性溶液中是稳定的

B. Mn^{2+} 在酸性和碱性溶液很不稳定

C. MnO_2 在碱性介质中是强氧化剂

D. K_2MnO_4 在酸性和近中性溶液中发生歧化反应

10. 下列化合物，给电子能力最小的是 (　　)

A. PH_3 　　　　　 B. AsH_3 　　　　　 C. SbH_3 　　　　　 D. BiH_3

11. 关于单质硅，下列说法正确的是 (　　)

A. 能溶于盐酸中 　　　　　　　　　　 B. 能溶于硝酸中

C. 能溶于氢氟酸中 　　　　　　　　　 D. 能溶于氢氟酸和硝酸组成的混酸中

12. 下列硼烷中室温呈气态的是 (　　)

A. B_4H_{10} 　　　　 B. B_5H_9 　　　　 C. B_5H_{11} 　　　　 D. B_6H_{10}

13. 不属于强氧化剂的是 (　　)

A. PbO_2 　　　　 B. $NaBiO_3$ 　　　　 C. HCl 　　　　 D. $(NH_4)_2S_2O_8$

14. $InCl_2$ 为逆磁性化合物，其中 In 的化合价为 (　　)

A. $+1$ B. $+2$ C. $+3$ D. $+1$ 和 $+3$

15. 和水反应得不到 H_2O_2 的是（　　）

A. K_2O_2 B. Na_2O_2 C. KO_2 D. KO_3

16. 有关 H_3PO_4、H_3PO_3、H_3PO_2，不正确的论述是（　　）

A. 氧化态分别是 $+5$，$+3$，$+1$ B. P 原子是四面体几何构型的中心

C. 三种酸在水中的解离度相近 D. 都是三元酸

17. 对于 H_2O_2 和 N_2H_4，下列叙述正确的是（　　）

A. 都是二元弱酸 B. 都是二元弱碱

C. 都具有氧化性和还原性 D. 都可与氧气作用

18. O_2^{2-} 可作为（　　）

A. 配体 B. 氧化剂 C. 还原剂 D. 三者皆可

19. 下列含氧酸中酸性最弱的是（　　）

A. $HClO_3$ B. $HBrO_3$ C. H_2SeO_4 D. H_6TeO_6

20. 锌粉与酸式亚硫酸钠反应生成（　　）

A. $Na_2S_2O_4$ B. $Na_2S_2O_3$ C. Na_2SO_3 D. Na_2SO_4

二、填空题（每个空格 1 分，共 10 分）

1. 比较下列各物质的性质。

(1) $BeCl_2$ 和 $CaCl_2$ 的沸点，前者_____后者；

(2) NH_3 和 PH_3 的碱性，前者_____后者；

(3) $NaClO$ 和 $NaClO_3$ 的氧化性，前者_____后者；

(4) $BaCrO_4$ 和 $CaCrO_4$ 在水中的溶解度，前者_____后者；

(5) $TlCl$ 和 $TlCl_3$ 的水解度，前者_____后者。

2. 在砷分族的氢氧化物（包括含氧酸盐）中，酸性_____最强，碱性_____最强，以_____的还原性最强，以_____的氧化性最强，这说明从砷锑到铋，氧化数为_____的化合物渐趋稳定。

三、简答题（每题 10 分，共 50 分）

1. 氮、磷、铋都是 Ⅴ A 族元素，它们都可以形成氯化物，例如：NCl_3、PCl_3、PCl_5 和 $BiCl_3$。试问：

(1) 为什么不存在 NCl_5 及 $BiCl_5$ 而有 PCl_5？

(2) 对比 NCl_3、PCl_3、$BiCl_3$ 水解反应的差异（指水解机理及水解物性质上差异），写出有关反应方程式。

2. 写出下列物质的名称或化学式。

(1) BaO_4 (2) HN_3 (3) NH_2OH (4) $H_2SO_4 \cdot SO_3$ (5) KH_2PO_2，

(6) 芒硝 (7) 海波 (8) 保险粉 (9) 联膦 (10) 正高碘酸

3. 石硫合剂是以硫黄粉、石灰及水混合，煮沸、摇匀而制得的橙色至樱桃红色透明水溶液，写出相应的反应方程式。该溶液在空气的作用下又会发生什么反应？

4. 如使用浓盐酸分别处理 $Fe(OH)_3$、$Co(OH)_3$ 和 $Ni(OH)_3$，各有什么现象？发生什么反应？

5. 用银和硝酸反应制取硝酸银，为充分利用硝酸，用浓硝酸还是稀硝酸？

六、自测试卷参考答案

一、选择题

1	2	3	4	5	6	7	8	9	10
D	B	C	D	D	C	D	A	C	D
11	12	13	14	15	16	17	18	19	20
D	A	C	D	D	D	C	D	D	A

二、填空题

1. （1）低于　（2）强于　（3）强于　（4）小于　（5）小于

2. H_3AsO_4　$Bi(OH)_3$　Na_3AsO_3　$NaBiO_3$　$+3$

三、简答题

1. （1）氮为第二周期元素，只有 2s、2p 轨道，最大配位数为 4。故只能形成 NCl_3 不可能有 NCl_5。

磷为第三周期元素，有 3s、3p、3d 轨道，既可以 sp^3 杂化轨道成键，也可以 sp^3d 杂化轨道成键，最大配位数为 6。故除可以形成 PCl_3 外，还可以形成 PCl_5。

铋为第六周期元素，由于存在 $6s^2$ 惰性电子对效应，$Bi(V)$ 有强氧化性，Cl^- 又有还原性，所以 $BiCl_5$ 不会形成。

（2）$NCl_3 + 3H_2O \Longrightarrow NH_3 + 3HClO$

NCl_3 中 Cl（带正电）被水分子上的 O（带负电，亲核体）逐步进攻发生反应，产物为 NH_3 及 $HClO$。

$$PCl_3 + H_2O \Longrightarrow \underset{HO\quad H\quad OH}{\overset{O}{\underset{\uparrow}{P}}} + 3HCl$$

PCl_3 中 P 带正电，又有空轨道，所以可以被水分子上的氧逐步进攻发生反应，生成 H_3PO_3 和盐酸。

$BiCl_3+H_2O =\!=\!= BiOCl\downarrow +2HCl$，水解产物是难溶的酰基盐——$BiOCl$（氯化铋酰）和盐酸，水解不完全（保留了氯原子）。

2.（1）超氧化钡　　　　　　　（2）叠氮化氢或叠氮酸

（3）羟氨　　　　　　　　　　（4）焦硫酸或一缩二硫酸

（5）次磷酸钾　　　　　　　　（6）$Na_2SO_4 \cdot 10H_2O$

（7）$Na_2S_2O_3 \cdot 5H_2O$　　（8）$Na_2S_2O_4 \cdot 2H_2O$

（9）P_2H_4　　　　　　　　　（10）H_5IO_6

3. $3S+3Ca(OH)_2 =\!=\!= 2CaS+CaSO_3+3H_2O$

$(x-1)S+CaS =\!=\!= CaS_x$（橙色），随 x 升高显樱桃红色。

$S+CaSO_3 =\!=\!= CaS_2O_3$

所以石硫合剂是 $CaS_x \cdot CaS_2O_3$ 和 $Ca(OH)_2$ 的混合物。

由于石硫合剂在空气中与 H_2O 及 CO_2 作用，发生以下反应：

$$CaS_x+H_2O+CO_2 =\!=\!= CaCO_3+H_2S_x$$

$$H_2S_x =\!=\!= H_2S\uparrow +(x-1)S\downarrow$$

4. 氢氧化铁和浓盐酸反应，氢氧化铁溶解，变成黄色的氯化铁（Ⅲ）溶液：

$$Fe(OH)_3+3HCl =\!=\!= FeCl_3+3H_2O$$

氢氧化钴有强氧化性，能将浓盐酸氧化成氯气，变成蓝色的二价钴溶液：

$$2Co(OH)_3+10HCl =\!=\!= 2H_2[CoCl_4]+Cl_2+6H_2O$$

氢氧化镍有强氧化性，能将浓盐酸氧化成氯气，变成蓝绿色的氯化镍（Ⅱ）溶液：

$$2Ni(OH)_3+6HCl =\!=\!= 2NiCl_2+Cl_2+6H_2O$$

5. 稀硝酸、浓硝酸分别与足量银发生反应：

$$2HNO_3（浓）+Ag =\!=\!= AgNO_3+H_2O+NO_2$$

$$4HNO_3（稀）+3Ag =\!=\!= 3AgNO_3+2H_2O+NO$$

根据方程式可知，相同物质的量的稀硝酸、浓硝酸分别与足量银反应，稀硝酸产生的硝酸银比浓硝酸产生的硝酸银的物质的量多，因此，用银和硝酸反应制取硝酸银时，经常使用稀硝酸而不是浓硝酸来溶解银。

第十一章
分析化学基础

一、学习要求

1. **掌握：** 分析结果有限实验数据的处理方法。
2. **熟悉：** 有效数字的意义，掌握它的运算规则。
3. **了解：** 分析化学的任务和作用，定量分析方法的分类，定量分析的过程及分析结果的表示，定量分析误差的产生和它的各种表示方法。

二、本章要点

（一） 分析化学的任务及其作用

分析化学是研究物质的组成、含量、结构和形态等化学信息的分析方法及有关理论的一门科学，是化学的一个重要分支。分析化学的任务主要有三方面：确定物质的化学组成（或成分）、测定各组分的相对含量及鉴定体系中物质的化学结构和形态。它们分属于定性分析、定量分析及结构分析的内容。

（二） 分析化学的方法分类

分析化学的方法一般可以根据分析任务、分析对象、测定原理、操作方法和试样用量的不同等进行分类。

（三） 分析过程及分析结果的表示

1. 分析过程

分析过程实际上就是获取物质化学信息的过程。因此，分析过程一般包括明确任务和指定计划、取样、试样制备、干扰的消除、测定、结果计算和表达、方法认证、形成报告等步骤。

2. 分析结果的表示方法

（1）固体试样 最常用的表示固体试样常量分析结果的方式是求出被测物 B 的质量

$m(B)$ 与试样质量 $m(s)$ 之比—$w(B)$，即物质 B 的质量分数。

（2）液体试样 可用质量分数、体积分数和质量浓度来报告分析结果。

（四）定量分析的误差和分析结果的数据处理

1. 有效数字及运算规则

（1）有效数字 有效数字是指在分析工作中实际上能测量到的数字。有效数字不仅能表示数值的大小，还可以反映测量的精确程度。

（2）数字的修约规则

在数据的处理过程中，各测量值的有效数字的位数可能不同，在运算时按一定的规则舍去多余的尾数，不但可以节省计算时间，而且可以避免误差累计。按运算法则确定有效数字的位数后，舍去多余的尾数，称为数字修约。其基本原则如下：

① 采用"四舍六入五成双（或五留双）"的规则进行修约；

② 禁止分次修约；

③ 可多保留一位有效数字进行运算；

④ 标准偏差的修约。

（3）有效数字的运算规则

几个数据相加或相减的和或差的有效数字的保留，应以小数点后位数最少（绝对误差最大）的数据为依据。

几个数据相乘除时，积或商有效数字应保留的位数，应以参加运算的数据中相对误差最大（有效数字位数最少）的那个数据为依据。

2. 定量分析误差的产生及表示方法

（1）定量分析误差的产生

系统误差是由测定过程中某些经常性的、比较确定的因素所造成的比较恒定的误差。它常使测定结果偏高或偏低，在同一测定条件下重复测定中，误差的大小及正负可重复显示并可以测量，它主要影响分析结果的准确度，对精密度影响不大。系统误差可通过适当的校正方法来减小或消除它，以提高分析结果的准确度。

偶然误差是由于分析过程中的不确定因素所引起的误差，往往大小不等、正负不定。这类误差在操作中无法完全避免，也难找到确定的原因，它不仅影响测定结果的准确度，而且明显地影响分析结果的精密度。偶然误差的出现服从统计规律。在消除系统误差的前提下，通过增加平行测定的次数，采用数理统计方法可以减小偶然误差。

（2）误差的表示方法——准确度、精密度、误差和偏差

准确度表示测定结果与真实值接近的程度，它用误差来衡量。误差可分为绝对误差和相对误差。

$$绝对误差＝测定值－真实值$$
$$相对误差＝[(测定值－真实值)/真实值]×100\%$$

精密度是指测定的重复性的好坏程度，它用偏差来表示。偏差是指个别测定值与多次分析结果的算术平均值之间的差值。偏差大，表示精密度低；反之，偏差小，则精密度高。偏差也有绝对偏差和相对偏差。

$$绝对偏差(d)＝个别测定值(x)－算术平均值(\bar{x})$$

相对偏差＝［绝对偏差(d)/算术平均值($\bar{x}$)］×100%

在实际分析工作（如分析化学实验）中，分析结果的精密度经常用平均偏差和相对平均偏差来表示。

$$平均偏差(\bar{d}) = \sum_{i=1}^{n} | d_i | / n$$

$$相对平均偏差 = (\bar{d}/\bar{x}) \times 100\%$$

数理统计方法处理数据时，常用标准偏差（又称均方根偏差）来衡量测定结果的精密度。当测量次数 $n < 20$ 时，单次测定的标准偏差可按下式计算：

$$标准偏差(s) = \sqrt{\frac{d_1^2 + d_2^2 + d_3^2 + \cdots\cdots + d_n^2}{n-1}} = \sqrt{\frac{\sum\limits_{i=1}^{n} d_i^2}{n-1}}$$

当测定次数 $n > 50$ 时，则分母用 $n-1$ 或 n 都无关紧要。上式中 $n-1$ 称作自由度，用 f 表示。有时也用相对标准偏差（RSD）［又常称为变异系数（CV）］来衡量精密度的大小。

$$RSD = \frac{s}{\bar{x}} \times 100\%$$

精密度是保证准确度的先决条件。精密度差，说明分析结果不可靠，也就失去衡量准确度的前提。

3．提高分析结果准确度的方法

减小分析误差的几种主要方法有：选择恰当的分析方法，减小测量误差，增加平行测定次数。消除测量中系统误差的方法：校准仪器、对照实验、回收实验、空白实验。

（五） 实验数据的统计处理

在一般的实验和科学研究中，必须对同一个试样进行多次的重复试验，获得足够的数据，然后进行统计处理。

1．偶然误差的正态分布

偶然误差的分布符合高斯正态分布曲线。

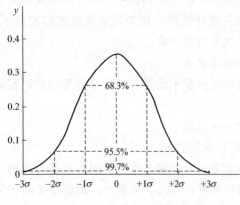

图 11-1 误差正态分布曲线

从图 11-1 中可知，测定结果（x）落在 $\pm 1\sigma$ 范围内的概率是 68.3%；落在 $\pm 2\sigma$ 范围内的概率是 95.5%；落在 $\pm 3\sigma$ 范围内的概率是 99.7%。此概率 P 称置信度或置信水平。而落在此范围之外的概率（$1-P$），叫显著性水平，可用希腊字母 α 表示。

2．平均值的置信区间

在实际工作中，通常都是进行有限次测量。有限次测量的偶然误差分布服从 t 分布。在 t 分布中，样本标准偏差 s 代替总体标准偏差 σ 来估计测量数据的分散程度。用 s 代替 σ 时，测

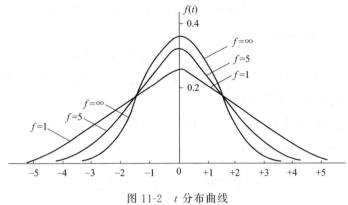

图 11-2 t 分布曲线

量值或其偏差不符合正态分布，这时需用 t 分布来表示。t 分布曲线图（如图 11-2 所示）与正态分布曲线相似，只是由于测定次数少，数据的集中程度较小，分散程度较大，分布曲线的形状将变得较矮、较钝。

3．可疑数据的取舍

Q 检验法的步骤如下：

① 先将数据按大小顺序排列，计算最大值与最小值之差（极差），作为分母；

② 计算离群值与最邻近数值的差值，作为分子，其值之商即为 Q 值

$$Q = \frac{x_{可疑} - x_{紧邻}}{x_{最大} - x_{最小}}$$

查表得 90％、95％、99％置信水平时 Q 的数值。如果 Q（计算值）$>Q$（表值），离群值应该舍弃；反之，则应保留。

4．分析结果的数据处理与报告

在实际工作中，分析结果的数据处理是非常重要的。分析人员仅作 1～2 次测定不能提供可靠的信息，也不会被人们所接受。因此，在实验和科学研究工作中，必须对试样进行多次平行测定，直至获得足够的数据，然后进行统计处理并写出分析报告。

三、解题示例

1. 已知 H_2SO_4 标准溶液的浓度为 0.1004 mol·L^{-1}，用此溶液滴定未知浓度的 NaOH 溶液 25.00 mL，消耗 H_2SO_4 12.64 mL，试计算 NaOH 溶液的浓度。

解：H_2SO_4 与 NaOH 的滴定反应为：$H_2SO_4 + 2NaOH \Longrightarrow Na_2SO_4 + 2H_2O$

$$\frac{n_{NaOH}}{n_{H_2SO_4}} = \frac{2}{1} \text{或} \ n_{NaOH} = 2n_{H_2SO_4}$$

故
$$c_{NaOH} V_{NaOH} = 2c_{H_2SO_4} V_{H_2SO_4}$$

$$c_{NaOH} = \frac{2c_{H_2SO_4} V_{H_2SO_4}}{V_{NaOH}} = \frac{2 \times 0.1004 \ \text{mol·}L^{-1} \times 12.64 \ \text{mL}}{25.00 \ \text{mL}} = 0.1015 \ \text{mol·}L^{-1}$$

2. 欲配制 0.1000 mol·L^{-1} $K_2Cr_2O_7$ 标准溶液 500 mL，问应称取基准物质 $K_2Cr_2O_7$

多少克？

解：由于 $m_B = c_B V_B M_B$，又已知 $c = 0.1000 \text{ mol} \cdot \text{L}^{-1}$，$V = 500 \text{ mL}$，

$M_{K_2Cr_2O_7} = 294.2 \text{ g} \cdot \text{mol}^{-1}$

故 $$m_{K_2Cr_2O_7} = 0.1000 \times 294.7 = 14.71 \text{ g}$$

3. 称取二水合草酸（$H_2C_2O_4 \cdot 2H_2O$）基准物质 0.1520 g，标定 NaOH 溶液时用去此溶液 24.00 mL，求 NaOH 溶液的浓度。

解：根据标定时反应 $H_2C_2O_4 + 2NaOH = Na_2C_2O_4 + 2H_2O$

可知，计量点时，$n_{NaOH} = 2n_{H_2C_2O_4}$

故有 $$c_{NaOH} V_{NaOH} = 2 \times \frac{m_{H_2C_2O_4 \cdot 2H_2O}}{M_{H_2C_2O_4 \cdot 2H_2O}}$$

已知 $m_{H_2C_2O_4 \cdot 2H_2O} = 0.1520 \text{ g}$，$V_{NaOH} = 24.00 \text{ mL}$，$M_{H_2C_2O_4 \cdot 2H_2O} = 126.07 \text{ g} \cdot \text{mol}^{-1}$

故 $$c_{NaOH} = \frac{2 \times 0.1520}{126.07 \times 24.00 \times 10^{-3}} = 0.1005 \text{ mol} \cdot \text{L}^{-1}$$

4. 当用 Na_2CO_3 标定 HCl 溶液时，欲使滴定时用去 $0.2 \text{ mol} \cdot \text{L}^{-1}$ HCl 20～25 mL，问应称取分析纯 Na_2CO_3 多少克？

解：根据标定时的反应 $Na_2CO_3 + 2HCl = 2NaCl + H_2O + CO_2 \uparrow$ 可知，计量点时，

$n_{HCl} = 2n_{Na_2CO_3}$，$m_{Na_2CO_3} = \frac{1}{2} c_{HCl} V_{HCl} M_{Na_2CO_3}$

设 m 为应称取 Na_2CO_3 的质量，则

$$m_1 = 0.2 \times 20 \times 10^{-3} \times 105.99 \times \frac{1}{2} \approx 0.2 \text{ g}$$

$$m_2 = 0.2 \times 25 \times 10^{-3} \times 105.99 \times \frac{1}{2} \approx 0.3 \text{ g}$$

故应称取分析纯 Na_2CO_3 0.2～0.3 g。

5. 在上题中若称取的基准物质 Na_2CO_3 0.25 g，计算大约消耗 $0.2 \text{ mol} \cdot \text{L}^{-1}$ HCl 溶液多少毫升？

解：由于 $n_{HCl} = 2n_{Na_2CO_3}$，得

$$2 \times \frac{m_{Na_2CO_3}}{M_{Na_2CO_3}} = c_{HCl} V_{HCl}$$

即 $$2 \times \frac{0.25}{105.99} = 0.2 \text{ mol} \cdot \text{L}^{-1} \times V_{HCl}$$

故 $$2 \times \frac{0.25 \times 1000}{105.99 \times 0.2} = 24 \text{ mL}$$

6. 甲：0.3，0.2，0.4，−0.2，0.4，0.0，0.1，0.3，0.2，−0.3；

乙：0.0，−0.1，0.7，−0.2，0.1，0.2，−0.6，0.1，0.3，0.1。

试问哪一组数据的精密度好？

解：计算第一组和第二组即甲组和乙组的 $\bar{d}$ 和 s

第一组： $$\bar{d_1} = \frac{\sum |d_i|}{n} = 0.19$$

第二组：
$$\overline{d_2} = \frac{\sum |d_i|}{n} = 0.23$$

第一组：$s_1 = 0.058$ 第二组：$s_2 = 0.11$

由此说明：第一组的精密度好。

7. 有效数字位数

(1) 1.0008   (2) 43.181

(3) 0.1000   (4) 10.98%

(5) 0.0382   (6) 1.98×10^{-10}

(7) 54   (8) 0.0040

(9) 0.05   (10) 2×10^5

解：(1)(2) 五位；(3)(4) 四位；(5)(6) 三位；(7) 不确定；(8) 二位；(9)(10) 一位。

8. 测定试样中氯的含量 $w(Cl)$，四次重复测定，值为 0.4764，0.4769，0.4752，0.4755。计算出平均值在置信度为 95% 时的置信区间。

解：查表得 $t_{0.05,3} = 3.18$，所以，平均值在置信度为 95% 时的置信区间为

$$\mu = \overline{x} \pm t_{a,f} \frac{S}{\sqrt{n}}$$

$$= 0.4760 \pm 3.18 \times \frac{0.008}{\sqrt{4}} = 0.4760 \pm 0.0013$$

结果表明，试样中氯的真实含量 $w(Cl)$ 在 0.4747～0.4773 范围内，这一结果的可靠程度为 95%，真实值在此范围之外的可能性只有 5%。

9. 平行测定盐酸浓度（$mol \cdot L^{-1}$），结果为 0.1014，0.1021，0.1016，0.1013。试问 0.1021 在置信度为 90% 时是否应舍去。

解：
$$Q = \frac{0.1021 - 0.1016}{0.1021 - 0.1013} = 0.62$$

查表，当 $n = 4$，$Q_{0.90} = 0.76$。因 $Q < Q_{0.90}$，故 0.1021 不能舍去。

四、习题解答

1. 在以下数值中，各数值包含多少位有效数字？

(1) 0.004050；   (2) 5.6×10^{-11}；   (3) 1000；   (4) 96500；

(5) 6.20×10^{10}；   (6) 23.4082。

解：(1) 4；(2) 2；(3) 不确定；(4) 不确定；(5) 3；(6) 6。

2. 进行下述运算，并给出适当位数的有效数字。

(1) $\dfrac{2.52 \times 4.10 \times 15.14}{6.16 \times 10^4}$ (2) $\dfrac{3.10 \times 21.14 \times 5.10}{0.0001120}$

(3) $\dfrac{51.0 \times 4.03 \times 10^{-4}}{2.512 \times 0.002034}$ (4) $\dfrac{0.0324 \times 8.1 \times 2.12 \times 10^2}{1.050}$

(5) $\dfrac{2.2856 \times 2.51 + 5.42 - 1.8940 \times 7.50 \times 10^{-3}}{3.5462}$

（6）pH＝2.10，求［H^+］＝？

解：（1）2.54×10^{-3}；（2）2.98×10^6；（3）4.02；（4）5.3×10；（5）3.147；
（6）7.9×10^{-3} mol·L^{-1}

3. 一位气相色谱工作新手，要确定自己注射样品的精密度。他注射了 10 次，每次
$0.5\,\mu L$，量得色谱峰高分别为：142.1 mm、147.0 mm、146.2 mm、145.2 mm、
143.8 mm、146.2 mm、147.3 mm、150.3 mm、145.9 mm 及 151.8 mm。求标准偏差与
相对标准偏差，并做出结论（有经验的色谱工作者，很容易达到 RSD＝1％，或更小）。

解：
$$\bar{x}=\frac{142.1+147.0+146.2+145.2+143.8+146.2+147.3+150.3+145.9+151.8}{10}$$

$$=146.6$$

$$s=\sqrt{\frac{(-4.5)^2+0.4^2+(-0.4)^2+(-0.6)^2+2.8^2+(-0.4)^2+0.7^2+3.7^2+(-0.7)^2+5.2^2}{10-1}}$$

$$=2.8$$

$$RSD=\frac{s}{\bar{x}}\times100\%=\frac{2.8}{146.6}\times100\%=1.9\%$$

4. 某一操作人员在滴定时，溶液过量了 0.10 mL，假如滴定的总体积为 2.10 mL，其
相对误差为多少？如果滴定的总体积为 25.80 mL，其相对误差又是多少？它说明了什么
问题？

解：相对误差$=\dfrac{0.10}{2.10}\times100\%=4.8\%$

相对误差$=\dfrac{0.10}{25.80}\times100\%=0.39\%$

在同样过量 0.1 mL 情况下，所用溶液体积越大，相对误差越小。

＊＊5. 如果要使分析结果的准确度为 0.2％。应在灵敏度为 0.0001 和 0.001 的分析天
平上分别称取试样多少克？如果要求称取试样为 0.5 g 以下。应取哪种灵敏度的天平较为
合适？

解：$\dfrac{0.0001}{x}=\dfrac{0.2}{100}$ $x=0.05000$

$\dfrac{0.001}{x}=\dfrac{0.2}{1000}$ $x=0.5000$

答：要称取试样 0.5 g 以下，应取灵敏度为 0.0001 g 的分析天平。

＊6. 测定碳的原子量所得数据：12.0080、12.0095、12.0099、12.0101、12.0102、
12.0106、12.0111、12.0113、12.0118 及 12.0120。

求算：（1）平均值；（2）标准偏差；（3）平均值在 99％ 置信水平的置信限。

解：平均值$\bar{x}=$

$$\frac{12.0080+12.0095+12.0099+12.0101+12.0102+12.0106+12.0111+12.0113+12.0118+12.0120}{10}$$

$$=12.0104$$

标准偏差 $s=$

$$\sqrt{\frac{(-0.0024)^2+(-0.0009)^2+(-0.0005)^2+(-0.0003)^2+(-0.0002)^2+0.0002^2+0.0007^2+0.0009^2+0.0014^2+(0.0016)^2}{10-1}}$$

$$=0.0011$$

平均值在置信水平为 95％时的置信区间：

$$\mu=\overline{x}\pm\frac{ts}{\sqrt{n}}=12.0104\pm\frac{3.36\times0.0011}{\sqrt{10}}=12.0104\pm0.0013$$

＊7. 标定 NaOH 溶液的浓度时获得以下分析结果：0.1021 mol·L⁻¹、0.1022 mol·L⁻¹、0.1023 mol·L⁻¹和 0.1030 mol·L⁻¹。问：

（1）对于最后一个分析结果 0.1030，按照 Q 检验法是否可以舍弃？

（2）溶液准确浓度应该怎样表示？

（3）计算平均值在置信水平为 95％时的置信区间。

解： 数据由大到小排序：

0.1030   0.1023   0.1022   0.1021

（1）对于最后一个分析结果 0.1030，$Q_{计算值}=\dfrac{0.1030-0.1023}{0.1030-0.1021}=0.78$

$n=4$，$Q_{表值}=0.76$，$Q_{计算值}>Q_{表值}$，故舍去；

（2）溶液准确浓度 $\overline{x}=\dfrac{0.1021+0.1022+0.1023}{3}=0.1022$

（3）平均值在置信水平为 95％时的置信区间

$$s=\sqrt{\frac{(-0.0001)^2+(0.0001)^2+0^2}{3-1}}=0.0001$$

$$\mu=\overline{x}\pm\frac{ts}{\sqrt{n}}=0.1022\pm\frac{4.30\times0.0001}{\sqrt{3}}=0.1022\pm0.0002$$

＊8. 某学生测定 HCl 溶液的浓度，获得以下分析结果（mol·L⁻¹）：0.1031，0.1030，0.1038 和 0.1032 请问按 Q 检验法 0.1038 的分析结果可否舍弃？如果第 5 次的分析结果是 0.1032。这时 0.1038 的分析结果可以弃去吗？

解： 数据由大到小排序：

0.1038   0.1032   0.1031   0.1030

$$Q_{计算值}=\frac{0.1038-0.1032}{0.1038-0.1030}=0.75$$

$n=4$，$Q_{表值}=0.76$，$Q_{计算值}<Q_{表值}$，故保留；

$n=5$，$Q_{表值}=0.64$，$Q_{计算值}>Q_{表值}$，故舍去。

＊＊9. In each of the following numbers，underline all of the significant digits，and give the total number of significant digits.

（a）0.2018 mol·L⁻¹

（b）0.0157 g

（c）3.44×10⁻⁵

（d）pH=4.11

（e）1.0300 g·L⁻¹

Solution：（a）0.<u>2018</u> mol·L⁻¹，4sig figs； （b）0.0<u>157</u> g，3sig figs； （c）<u>3.44</u>

$\times 10^{-5}$, 3sig figs; (d) pH$=4.\underline{11}$, 2sig figs; (e) $\underline{1.0300}$ g $\cdot$ L^{-1}, 5sig figs

10. Perform each of the following operations and round to the appropriate number of significant figures.

    a. $(5.21-4.71)\times0.250=$

b. $45.117\div1.002+101.4604=$

c. $0.12\times(1.76\times10^{-5})=$

Solution：a. 0.12   b. 146.49 c. 2.2×10^{-6}

11. Define precision. How is it related to accuracy? How does one measure precision?

Solution：Precision（精密度）refers to the degree of reproducibility of a measured quantity. It is the closeness of agreement when the same quantity is measured several times. Accuracy（准确度）refers to how close a measured value is to the accepted，or actual value. High-precision measurements are not always accurate a large systematic error could be present. One can calculate precision using different methods，including average deviation（平均偏差）and relative average deviation（相对平均偏差）.

＊＊12. Weigh a nickel coin on the balance，remove the coin，and re-zero the balance. Repeat this process five times. Assuming the following weight results were obtained：5.0003 g，5.0007 g，4.9988 g，4.9994 g，and 5.0002 g. Please determine the average mass $(\overline{x})$，the average deviation $(\overline{d})$，the relative average deviation $[(\overline{d}/\overline{x})\times100\%]$，the standard deviation (s) and the relative standard deviation (RSD).

Solution：the average mass $(\overline{x})$，

$$\overline{x}=\frac{5.0003+5.0007+4.9988+4.9994+5.0002}{5}=4.9999 \text{ g}$$

the average deviation $(\overline{d})$，

$$\overline{d}=\frac{|0.0004|+|0.0008|+|0.0011|+|-0.0005|+|0.0003|}{5}=0.0006$$

the relative average deviation $[(\overline{d}/\overline{x})\times100\%]$，

$$(\overline{d}/\overline{x})\times100\%=0.01\%$$

the standard deviation (s)，

$$s=\sqrt{\frac{0.0004^2+0.0008^2+0.0011^2+(-0.0005)^2+0.0003^2}{5-1}}=0.0008$$

the relative standard deviation (RSD)，

$$RSD=\frac{s}{\overline{x}}\times100\%=0.02\%$$

五、自测试卷（共 100 分）

一、选择题（每题 2 分，共 40 分）

1. 下列一组数据中，有效数字为两位的是（   ）

A. 0.120   B. p$K_a$$=4.75$ C. 1.40%   D. 4×10^{-6}

2. 定量分析结果的标准偏差代表的是（   ）

A. 分析结果的准确度 B. 分析结果的精密度和准确度

C. 分析结果的精密度 D. 平均值的绝对误差

3. 对某试样进行平行三次测定，得出某组分的平均含量为 30.6%，而真实含量为 30.3%，则 30.6%－30.3%＝0.3% 为（ ）

A. 相对误差 B. 绝对误差 C. 相对偏差 D. 绝对偏差

4. 下列论述正确的是（ ）

A. 准确度高，一定需要精密度好

B. 进行分析时，过失误差是不可避免的

C. 精密度高，准确度一定高

D. 精密度高，系统误差一定小

5. 下面哪一种方法不属于减小系统误差的方法（ ）

A. 做对照实验 B. 校正仪器

C. 做空白实验 D. 增加平行测定次数

6. 下列数字中零作为有效数字，意义是含糊的是（ ）

A. 0.00144 cm B. 1703 cm C. 3.20×10^2 cm D. 100 cm

7. 下列数据（1）3.604（2）3.605（3）3.615（4）3.6051 中，若取三位有效数字，应分别写成（ ）

A.（1）3.61 （2）3.61 （3）3.62 （4）3.60

B.（1）3.60 （2）3.61 （3）3.62 （4）3.60

C.（1）3.61 （2）3.60 （3）3.61 （4）3.61

D.（1）3.60 （2）3.60 （3）3.62 （4）3.61

8. 用分析天平称量样品，下列称量数据中最合理的是（ ）

A. 0.2235 g B. 0.10247 g C. 0.11 g D. 112.47 mg

9. 滴定分析中出现下列情况，属于系统误差的是（ ）

A. 滴定时有溶液溅出 B. 读取滴定管读数时，最后一位估测不准

C. 试剂中含少量待测离子 D. 砝码读错

10. 用计算器计算 $\dfrac{0.7120×(21.25-16.25)}{23.12×25.00}$ 的结果为 0.006159169，按有效数字修约规则应将结果修约为（ ）

A. 0.006 B. 0.0062 C. 0.00616 D. 0.0061

11. 按有效数字的规定，pH＝4.003 时 [H$^+$] 应为（ ）

A. 9.931×10^{-5} mol·L^{-1} B. 9.93×10^{-5} mol·L^{-1}

C. 9.9×10^{-5} mol·L^{-1} D. 1×10^{-4} mol·L^{-1}

12. 减少偶然误差可采用（ ）

A. 校正仪器 B. 对照试验 C. 空白试验 D. 多次测定

13. 对某硫酸铜试样进行多次平行测定，测得铜的平均含量为 25.65%，其中某次测定值为 25.60%，则该测定值与平均值之差（25.60%－25.65%）为该次测定的（ ）

A. 绝对误差 B. 相对误差 C. 绝对偏差 D. 相对偏差

14. 分析测定中，使用校正的方法，可消除的误差是（ ）

A. 系统误差 B. 偶然误差 C. 过失误差 D. 随即误差

15. 已知某溶液的 pH 值为 11.90，其氢离子浓度的正确值为（　　　）

A. 1×10^{-12} mol·L^{-1} B. 1.3×10^{-12} mol·L^{-1}

C. 1.26×10^{-12} mol·L^{-1} D. 1.258×10^{-12} mol·L^{-1}

16. $y = (472.5 \times 2.83 \times 0.25751)/(17.1 + 2.457)$ 的计算结果应取有效数字的位数是（　　　）

A. 3 位   B. 4 位   C. 5 位   D. 6 位

17. 以下情况产生的误差属于系统误差的是（　　　）

A. 指示剂变色点与化学计量点不一致

B. 滴定管读数最后一位估测不准

C. 称样时砝码数值记错

D. 称量过程中天平零点稍有变动

18. 下列数据中有效数字不是四位的是（　　　）

A. 0.2400   B. 2.004   C. 0.0024   D. 20.40

19. 如果要求分析结果达到 0.1% 的准确度，使用灵敏度为 0.1 mg 的天平称取试样时，至少应称取（　　　）

A. 0.1 g   B. 0.2 g   C. 0.05 g   D. 0.5 g

20. 当对某一试样进行平行测定时，若分析结果的精密度很好，但准确度不好，可能的原因是（　　　）

A. 操作过程中溶液严重溅失   B. 试样不均匀

C. 称样时某些记录有错误   D. 使用未校正过的容量仪器

二、填空题（每个空格 1 分，共 10 分）

1. 平行测得的测定结果中，相对平均偏差应＿＿＿＿＿＿＿＿。

2. 滴定管的读数有 ±0.01 mL 的误差，那么在一次滴定中可能有＿＿＿＿ mL 的误差。为使滴定分析的相对误差不超过 ±0.1%，滴定时所消耗溶液的体积应控制在＿＿＿＿ mL 以上。

3. 系统误差的特点有＿＿＿＿＿＿＿、＿＿＿＿＿＿＿＿、＿＿＿＿＿＿＿。

4. 根据试样用量的多少，分析方法可分为＿＿＿、＿＿＿＿、＿＿＿＿、＿＿＿＿。

三、简答题（每题 5 分，共 10 分）

1. 系统误差的产生原因，并举例。如何减免系统误差。

2. 下列情况各引起什么误差，如果是系统误差，应如何消除？

（1）砝码腐蚀

（2）称量时试样吸收了空气中的水分

（3）天平零点稍有变动

（4）读取滴定管读数时，最后一位数字估测不准

（5）试剂中含有微量被测组分

四、计算题（每题 10 分，共 40 分）

1. 滴定管的读数误差为 ± 0.01 mL，如果滴定用去 25.00 mL 标准溶液，计算相对误差。

2. 误差计算

实验测定某 NH_4Cl 样品中的含氮量，4 次测定结果分别为 26.10%，26.18%，26.89%，26.44%，试计算实验测定的平均值、平均偏差、相对平均偏差。

3. 用丁二酮肟重量法测定钢铁中 Ni 的百分含量，得到下列结果：10.48%，10.37%，10.47%，10.43%，10.40%，计算单次分析结果的平均偏差、相对平均偏差，标准偏差和相对标准偏差。

4. 钢中铬的百分含量 5 次测定结果是：1.12%、1.15%、1.11%、1.16% 和 1.12%，求置信度为 95% 时平均结果的置信区间。

六、自测试卷参考答案

一、选择题

1	2	3	4	5	6	7	8	9	10
B	C	B	A	D	D	D	A	C	C
11	12	13	14	15	16	17	18	19	20
B	D	C	A	B	A	A	C	B	D

二、填空题

1. 不大于 0.2%

2. ±0.02，20

3. 误差可以估计其大小、误差是可以测定的、通过多次测定均出现正误差或负误差

4. 常量分析、半微量分析、微量分析、超微量分析

三、简答题

1. 分析过程中某些确定的、经常性的因素引起的误差（1）方法误差、（2）仪器误差、（3）试剂误差、（4）操作误差

2. （1）、（2）、（5）为系统误差

（3）、（4）为偶然误差

四、计算题

1. ±0.08%

2. 26.40%；0.26%；0.99%

3. 0.03%；0.35%；0.046%；0.44%

4. （1.13±0.027)%

第十二章

滴定分析法

一、学习要求

1. **掌握**：滴定反应必须具备的条件；选择指示剂的一般原则；标准溶液及其浓度表示方法；滴定分析法中的有关计算；各种酸碱滴定反应中溶液 pH 的计算，滴定曲线的绘制及指示剂的选择；EDTA 配位滴定法，高锰酸钾法；各种滴定法在实际工作中的应用及计算。

2. **熟悉**：滴定分析中的常用术语；常用的滴定方式；银量法、重铬酸钾滴定法、碘量法。

3. **了解**：滴定分析的一般过程和滴定曲线；一般指示剂的变色原理和指示终点的原理。

二、本章要点

（一）滴定分析方法概述

1. 滴定分析法及其特点

将一种已知其准确浓度的试剂溶液（标准溶液）滴加到被测物质的溶液中，直到所加试剂与被测物质按化学计量关系定量反应为止，然后根据所加试剂溶液的浓度和体积可以求得被测组分的含量，这种方法称为**滴定分析法**（**或称容量分析法**）。准确掌握滴定、化学计量点或称理论终点、滴定终点的概念，以及滴定分析法的特点。

2. 滴定分析法的分类

根据标准溶液和待测组分间的反应类型的不同，分为四大类：酸碱滴定法、配位滴定法、氧化还原滴定法、沉淀滴定法。

3. 对滴定反应的要求

滴定反应必须要按一定的化学计量关系定量进行，反应速率要快，且必须有适当的方法确定滴定终点。

4. 滴定方式

滴定方式有：直接滴定法、返滴定法、置换滴定法、间接滴定法。

5. 基准物质和标准溶液

能够直接用于配制标准溶液的物质，称为基准物质或基准试剂，简称基准物。基准物质必须具备的条件：组成恒定、纯度高、稳定性好、具有较大的摩尔质量、使用条件下易溶于水（或稀酸、稀碱）。

6. 滴定分析中的计算

（1）滴定分析中的基本公式

设 A 为待测组分，B 为标准溶液，滴定反应为：

$$a\mathrm{A}+b\mathrm{B}=\!\!=\!\!=c\mathrm{C}+d\mathrm{D}$$

当 A 与 B 按化学计量关系完全反应时，则：

$$\frac{n_\mathrm{A}}{n_\mathrm{B}}=\frac{a}{b}$$

（2）滴定分析计算实例

溶液的稀释或增浓的计算，标准溶液的配制和标定。

（二）　酸碱滴定法

1. 水溶液中各种酸碱组分的分布情况

某一组分的平衡浓度在总浓度中的分数称为该组分的分布系数（或称摩尔分数）以 δ 表示。根据分布系数 δ 与溶液酸度（pH 值）之间的关系，作 δ-pH 图，称为分布曲线。

一元弱酸 HAc 溶液各种组分的分布曲线见图 12-1。

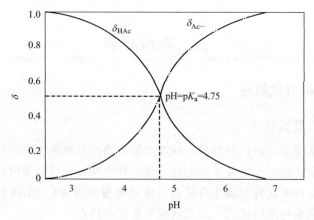

图 12-1　HA、Ac^- 分布系数与溶液 pH 值的关系曲线

2. 酸碱指示剂

（1）酸碱指示剂

酸碱指示剂一般为有机弱酸或有机弱碱。溶液中酸度改变的时候，会使指示剂结构改变而引起颜色的变化，从而指示滴定终点。

现以 HIn 来表示弱酸，则弱酸的离解平衡为　$\mathrm{HIn}=\!\!=\!\!=\mathrm{H}^++\mathrm{In}^-$

达平衡时，$\dfrac{c(\text{H}^+)c(\text{In}^-)}{c(\text{HIn})}=K_{\text{HIn}}$

K_{HIn} 称为指示剂常数，它的意义是：$\dfrac{c(\text{In}^-)}{c(\text{HIn})}=\dfrac{\text{"碱"色}}{\text{"酸"色}}=\dfrac{K_{\text{HIn}}}{c(\text{H}^+)}$

显然，指示剂颜色的转变依赖于 In^- 和 HIn 的浓度比，根据上面可知，In^- 和 HIn 的浓度之比取决于：①指示剂常数 K_{HIn}，其数值与指示剂离解的强弱有关，在一定条件下，对特定的指示剂而言，是一个固定的值；②溶液的酸度 $c(\text{H}^+)$，因此，指定指示剂的颜色完全由溶液中 $c(\text{H}^+)$ 决定。

（2）指示剂的变色范围

当溶液的酸度随滴定逐渐改变时，溶液中 $c(\text{In}^-)$ 与 $c(\text{HIn})$ 的浓度之比值将随之改变。因而指示剂的颜色也逐渐地在改变。颜色在逐渐变化的过渡中的 pH 值范围称为指示剂的变色范围。通常来讲，当"酸""碱"色浓度之比大于 10 倍或小于 1/10 倍时，人们的眼睛才能辨认出浓度大的物质的颜色。这实际就是指示剂变色范围的两个边缘。在范围的一边为：

$\dfrac{K_{\text{HIn}}}{c(\text{H}^+)}=\dfrac{c(\text{In}^-)}{c(\text{HIn})}=\dfrac{1}{10}$ $\quad c(\text{H}^+)_1=10K_{\text{HIn}}\quad \text{pH}_1=\text{p}K_{\text{HIn}}-1\quad$ 呈"酸"色。

在范围的另一边：

$\dfrac{K_{\text{HIn}}}{c(\text{H}^+)}=\dfrac{c(\text{In}^-)}{c(\text{HIn})}=10$ $\quad c(\text{H}^+)_2=K_{\text{HIn}}/10\quad \text{pH}_2=\text{p}K_{\text{HIn}}+1\quad$ 呈"碱"色。

综上所述可得如下结论：①指示剂的变色范围不是恰好在 pH 为 7 的地方，而是随各指示剂的 K_{HIn} 不同而不同；②各种指示剂在变色范围内显现出来的是逐渐变化的过渡色；③各种指示剂的变色范围幅度各不相同，通常在 $\text{p}K_{\text{HIn}}\pm1$ 左右。

指示剂的变色范围越窄越好，使滴定分析达化学计量点时，pH 值稍有变化，就可观察出溶液的颜色改变，有利于提高滴定的准确度。为缩小指示剂的变色范围，还常常使用混合指示剂。

3. 滴定曲线及指示剂的选择

在滴定过程中，溶液 pH 值随标准溶液用量的增加而改变所绘制的曲线称为滴定曲线。在化学计量点附近，一滴酸或碱溶液的滴入，所引起的 pH 值变化是很大的。根据这个变化，可选择适合的指示剂。

例如强酸滴定强碱的滴定曲线的绘制：

基本反应：$\text{OH}^-+\text{H}_3\text{O}^+=\!\!=\!\!=2\text{H}_2\text{O}$

现以 $0.1000\ \text{mol}\cdot\text{L}^{-1}\text{NaOH}$ 溶液滴定 $20.00\ \text{mL}\ 0.1000\ \text{mol}\cdot\text{L}^{-1}\text{HCl}$ 溶液为例。滴定过程中的 pH 值分四个阶段计算。

（1）滴定前 [加入 $V(\text{NaOH})=0.00\ \text{mL}$]，溶液中 pH 值由 HCl 溶液的浓度计算：

已知 $c(\text{HCl})=0.1000\ \text{mol}\cdot\text{L}^{-1}$，所以 $c(\text{H}^+)=0.1000\ \text{mol}\cdot\text{L}^{-1}$，$\text{pH}=1.00$。

（2）滴定开始至化学计量点前由于 NaOH 的加入，部分 HCl 已被中和，此时溶液中 pH 值应根据剩余 HCl 的量计算：

假定加入 $V(\text{NaOH})=18.00\ \text{mL}$

则：$\qquad c(\text{H}^+)=\dfrac{c(\text{HCl})\ V(\text{HCl})-c(\text{NaOH})\ V(\text{NaOH})}{V(\text{HCl})+V(\text{NaOH})}$

$$= 5.26 \times 10^{-3} \text{ mol} \cdot L^{-1}$$
$$pH = 2.28$$

加入 $V(\text{NaOH}) = 19.98 \text{ mL}$，

$$c(\text{H}^+) = \frac{0.1000 \times 20.00 - 0.1000 \times 19.98}{20.00 + 19.98}$$
$$= 5.00 \times 10^{-5} \text{ mol} \cdot L^{-1}$$
$$pH = 4.30$$

（3）化学计量点时，加入 $V(\text{NaOH}) = 20.00 \text{ mL}$，所加 NaOH 与溶液中 HCl 完全中和

$$c(\text{H}^+) = c(\text{OH}^-) = 1.00 \times 10^{-7} \text{ mol} \cdot L^{-1}, \quad pH = 7.00$$

（4）化学计量点后，溶液中 pH 值由过量 NaOH 的量计算：

假定加入 $V(\text{NaOH}) = 20.02 \text{ mL}$

$$c(\text{OH}^-) = \frac{c(\text{NaOH})V(\text{NaOH}) - c(\text{HCl})V(\text{HCl})}{V(\text{NaOH}) + V(\text{HCl})}$$
$$= 5.00 \times 10^{-5} \text{ mol} \cdot L^{-1}$$

得 $pOH = 4.30, pH = 9.70$

加入 $V(\text{NaOH}) = 22.00 \text{ mL}$，则 $c(\text{OH}^-) = 5.00 \times 10^{-3} \text{ mol} \cdot L^{-1}$

$pOH = 2.30$，$pH = 11.70$

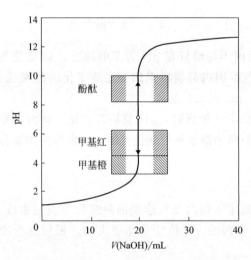

图 12-2　$0.1000 \text{ mol} \cdot L^{-1}$ NaOH 溶液滴定
20.00 mL $0.1000 \text{ mol} \cdot L^{-1}$ HCl 溶液的
滴定曲线

用上述方法可计算出其它各点的 pH 值。以溶液的 pH 值为纵坐标，以所加 NaOH 溶液的体积（mL 数）为横坐标，可绘制出滴定曲线（图 12-2）。

综上所述，在化学计量点前后，溶液的 pH 值跃迁了 5.4 个单位，形成了曲线中"突跃"部分。我们将化学计量点前后 ±0.1% 范围内 pH 值急剧的变化称为**滴定突跃**。指示剂的选择以此为依据。

最理想的指示剂应该恰好在滴定反应的化学计量点变色。突跃范围 pH 值 4.30～9.70 内变色的指示剂均可选用，甲基橙、甲基红、酚酞等都可以作滴定指示剂。选择指示剂的原则：凡是变色范围全部或一部分在滴定突跃范围的指示剂，都可认为是合适的。这时所产生的终点误差在允许范围之内。

必须指出，滴定突跃范围的宽窄与溶液浓度有关。溶液越浓，突跃范围越宽；溶液越稀，突跃范围越窄。

又如强碱滴定弱酸，基本反应：$\text{OH}^- + \text{HA} \Longrightarrow \text{A}^- + \text{H}_2\text{O}$

现以 $0.1000 \text{ mol} \cdot L^{-1}$ NaOH 溶液滴定 20.00 mL $0.1000 \text{ mol} \cdot L^{-1}$ HAc 溶液为例，滴定过程中四个阶段溶液的 pH 值计算如下：

（1）滴定前 ［加入 $V(\text{NaOH}) = 0.00 \text{ mL}$］，溶液中 pH 值由 HAc 溶液的浓度计算，已知 K_a 为 $10^{-4.74}$，又由于 $cK_a > 20K_w$，$c/K_a > 500$，可用最简式：

$$c(\text{H}^+)=\sqrt{cK_a}=\sqrt{0.1000\times10^{-4.75}}=1.33\times10^{-3}\ \text{mol}\cdot\text{L}^{-1},\ \text{pH}=2.88$$

（2）滴定开始至化学计量点前，由于滴入 NaOH，与原溶液中的 HAc 反应生成 NaAc，同时尚有剩余的 HAc，故溶液内构成了 HAc-Ac$^-$ 缓冲体系。溶液的 pH 值计算公式为：

$$\text{pH}=\text{p}K_a+\lg\frac{c_b}{c_a}$$

加入 $V(\text{NaOH})=19.98$ mL

$$c_a=\frac{0.1000\times20.00-0.1000\times19.98}{20.00+19.98}=5.00\times10^{-5}\ \text{mol}\cdot\text{L}^{-1}$$

$$c_b=\frac{0.1000\times19.98}{20.00+19.98}=5.00\times10^{-2}\ \text{mol}\cdot\text{L}^{-1}$$

计算结果为：pH=7.76

（3）化学计量点时，加入 $V(\text{NaOH})=20.00$ mL，HAc 和 NaOH 全部生成了 NaAc，$c(盐)=0.05000$ mol·L^{-1}。Ac$^-$ 为 HAc 的共轭碱，其 $\text{p}K_b=14-\text{p}K_a=9.25$。现 $c(盐)K_b>20K_w$，$c(盐)/K_b>500$，同上一样可用最简式计算：

$$c(\text{OH}^-)=\sqrt{c(盐)\cdot K_b}=\sqrt{0.05000\times10^{-9.25}}$$
$$=5.30\times10^{-6}(\text{mol}\cdot\text{L}^{-1})$$
$$\text{pOH}=5.28,\ \text{pH}=8.72$$

（4）化学计量点后，溶液中有过量的 NaOH，抑制了 NaAc 的水解，溶液的 pH 值取决于过量的 NaOH 的量计算，计算方法与强碱滴定强酸相同。例，加入 $V_{\text{NaOH}}=20.02$ mL 时 pH=9.70。滴定曲线见图 12-3。

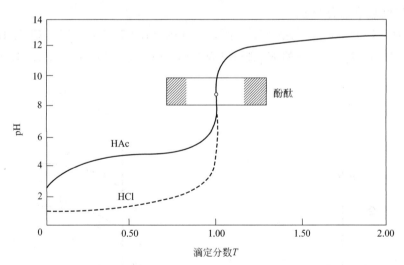

图 12-3　0.1000 mol·L^{-1} NaOH 溶液滴定 20.00 mL 0.1000 mol·L^{-1} HAc 溶液的滴定曲线

由图 12-3 可知，NaOH-HAc 滴定曲线起点的 pH 值为 2.87，比 NaOH-HCl 滴定曲线的起点高约 2 个 pH 单位。这是因为 HAc 是弱酸，离解度小于 HCl，pH 值高于同浓度的 HCl。滴定开始后，pH 值升高较快，这是因为反应生成了 Ac$^-$，产生了同离子效应，从而抑制了 HAc 的解离，使 $c(\text{H}^+)$ 降低较快。继续滴加 NaOH 溶液，NaAc 不断生成，与溶液中剩余的 HAc 构成了缓冲体系，使 pH 值的增大减缓。$cK_a\geqslant10^{-8}$ 是作为判断能否滴定弱酸的依据。

某些极弱的酸（$cK_a<10^{-8}$），不能借助指示剂直接滴定，但可采用其它方法进行滴定。

（1）利用化学反应使弱酸强化。

（2）使弱酸转变成其共轭碱后，再用强酸溶液滴定。

4．应用示例

混合碱的测定。

（三） 沉淀滴定法

1．沉淀滴定法概述

沉淀滴定法是利用沉淀反应来进行的滴定分析方法。要求沉淀的溶解度小，即反应需定量、完全；沉淀的组成要固定；沉淀反应速率快；沉淀吸附的杂质少；且要有适当的指示剂指示滴定终点。比较常用的是利用生成难溶的银盐的反应：$Ag^+ + X^- \Longrightarrow AgX(s)$。因此又称银量法，它可以测定 Cl^-、Br^-、I^-、SCN^- 和 Ag^+。

在银量法中有两类指示剂。一类是稍过量的滴定剂与指示剂会形成带色的化合物而显示终点；另一类是利用指示剂被沉淀吸附的性质，在化学计量点时的变化带来颜色的改变以指示滴定终点。

2．沉淀滴定的滴定曲线

用 $AgNO_3$ 标准溶液滴定卤素离子的滴定曲线。从滴定开始到化学计量点前，由溶液中剩余 X^- 浓度和 $K_{sp}^{\ominus}$ 计算；计量点后，由过量的 Ag^+ 浓度和 $K_{sp}^{\ominus}$ 计算；化学计量点时 $c(X^-) = \sqrt{K_{sp}^{\ominus}}$。

滴定突跃的大小既与溶液的浓度有关，更取决于生成的沉淀的溶解度。当被测离子浓度相同时，溶解度越小，突跃越大。

图 12-4 为 $0.1000~mol \cdot L^{-1}~AgNO_3$ 溶液滴定 $20.00~mL~0.1000~mol \cdot L^{-1}~Cl^-$、$Br^-$，$I^-$ 溶液的滴定曲线。$AgCl$、$AgBr$、AgI 的 $K_{sp}^{\ominus}$ 值分别为 1.56×10^{-10}、7.70×10^{-13}、8.25×10^{-17}。

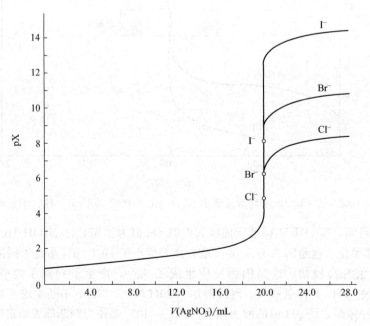

图 12-4　$0.1000~mol \cdot L^{-1}~AgNO_3$ 溶液滴定 $20.00~mL~0.1000~mol \cdot L^{-1}~Cl^-$，$Br^-$，$I^-$ 溶液的滴定曲线图

3. 沉淀滴定法的终点检测

在银量法中有两类指示剂。一类是稍过量的滴定剂与指示剂会形成带色的化合物而显示终点；另一类是利用指示剂被沉淀吸附的性质，在化学计量点时的变化带来颜色的改变以指示滴定终点。

(1) 与滴定剂反应的指示剂

① 莫尔（Mohr）法——铬酸钾指示剂

② 佛尔哈得（Volhard）法——铁铵矾作指示剂

(2) 吸附指示剂法——法扬司（Fajan's）法

（四） 配位滴定法

以生成配位化合物为计量的滴定分析方法，称为配位滴定法。虽然配位反应具有普遍性，实际应用于滴定的简单配位反应不多。主要用于配位滴定的滴定剂是乙二胺四乙酸二钠（EDTA）。

1. 影响滴定突跃的因素：条件稳定常数。配合物的条件稳定常数的大小影响滴定突跃的大小，K'_{MY} 越大，滴定突跃越大；被滴定金属离子浓度的影响。金属离子浓度越低，滴定曲线的起点就越高，滴定突跃越小。

2. 单一金属离子准确滴定的界限

根据终点误差理论，要求被滴定的初始金属离子浓度和其配合物的条件稳定常数 K'_{MY} 的乘积大于 10^6，即：$\lg c(M)K'_{MY} \geq 6$，此条件为配位滴定中准确滴定单一金属离子的条件。

3. 配位滴定中最高酸度和最低酸度

假定滴定体系中不存在其它辅助配位剂，而只考虑 EDTA 的酸效应，则 $\lg K'_{MY}$ 主要受溶液的酸度影响。在 $c(M)$ 一定时，随着酸度的增强，$\lg \alpha_{Y(H)}$ 增大，$\lg K'_{MY}$ 减小，最后可能导致 $\lg c(M) \, K'_{MY} < 6$，这时就不能准确滴定。因此，溶液的酸度应有一上限，超过它，便不能保证 $\lg c(M) \, K'_{MY}$ 有一定的值，会引起较大的误差（$>0.1\%$），这一最高允许的酸度成为**最高酸度**，与之相应的 pH 为**最低 pH 值**。在配位滴定中，被测金属离子的浓度通常为 $0.01 \text{ mol} \cdot \text{L}^{-1}$，根据 $\lg c(M)K'_{MY} \geq 6$，即 $\lg K'_{MY} \geq 8$，若只考虑酸效应，在 $c(M) = 0.01 \text{ mol} \cdot \text{L}^{-1}$，相对误差为 0.1% 时，可以计算出 EDTA 滴定各种金属离子的最低 pH，并将其标注在酸效应曲线上，这种曲线通常又称为 **Ringbom（林邦）曲线**。

在没有其它辅助配位剂存在时，准确滴定某一金属离子的**最低允许酸度**通常可粗略地由一定浓度的金属离子形成氢氧化物沉淀时的 pH 值估算。配位滴定应控制在最高酸度和最低酸度之间进行，将此酸度范围称为配位滴定的适宜酸度范围。

4. 缓冲溶液的作用

在配位滴定过程中，随着配合物的不断生成，不断有 H^+ 释放出来：

$$M^{n+} + H_2Y^{2-} \Longrightarrow MY^{(n-4)} + 2H^+$$

因此，溶液酸度随着配位反应的进行不断增加，不仅降低了配合物的实际稳定性（K'_{MY} 减小），使滴定突跃减小；同时也可能改变指示剂变色的适宜酸度，导致很大的误差，甚至无法滴定。因此,在配位滴定中,通常要加缓冲溶液来控制 pH 值。

5. 金属离子指示剂

在配位滴定中,通常利用一种能与金属离子生成有色配合物的显色剂来指示滴定的终点。这种显色剂称为金属离子指示剂,简称**金属指示剂**。

$$MIn + Y = MY + In$$
$$（B 色）\qquad\qquad （A 色）$$

作为金属指示剂的主要条件如下。

（1）金属指示剂配合物与指示剂有明显的颜色区别。

（2）指示剂与金属离子形成的配合物的稳定性适当,即既要有足够的稳定性,但又要比该金属离子的 EDTA 配合物的稳定性小。即 MIn 的稳定性要略低于 M-EDTA 的稳定性。如果 MIn 的稳定性太低,就会提前出现终点,且变色不敏锐;如果 MIn 的稳定性太高,就会使终点拖后,甚至使 EDTA 不能夺取其中的金属离子,得不到滴定终点。

（3）指示剂与金属离子的反应要快,灵敏且有良好的变色可逆性。

（4）指示剂应比较稳定,有利于存储和使用。

（5）指示剂与金属离子形成的配合物要易溶于水。如果生成胶体或沉淀,会使变色不明显。

（五） 氧化还原滴定法

1. 氧化还原滴定法概述

氧化还原滴定法是以氧化还原反应为基础的一类滴定分析方法。它不仅能直接测定具有氧化性或还原性的物质,也能间接地测定一些能与氧化剂或还原剂发生定量反应的物质。

2. 氧化还原滴定法基本原理

引入条件电极电势后,Nernst 方程表示成

$$E = E^{\ominus} + \frac{0.05916}{n} \lg \frac{c(\text{ox})}{c(\text{red})}$$

条件平衡常数可由电极电势计算得到。

$$\lg K^{\ominus} = \frac{n\varepsilon^{\ominus}}{0.0592} = \frac{n(E_+^{\ominus} - E_-^{\ominus})}{0.0592}$$

整理得到

$$\lg K' = \frac{n(E_+^{\ominus'} - E_-^{\ominus'})}{0.0592}$$

一般来说,$E_+^{\ominus} - E_-^{\ominus}$ 相差越大,反应越完全,越适合滴定。实际在氧化还原滴定中,可以根据该差值是否大于 0.4V 来判断能否进行滴定,所以常常采用强氧化剂来做滴定剂,有时还需要控制反应条件（酸度、沉淀剂、配位剂等）改变电极电势来满足该要求。

在氧化还原滴定过程中,溶液中的各电对的电极电势随着滴定剂的体积（或者滴定百分数）而不断发生变化。因此,和其它类型的滴定一样,也可以用滴定曲线来描述滴定的过程（图 12-5）。

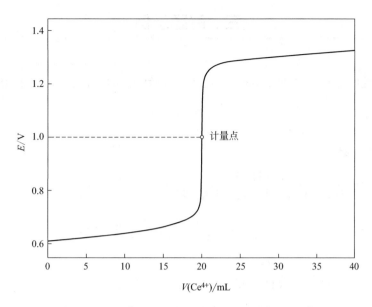

图 12-5　在 1 mol・$L^{-1} H_2SO_4$ 介质中用 0.1000 mol・$L^{-1} Ce(SO_4)_2$
滴定 20.00 mL 0.1000 mol・$L^{-1} FeSO_4$

3. 氧化还原滴定法的分类和应用举例

根据所用的滴定剂的种类不同，氧化还原滴定法可分为高锰酸钾法、重铬酸钾法、碘量法、铈量法和溴酸盐法等。

（1）高锰酸钾法

使用高锰酸钾标准溶液滴定待测物质的方法。滴定剂：$KMnO_4$。指示剂：$KMnO_4$ 本身。使用 H_2SO_4 提供酸性环境。滴定终点：无色变浅红色。间接法配制。标定 $KMnO_4$ 标准溶液可以使用的基准物质有：$H_2C_2O_4・2H_2O$，$Na_2C_2O_4$ 等。

（2）重铬酸钾法

使用重铬酸钾标准溶液滴定待测物质的方法。滴定剂：$K_2Cr_2O_7$。指示剂：氧化还原指示剂（如二苯胺磺酸钠）。使用 H_3PO_4 提供酸性环境。直接法配制。

（3）直接碘量法

使用碘标准溶液直接滴定 SO_3^{2-}、As(Ⅲ)、$S_2O_3^{2-}$、维生素 C 等强还原剂，测定其含量的方法。滴定剂：碘标准溶液。指示剂：淀粉。滴定终点：出现蓝色。间接法配制碘液。标定碘液可以使用的基准物质有：As_2O_3。

（4）间接碘量法

使用 I^- 与氧化性物质如 $Cr_2O_7^{2-}$、MnO_4^-、BrO_3^-、H_2O_2 等反应，定量析出 I_2，然后用 $Na_2S_2O_3$ 标准溶液滴定 I_2，间接地测定这些氧化性物质含量的方法。滴定剂：$Na_2S_2O_3$ 标准溶液。指示剂：淀粉。滴定终点：蓝色消失。间接法配制 $Na_2S_2O_3$ 标准溶液。标定 $Na_2S_2O_3$ 标准溶液可以使用的基准物质有：$K_2Cr_2O_7$。

三、解题示例

1. 已知碳酸的 $pK_{a_1}=6.37$、$pK_{a_2}=10.25$，计算当 $pH=7.0$、10.0 时溶液中三种组分的分布系数。

解：

（1）$pH=7.0$ 时

$$\delta_{H_2CO_3}=\frac{c^2(H^+)}{c^2(H^+)+c(H^+)K_{a_1}+K_{a_1}K_{a_2}}$$

$$=\frac{(10^{-7.0})^2}{(10^{-7.0})^2+10^{-7.0-6.37}+10^{-6.37-10.25}}=0.190$$

$$\delta_{HCO_3^-}=\frac{c(H^+)K_{a_1}}{c^2(H^+)+c(H^+)K_{a_1}+K_{a_1}K_{a_2}}$$

$$=\frac{10^{-7.0-6.37}}{(10^{-7.0})^2+10^{-7.0-6.37}+10^{-6.37-10.25}}=0.810$$

$$\delta_{CO_3^{2-}}=\frac{K_{a_1}K_{a_2}}{c^2(H^+)+c(H^+)K_{a_1}+K_{a_1}K_{a_2}}$$

$$=\frac{10^{-6.37-10.25}}{(10^{-7.0})^2+10^{-7.0-6.37}+10^{-6.37-10.25}}\approx0$$

（2）$pH=10.0$ 时

$$\delta_{H_2CO_3}=\frac{(10^{-10.0})^2}{(10^{-10.0})^2+10^{-10.0-6.37}+10^{-6.37-10.25}}\approx0$$

$$\delta_{HCO_3^-}=\frac{10^{-10.0-6.37}}{(10^{-10.0})^2+10^{-10.0-6.37}+10^{-6.37-10.25}}=0.640$$

$$\delta_{CO_3^-}=\frac{10^{-6.37-10.25}}{(10^{-10.0})^2+10^{-10.0-6.37}+10^{-6.37-10.25}}=0.360$$

2. 计算 $0.1000\ mol\cdot L^{-1}$ HCl 滴定 $0.05000\ mol\cdot L^{-1}$ $Na_2B_4O_7$ 溶液在化学计量点时的 pH 值，并选择合适的指示剂。

解： 反应有：$Na_2B_4O_7+5H_2O=\!=\!=2H_3BO_3+2NaH_2BO_3$

$$HCl+NaH_2BO_3=\!=\!=H_3BO_3+NaCl$$

化学计量点时 NaH_2BO_3 被中和成 H_3BO_3，故有 $0.2000\ mol\cdot L^{-1}$ 的 H_3BO_3，但考虑到溶液已稀释一倍，因此溶液中的 H_3BO_3 的浓度为 $0.1000\ mol\cdot L^{-1}$，所以

$$[H^+]=\sqrt{cK_a}=\sqrt{0.1000\times10^{-9.2}}=10^{-5.1}；\quad pH=5.1$$

可选用甲基红、溴甲酚绿作指示剂。

3. 求算 $0.15\ mol\cdot L^{-1}$ HCl 滴定 $0.15\ mol\cdot L^{-1}$ Na_2CO_3 的化学计量点时的 pH 值，并选择指示剂。

解： 达到第一化学计量点时生成 $0.050\ mol\cdot L^{-1}$ $NaHCO_3$，此为两性物质，所以

$$[H^+]_1 = \sqrt{K_{a_1}K_{a_2}} = \sqrt{10^{-6.4} \times 10^{-10.3}} = 10^{-8.35}, \quad pH = 8.35$$

可选酚酞作指示剂。

第二化学计量点时，溶液成为 H_2CO_3 的饱和溶液，在室温时其溶液浓度为 $0.040 \text{ mol} \cdot L^{-1}$，

$$cK_{a_1} = 0.040 \times 10^{-9.2} \gg 10K_w$$

$$\frac{c}{K_{a_1}} = \frac{0.040}{10^{-6.4}} \gg 10^5$$

$$[H^+] = \sqrt{cK_{a_1}} = \sqrt{0.040 \times 10^{-6.4}} = 10^{-3.89}$$

pH = 3.89

可选甲基橙作指示剂。

4. 有一碱溶液，可能是 $KHCO_3$、KOH、K_2CO_3 或其中的混合物。今用 HCl 溶液滴定，以酚酞作指示剂时，消耗 HCl 体积为 V_1，然后用甲基橙作指示剂，又消耗 HCl 的体积为 V_2。根据下列情况，分别判断溶液的组成。

(1) $V_1 = 0$，$V_2 > 0$

(2) $V_2 = 0$，$V_1 > 0$

(3) $V_1 = V_2$

(4) $V_1 > 0$，$V_1 < V_2$

(5) $V_2 > 0$，$V_1 > V_2$

解：以酚酞作指示剂时，会有如下反应：

$$KOH + HCl \Longrightarrow KCl + H_2O$$

$$K_2CO_3 + HCl \Longrightarrow KHCO_3 + KCl$$

以甲基橙作指示剂时，有反应：

$$KHCO_3 + HCl \Longrightarrow KCl + H_2CO_3$$

因此（1）仅含 $KHCO_3$；

（2）仅含 KOH；

（3）仅含 K_2CO_3；

（4）K_2CO_3 与 $KHCO_3$；

（5）KOH 与 K_2CO_3。

5. 有一混合物，已知含有 HCl 和 H_3BO_3。为测其含量做如下实验：吸取该混合液 25.00 mL，用甲基红-溴甲酚绿作指示剂，以 $0.2000 \text{ mol} \cdot L^{-1}$ NaOH 标准溶液滴定，用去 20.56 mL。另取 25.00 mL 混合液，加适量乙二醇，仍用上述 NaOH 标准溶液滴定，用去 37.23 mL，求该混合物中 HCl 和 H_3BO_3 的含量（以 $g \cdot L^{-1}$ 计）。

解：(1) $HCl + NaOH \Longrightarrow NaCl + H_2O$

$$\rho(HCl) = \frac{c(NaOH)V(NaOH)M(HCl)}{V}$$

$$= \frac{0.2000 \times 20.56 \times 36.46}{25.00} = 5.997 \text{ g} \cdot L^{-1}$$

(2) 乙二醇与硼酸的反应为：

$$2(RCHOH)_2 + H_3BO_3 \Longrightarrow H[(RCHO)_2B(RCHO)_2] + 3H_2O$$

可见，生成了一元酸。

$$\rho(H_3BO_3) = \frac{c(NaOH)V(NaOH)M(H_3BO_3)}{V}$$

$$= \frac{0.2000 \times (37.23 - 20.56) \times 61.83}{25.00} = 8.246 \text{ g} \cdot L^{-1}$$

6. 查得汞（Ⅱ）氰配位物的 $\lg\beta_1 \sim \lg\beta_4$ 分别为 18.0，34.7，38.5，41.5。计算（1）pH=10.0 含有游离 CN^- 为 0.1 mol·L^{-1} 的溶液中的 $\lg\alpha_{Hg(CN)}$ 值；（2）如溶液中同时存在 EDTA，Hg^{2+} 与 EDTA 是否会形成 Hg(Ⅱ)-EDTA（即 HgY^{2-}）配合物？已知 $\lg K_{HgY} = $ 21.8；pH=10时，$\lg\alpha_{Y(H)} = 0.45$，$\lg\alpha_{Hg(OH)} = 13.9$。

解：

（1） $\alpha_{M(L)} = 1 + \beta_1 c(L) + \beta_2 c(L)^2 + \cdots + \beta_n c(L)^n$

$\alpha_{Hg(CN)} = 1 + \beta_1 c(CN) + \beta_2 c(CN)^2 + \beta_3 c(CN)^3 + \beta_4 c(CN)^4$

$\qquad = 1 + 0.1 \times 10^{18} + (0.1)^2 \times 10^{34.7} + (0.1)^3 \times 10^{38.5} + (0.1)^4 \times 10^{41.5}$

$\qquad = 10^{37.5}$

$$\lg\alpha_{Hg(CN)} = 37.5$$

（2） pH=10，$\lg\alpha_{(H)} = 0.45$，$\lg\alpha_{(OH)} = 13.9$

$\lg K^{\ominus}_{HgY} = 21.7$，$\lg K^{\ominus'}_{HgY} = \lg K^{\ominus}_{HgY} - \lg\alpha_{Y(H)} - \lg\alpha_{Hg(OH)} - \lg\alpha_{Hg(CN)}$

$\qquad = 21.7 - 0.45 - 13.9 - 37.5$

$\qquad = -30.15$

不会形成 HgY^{2-} 配合物。

7. 已知 $\lg K_{MgY} = 8.7$，$\lg K_{ZnY} = 16.5$，$K^{\ominus}_{sp,Zn(OH)_2} = 5.0 \times 10^{-16}$。用 2.0×10^{-2} mol·L^{-1} EDTA 滴定浓度均为 2.0×10^{-2} mol·L^{-1} Zn^{2+}、Mg^{2+} 混合溶液中的 Zn^{2+}，适宜酸度范围是多少？

pH	3.0	3.4	3.6	3.8	4.0	4.2	4.6	5.0
$\lg\alpha_{Y(H)}$	10.60	9.70	9.27	8.85	8.44	8.04	7.24	6.45

解：根据条件：

计量点时，$c = 0.010$ mol·L^{-1}

$\lg c_{(Zn)} K'_{f}$, ZnY≥6, $\lg 0.010 K'_{f}$, ZnY≥6, K'_{f}, ZnY≥1×10⁸

已知 $\qquad\qquad\qquad\qquad \lg K_{ZnY} = 16.5$

$\qquad\qquad\qquad \lg K'_{f,ZnY} = \lg K_{f} - \lg\alpha_{Y(H)}$

$\qquad\qquad\qquad \lg\alpha_{Y(H)} = 16.5 - 8.0 = 8.5$

查表可得：pH≈4.0

$$Q = c_{Zn^{2+}} c^2_{OH^-} < K^{\ominus}_{sp,Zn(OH)_2} = 5.0 \times 10^{-16}$$

$$c_{OH^-} < 2.23 \times 10^{-7}, \quad c_{H^+} > 4.47 \times 10^{-8}$$

可得：pH < 7.2

所以 EDTA 测定 Zn^{2+} 的 pH 范围是 4.0～7.2。

$$\lg c K'_{f,MgY} = \lg c K_{f,MgY} - \lg\alpha_{Y(H)} = 6.7 - 6.9 < 0$$

Mg^{2+} 不影响滴定。

8. 两份已稀释的血液各 1.00 mL，一份加热 5min，使其中过氧化氢酶破坏，然后在两份血液中各加入等量的 H_2O_2。混匀后放置 30 min，分别加 10 mL 3 mol·L^{-1} H_2SO_4 使未加热血液中的过氧化氢酶被破坏，用 0.01824 mol·L^{-1} $KMnO_4$ 标准溶液滴定。加热过的血液用 $KMnO_4$ 溶液 27.72 mL，未经加热的用去 22.28 mL。求在 30 min 内，100 mL 血液中过氧化氢酶能分解多少摩尔 H_2O_2。

解： $5H_2O_2 + 2KMnO_4 + 3H_2SO_4 === 2MnSO_4 + K_2SO_4 + 5O_2 \uparrow + 8H_2O$

未加热的血液中被过氧化氢酶分解掉的 H_2O_2 的物质的量：

$$\frac{5}{2}c(KMnO_4) \times (27.72 - 22.28) \times 10^{-3} = 0.0002481 \text{ mol}$$

则 100 mL 血液中过氧化氢酶可以分解 H_2O_2 的物质的量是：

$$0.0002481 \text{ mol} \times 100 = 0.02481 \text{ mol}$$

四、习题解答

1. 下列物质能否用酸碱滴定法滴定？直接还是间接？选用什么标准溶液和指示剂？

(1) HCOOH   (2) H_3BO_3 (3) KF   (4) NH_4NO_3

(5) $H_2C_2O_4$ (6) 硼砂   (7) 水杨酸   (8) 乙胺

解： (1) HCOOH：查表 $pK_a = 3.75$，可以用 NaOH 溶液直接滴定，用酚酞作指示剂。

(2) H_3BO_3：查表 $pK_{a_1} = 9.24$（pK_{a_2}、pK_{a_3} 数据更大），不能用直接法滴定，可与甘油生成甘油硼酸，其 $pK_a = 6.52$，再用 NaOH 溶液滴定，用酚酞作指示剂。

(3) KF：HF 的 $pK_a = 3.45$ 其共轭碱 F^- 的 pK_b 为 10.55，不能用直接法滴定，可转换成 HF，用 NaOH 滴定，用酚酞作指示剂。

(4) NH_4NO_3：NH_4^+ 的 $pK_a = 9.25$，不能用直接法滴定，可用蒸馏法或甲醛法测定。

(5) $H_2C_2O_4$：$H_2C_2O_4$ 的 $pK_{a_1} = 1.23$，$pK_{a_2} = 4.19$ 能用 NaOH 直接滴定（由于 pK_{a_1}、pK_{a_2} 相差不大，只有一个突跃），可用酚酞作指示剂。

(6) 硼砂：$Na_2B_4O_7 \cdot 10H_2O$ 溶于水生成 H_3BO_4 及其共轭碱 $H_2BO_4^-$，后者的 pK_b 为 4.76，可用 HCl 直接滴定，用甲基红作指示剂。

(7) 水杨酸：水杨酸 $pK_a = 2.98$，可用 NaOH 溶液直接滴定，用中性红作指示剂。

(8) 乙胺：$C_2H_5NH_2$ 其 $pK_b = 3.37$，可用 HCl 直接滴定，用酚酞作指示剂。

2. 某弱酸的 pK_a 为 9.21，现有其共轭碱 A^- 溶液 0.1000 mol·L^{-1} 20.00 mL，用 0.1000 mol·L^{-1} HCl 溶液滴定时，化学计量点的 pH 值为多少？滴定突跃是多少？选用何种指示剂？

解： 反应为：$H^+ + A^- === HA$，已知 HA 的 pK_a 为 9.21，因此其共轭碱 A^- 的 $pK_b = 4.79$

(1) 化学计量点时，HCl 与 A^- 反应，完全生成了 HA

$$c(HA) = \frac{0.1000 \times 20.00}{20.00 + 20.00} = 0.05000(\text{mol·}L^{-1})$$

$$[H^+] = \sqrt{cK_a} = \sqrt{0.05000 \times 10^{-9.21}} = 5.56 \times 10^{-6}$$

$$pH = 5.26$$

(2) ① 滴加 HCl 19.98 mol·L⁻¹时

$$c(\text{碱})=\frac{c(A^-)V(A^-)-c(HCl)V(HCl)}{V(A^-)+V(HCl)}$$

$$=\frac{0.1000\times20.00-0.1000\times19.98}{20.00+19.98}=5.00\times10^{-5}(\text{mol}\cdot L^{-1})$$

$$c(\text{盐})=\frac{0.1000\times19.98}{20.00+19.98}=5.00\times10^{-2}(\text{mol}\cdot L^{-1})$$

$$[OH^-]=K_b\frac{c(\text{碱})}{c(\text{盐})}=10^{-4.79}\times\frac{5.00\times10^{-5}}{5.00\times10^{-2}}=10^{-7.79}$$

pOH＝7.79，所以 pH＝6.21

② 滴加 HCl 20.02 mol·L⁻¹时

$$c(H^+)=\frac{c(HCl)V(HCl)-c(A^-)V(A^-)}{V(HCl)+V(A^-)}$$

$$=\frac{0.1000\times20.02-0.1000\times20.00}{20.02+20.00}=4.998\times10^{-5}(\text{mol}\cdot L^{-1})$$

$$pH=4.30$$

解：化学计量点的 pH 值是 5.26，滴定突跃为 6.21～4.30，可选用甲基红作指示剂。

3. 称取一含有丙氨酸 [$CH_3CH(NH_2)COOH$] 和惰性物质的试样 2.2200 g，处理后，蒸馏出 NH_3 被 50.00 mL 0.1472 mol·L⁻¹的 H_2SO_4 溶液吸收，再以 0.1002 mol·L⁻¹ NaOH 溶液 11.12 mL 回滴。求丙氨酸的质量分数。

解：本题中各物质量的关系为

$$CH_3CH(NH_2)COOH:NH_3:\frac{1}{2}H_2SO_4:NaOH$$

所以：$$w(NH_3)=\frac{[2c(H_2SO_4)V(H_2SO_4)-c(NaOH)V(NaOH)]\times M(\text{丙氨酸})}{m(\text{试样})}$$

$$=\frac{(2\times0.1472\times50.00-0.1002\times11.12)\times10^{-3}\times89.10}{2.2200}$$

$$=0.5461$$

所以，丙氨酸的质量分数为 0.5461。

＊4. 以 0.2000 mol·L⁻¹ NaOH 标准溶液滴定 0.2000 mol·L⁻¹邻苯二甲酸氢钾溶液。化学计量点的 pH 值为多少？滴定突跃是多少？选用何种指示剂？

解：查表邻苯二甲酸氢钾（用 HA 表示）的 K_a 为 2.9×10^{-6}，

(1) 化学计量点时，HA 与 NaOH 完全反应，生成了 A^-，因稀释了一倍，浓度 $c(A^-)=0.1000$ mol·L⁻¹

$$[OH^-]=\sqrt{\frac{K_w}{K_a}c(\text{盐})}=\sqrt{\frac{10^{-14}}{2.9\times10^{-6}}\times0.1000}=1.86\times10^{-5}$$

pOH＝4.73，所以 pH＝9.27

(2) 滴定突跃的求算：以终点时滴加 NaOH 20.00 mL 计，

① 当滴加 NaOH 19.98 mL 时：

$$c(\text{酸})=\frac{0.2000\times20.00-0.2000\times19.98}{20.00+19.98}=1.00\times10^{-4}\text{ mol}\cdot L^{-1}$$

$$c(盐)=\frac{0.2000\times 19.98}{20.00+19.98}=1.00\times 10^{-1} \text{ mol} \cdot \text{L}^{-1}$$

$$[H^+]=K_a\frac{c(酸)}{c(盐)}=2.9\times 10^{-6}\times \frac{1.00\times 10^{-4}}{1.00\times 10^{-1}}=2.9\times 10^{-9}$$

pH＝8.54

② 滴加 NaOH 20.02 mol·L^{-1}时：

$$[OH^-]=\frac{0.1000\times 20.02-0.1000\times 20.00}{20.02+20.00}=1.00\times 10^{-4} \text{ mol} \cdot \text{L}^{-1}$$

pOH＝4.00，pH＝10.00

所以，滴定突跃为 8.54～10.00，可选用酚酞作指示剂。

5. 称取混合碱试样 1.1200 g，溶解后，用 0.5000 mol·L^{-1}HCl 溶液滴定至酚酞褪色，消耗去 30.00 mL，加入甲基橙，继续滴加上述 HCl 溶液至橙色，又消耗 10.00 mL，问：试样中含有哪些物质？其质量分数各为多少？

解： 已知酚酞变色时用去 HCl 的 $V_1＝30.00$ mL，甲基橙变色时用去 HCl 的$V_2＝$10.00 mL

$V_1＞V_2$　故该混合碱为 NaOH、Na$_2$CO$_3$。

$$w(NaOH)=\frac{c(HCl)(V_1-V_2)\times 10^{-3}M(NaOH)}{m}$$
$$=\frac{0.5000\times (30.00-10.00)\times 10^{-3}\times 40.01}{1.1200}$$
$$=0.3572$$

$$w(Na_2CO_3)=\frac{c(HCl)\times 2V_2\times 10^{-3}\times \frac{1}{2}M(Na_2CO_3)}{m}$$
$$=\frac{0.5000\times 2\times 10.00\times 10^{-3}\times \frac{1}{2}\times 106.0}{1.1200}$$
$$=0.4732$$

所以，试样中 NaOH 的质量分数为 0.3572，Na$_2$CO$_3$ 的质量分数为 0.4732。

6. 称取混合碱试样 0.6500 g，以酚酞为指示剂，用 0.1800 mol·L^{-1}HCl 溶液滴定至终点，用去 20.00 mL，再加入甲基橙，继续滴定至终点，又用去 23.00 mL，问：试样中含有哪些物质？其质量分数各为多少？

解： 已知酚酞变色时用去 HCl 的 $V_1＝20.00$ mL，甲基橙变色时用去 HCl 的$V_2＝$23.00 mL

由于 $V_1＜V_2$　故该混合碱为 Na$_2$CO$_3$、NaHCO$_3$。

$$w(Na_2CO_3)=\frac{c(HCl)\times 2V_1\times 10^{-3}\times \frac{1}{2}M(Na_2CO_3)}{m}$$
$$=\frac{0.1800\times 2\times 20.00\times 10^{-3}\times \frac{1}{2}\times 106.0}{0.6500}$$
$$=0.5871$$

$$w(NaHCO_3) = \frac{c(HCl)(V_2 - V_1) \times 10^{-3} M(NaHCO_3)}{m}$$

$$= \frac{0.1800 \times (23.00 - 20.00) \times 10^{-3} \times 84.01}{0.6500}$$

$$= 0.06978$$

所以，试样中含有 Na_2CO_3 和 $NaHCO_3$；Na_2CO_3 的质量分数为 0.5871；$NaHCO_3$ 的质量分数为 0.06978。

*7. 现有一时间比较久的双氧水。为检测其 H_2O_2 的含量，吸取 5.00 mL 试液于一吸收瓶，加入过量 Br_2，发生下列反应：$H_2O_2 + Br_2 \Longrightarrow 2H^+ + 2Br^- + O_2$，反应 10min 左右，去除过量 Br_2，以 0.3180 mol·L^{-1} NaOH 溶液滴定，用去 17.66 mL 到达终点。计算双氧水中 H_2O_2 的质量体积分数。

解： 本题中各物质量的关系为 $H_2O_2 : 2H^+ : 2NaOH$

$$\rho(H_2O_2)(g \cdot L^{-1}) = \frac{c(NaOH)V(NaOH) \times 10^{-3} \times \frac{1}{2}M(H_2O_2)}{V}$$

$$= \frac{0.3180 \times 17.66 \times 10^{-3} \times \frac{1}{2} \times 34.02}{\frac{5.00}{1000}}$$

$$= 19.11 \text{ g} \cdot L^{-1}$$

所以，双氧水中 H_2O_2 的质量体积分数为 19.11 g·L^{-1}。

**8. 以 0.01000 mol·L^{-1} HCl 溶液滴定 20.00 mL 0.01000 mol·L^{-1} NaOH 溶液，若 ① 用甲基橙作指示剂，终点为 pH=4.0；② 用酚酞作指示剂，终点为 pH=9.0。分别计算终点误差，并选用合适的指示剂。

解： 强酸滴定强碱，化学计量点时的 pH=7.0（反应前 NaOH 碱溶液体积为 20.00 mL）

① 用甲基橙作指示剂时，pH=4.0，终点推迟到达，说明加入的 HCl 已过量，此时 $[H^+]_{ep} = 1.0 \times 10^{-4}$ mol·L^{-1}。

$$TE\% = +\frac{[c(OH^-)_{ep} - c(OH^-)_{eq}]V_{总}}{c(NaOH)V(NaOH)} \times 100\%$$

$$= +\frac{(1.0 \times 10^{-4} - 1.0 \times 10^{-7}) \times 40.00}{0.01000 \times 20.00} \times 100\% = +2\%$$

② 用酚酞作指示剂时，pH=9.0，终点提前到达，说明加入 HCl 的量尚不够，此时溶液仍为碱性，pOH=14.0-9.0=5.0。

所以 $[OH^-] = 1.0 \times 10^{-5}$

$$TE\% = -\frac{[c(H^+)_{ep} - c(H^+)_{eq}]V_{总}}{c(NaOH)V(NaOH)} \times 100\%$$

$$= -\frac{(1.0 \times 10^{-5} - 1.0 \times 10^{-7}) \times 40.00}{0.01000 \times 20.00} \times 100\% = -0.2\%$$

所以，用甲基橙作指示剂时，终点误差为 $+2\%$，用酚酞作指示剂，终点误差为 -0.2%，显然用酚酞作指示剂时，终点误差的绝对值更小，所以用酚酞作指示剂更好。

*9. 在 pH=4.0 时，能否用 EDTA 准确滴定 0.01 mol·L^{-1} Fe^{2+}？pH=6.0 和 pH

=8.0时呢？

解： 查表得：pH=4.0时，$\lg\alpha=8.44$；pH=6.0，$\lg\alpha=4.65$；pH=8.0，$\lg\alpha=2.22$；
$K_{sp,Fe(OH)_2}^{\ominus}=1.64\times10^{-14}$，$\lg K_{f,FeY}^{\ominus}=14.3$

（1）pH=4，$c_{OH^-}=10^{-10}$，

$$Q=c_{Fe^{2+}}c_{OH^-}^2=0.01\times(10^{-10})^2<K_{sp,Fe(OH)_2}^{\ominus}=1.64\times10^{-14}，$$

只需考虑酸效应，

$$\lg K_{f,FeY}^{'\ominus}=14.3-8.44=5.86<8$$

不能正确滴定。

（2）pH=6，$c_{OH^-}=10^{-8}$

$$Q=c_{Fe^{2+}}c_{OH^-}^2=0.01\times(10^{-8})^2<K_{sp,Fe(OH)_2}^{\ominus}=1.64\times10^{-14}，$$

只需考虑酸效应，

$$\lg K_{f,FeY}^{'\ominus}=14.3-4.65=9.65>8$$

能正确滴定。

（3）pH=8，$c_{OH^-}=10^{-6}$

$$Q=c_{Fe^{2+}}c_{OH^-}^2=0.01\times(10^{-6})^2\approx K_{sp,Fe(OH)_2}^{\ominus}=1.64\times10^{-14}，$$

此时，水解的影响很大，不能正确滴定。

*10. 若配制 EDTA 溶液的水中含有 Ca^{2+}、Mg^{2+}，在 pH=5～6 时，以二甲酚橙作指示剂，用 Zn^{2+} 标定该 EDTA 溶液，结果偏高还是偏低？若以此 EDTA 溶液测定 Ca^{2+}、Mg^{2+}，所得结果又如何？

解： pH=6 时，$\lg\alpha=4.65$，$\lg K_{CaY}'=10.7-4.65=6.05$，$\lg K_{MgY}'=8.7-4.65=4.05$
钙、镁离子均不会有影响。测定钙、镁离子时，必须调节 pH>10，溶液中未全结合的钙、镁离子与 EDTA 的结合完全，消耗一定 EDTA，使 EDTA 的浓度比标定浓度偏低，需要的 EDTA 体积增大，而使结果偏高。

*11. 含 0.01 mol·L^{-1} Pb^{2+}、0.01 mol·L^{-1} Ca^{2+} 的硝酸溶液中，能否用 0.1 mol·L^{-1} 的 EDTA 准确滴定 Pb^{2+}？若可以，应在什么 pH 下滴定而 Ca^{2+} 不干扰？

解： 查表得：$\lg K_{PbY}=18.0$，$\lg K_{CaY}=10.7$，

$$K_{PbY}'/K_{CaY}'=10^{7.3}>10^5$$

根据能够滴定的条件，需要：

$$\lg K_{PbY}'>10^8，即：18-\lg\alpha>8，$$

查表得：pH>3.2，

$$K_{sp,Pb(OH)_2}^{\ominus}=1.6\times10^{-17}，$$

$$Q=0.01c_{OH^-}^2<1.6\times10^{-17}，\quad c_{OH^-}^2<1.6\times10^{-15}$$

$$c_{OH^-}<4\times10^{-8}，\quad pOH>7.4，\quad pH<6.6$$

所以，在 3.2～6.6 范围内滴定，钙不干扰。

所以，在 3.2～6.6 范围内滴定，钙不干扰。

*12. 用返滴定法测定 Al^{3+} 的含量时，首先在 pH=3.0 左右加入过量的 EDTA 并加

热，使 Al^{3+} 完全配位。试问为何选择此 pH 值？

解： pH 值太大铝离子发生水解，pH 值太小酸效应太大，Al^{3+} 与 EDTA 结合不完全。

*13. 量取 Bi^{3+}、Pb^{2+}、Cd^{2+} 的试液 25.00 mL，以二甲酚橙为指示剂，在 pH=1 时用 0.02015 mol·L^{-1}EDTA 溶液滴定，用去 20.28 mL，调节 pH 至 5.5，用此 EDTA 滴定时又消耗 28.86 mL，加入邻二氮菲，破坏 CdY^{2-}，释放出的 EDTA 用 0.01202 mol·L^{-1} 的 Pb^{2+} 溶液滴定，用去 18.05 mL，计算溶液中 Bi^{3+}、Pb^{2+}、Cd^{2+} 的浓度。

解： pH=1 时，滴定的是 Bi^{3+}，

$$c_{Bi^{3+}} = \frac{0.02015 \times 20.28}{25.00} = 0.01635 \text{ mol} \cdot L^{-1}$$

$$c_{Cd^{2+}} = \frac{0.01202 \times 18.05}{25.00} = 0.008678 \text{ mol} \cdot L^{-1}$$

$$c_{Pb^{2+}} = \frac{0.02015 \times 28.86 - 0.01202 \times 18.05}{25.00} = 0.01458 \text{ mol} \cdot L^{-1}$$

*14. 在 25.00 mL 含 Ni^{2+}、Zn^{2+} 的溶液中加入 50.00 mL 0.01500 mol·L^{-1} 的 EDTA 溶液，用 0.01000 mol·L^{-1} 的 Mg^{2+} 返滴定过量的 EDTA，用去 17.52 mL，然后加入二巯基丙醇解蔽 Zn^{2+}，释放出 EDTA，再用去 22.00 mL Mg^{2+} 溶液滴定。计算原试液中 Ni^{2+}、Zn^{2+} 的浓度。

解：

$$c_{Zn^{2+}} = \frac{22.00 \times 0.01000}{25.00} = 0.008800 \text{ mol} \cdot L^{-1}$$

$$c_{Na^{+}} = \frac{(50.00 \times 0.01500 - 17.52 \times 0.0100) - 22.00 \times 0.01000}{25.00} = 0.01419 \text{ mol} \cdot L^{-1}$$

15. 称取 0.5216 g 基准 $Na_2C_2O_4$ 配成 100.00 mL 溶液，吸取该溶液 25.00 mL 用 $KMnO_4$ 溶液滴定至终点，用去 $KMnO_4$ 溶液 24.84 mL，计算 $KMnO_4$ 溶液的浓度。

解： $5Na_2C_2O_4 + 2KMnO_4 + 8H_2SO_4 = 2MnSO_4 + 5Na_2SO_4 + K_2SO_4 + 8H_2O + 10CO_2$

$$c(KMnO_4) = \frac{\frac{0.5216}{134.0} \times \frac{1}{4}}{24.84 \times 10^{-3}} \times \frac{2}{5} = 0.01567 \text{ mol} \cdot L^{-1}$$

16. 准确量取过氧化氢试样溶液 25.00 mL，置于 250 mL 容量瓶中，加水稀释至刻度并摇匀。吸取 25.00 mL，加硫酸酸化，用 0.02618 mol·L^{-1} $KMnO_4$ 溶液滴定至终点，用去 $KMnO_4$ 溶液 25.86 mL，试计算溶液中过氧化氢的质量浓度（g·L^{-1}）。

解： $5H_2O_2 + 2KMnO_4 + 3H_2SO_4 = 2MnSO_4 + K_2SO_4 + 5O_2 + 8H_2O$

$$\rho(H_2O_2) = \frac{\frac{5}{2} \times 0.02618 \times 25.86 \times 10^{-3} \times 34.02 \times 10}{25.00 \times 10^{-3}} = 23.02 \text{ g} \cdot L^{-1}$$

**17. 250.00 mL of a standard solution of hydrochloric acid, about 0.1500 mol·L^{-1}, is to be prepared by diluting the concentrated acid (11 mol·L^{-1}). The solution is to be standardized against a standard solution of sodium carbonate.

(a) Calculate the volume of concentrated hydrochloric acid required to make the solution.

The standard solution of sodium carbonate is prepared as follows: The primary standard, anhydrous sodium carbonate, is dried in an oven at 300℃ for 1hour and then cooled in a desiccators. Exactly 1.3423 g of sodium carbonate is weighed into a 250 mL standard (volumetric) flask, dissolved, and diluted to the mark.

(b) Why is it necessary to heat the anhydrous sodium carbonate, and why must it be cooled in a desiccators?

(c) Calculate the concentration of the sodium carbonate solution.

(d) In the titration, 25 mL of the standard sodium carbonate solution required 30.70 of the hydrochloric acid solution. Calculate the concentration of the hydrochloric acid solution.

Solution: A: (a) Calculate the needed volume of concentrated hydrochloric acid:

$$c_1 V_1 = c_2 V_2 \quad 故\ V = \frac{0.1500 \times 250}{11} = 3.4\ \text{mL}$$

(b) Because sodium carbonate will absorb moisture from the air, the target primary standard substance must be parched in order to prevent absorbing moisture whilst cooling.

(c) Calculate the concentrations of sodium carbonate

$$c = \frac{m}{MV} = \frac{1.3423}{106.0 \times 0.2500} = 0.05065\ \text{mol}$$

(d) Calculate the concentrations of HCl solution which is going to be marked: $Na_2CO_3 : 2HCl$

$$c = \frac{2c(Na_2CO_3)V(Na_2CO_3)}{V(HCl)} = \frac{2 \times 0.05065 \times 25.00}{30.70} = 0.08249\ \text{mol} \cdot L^{-1}$$

**18. A solution of an acid, HX, was prepared by dissolving exactly 5.2702 g of the acid in water and diluting it in to 500 mL in a standard flask. In a titration, 25.00 mL of this solution required 27.32 mL of 0.1224 mol·L⁻¹ NaOH, calculate the molar mass of HX.

Solution: The reaction is: $HX + NaOH = NaX + H_2O$

$$\frac{m(HX)}{M(HX)} = c(NaOH)V(NaOH)$$

$$\frac{5.2702}{M} \times \frac{25.00}{500.00} = 0.1224 \times 27.32 \times 10^{-3}$$

$$M = 78.80\ \text{g} \cdot L^{-1}$$

五、自测试卷 (共 100 分)

一、选择题 (每题 2 分，共 40 分)

1. 标定 NaOH 溶液时，若采用部分风化的 $H_2C_2O_4 \cdot 2H_2O$，则所得溶液浓度 （ ）

A. 无影响　　　　B. 偏低　　　　C. 偏高　　　　D. 无法判断

2. 指示剂 HIn 的变色范围通常在下列区域左右 （ ）

A. $pH_{HIn} \pm 1$　　　B. $pH_{HIn} \pm 2$　　　C. $pH_{HIn} \pm 5$　　　D. $pH_{HIn} \pm 10$

3. 高锰酸钾滴定法指示终点是依靠（　　　）

A. 酸碱指示剂　　　　　　　　　B. 金属指示剂

C. 自身指示剂　　　　　　　　　D. 吸附指示剂

4. 常见的铵盐不能用下法测定（　　　）

A. 间接法　　　　B. 直接法　　　　C. 蒸馏法　　　　D. 甲醛法

5. 用氢氧化钠标准溶液可以直接滴定的物质是（　　　）

A. C_6H_5OH（$pK_a=9.95$）　　　　　B. H_3BO_3（$pK_a=9.24$）

C. H_2O_2（$pK_a=11.62$）　　　　　D. HCOOH（$pK_a=3.75$）

6. 双指示剂法测混合碱时，以酚酞作指示剂时用去 HCl 标准溶液 V_1 mL，以甲基橙作指示剂时用去 HCl 标准溶液 V_2 mL，若 $V_1>V_2$ 时，则该混合碱为（　　　）

A. $Na_2CO_3+NaHCO_3$　　　　　B. Na_2CO_3+NaOH

C. $NaHCO_3+NaOH$　　　　　　D. $NaOH+Na_2CO_3+NaHCO_3$

7. 用 HCl 溶液滴定 $NH_3 \cdot H_2O$（$pK_b=4.75$），最佳的指示剂是（　　　）

A. 甲基红　　　　B. 甲基橙　　　　C. 中性红　　　　D. 酚酞

8. 混合指示剂可以使变色范围变得（　　　）

A. 更窄　　　　B. 更宽　　　　C. 无变化　　　　D. 无法判断

9. 用在 110℃（应在 270℃）下烘过的 Na_2CO_3 标定 HCl 溶液，结果是（　　　）

A. 准确　　　　B. 偏低　　　　C. 偏高　　　　D. 无法判断

10. 用福尔哈德法测定 Cl^- 时，试液中先加入过量的硝酸银，产生氯化银沉淀，加入硝基苯等保护沉淀，然后再用硫氰酸盐进行滴定。若不加入硝基苯等试剂，分析结果会（　　　）

A. 偏高　　　　B. 偏低　　　　C. 准确　　　　D. 无法判断

11. 用 $c_{HCl}=0.10$ mol $\cdot$ L^{-1} 的盐酸滴定 $c_{NaOH}=0.10$ mol $\cdot$ L^{-1} 的氢氧化钠溶液，pH 值突跃范围是 9.7～4.3。用 $c_{HCl}=0.010$ mol $\cdot$ L^{-1} 的盐酸滴定 $c_{NaOH}=0.010$ mol $\cdot$ L^{-1} 的氢氧化钠溶液时 pH 值突跃范围是（　　　）

A. 9.7～4.3　　　B. 9.7～5.3　　　C. 8.7～4.3　　　D. 8.7～5.3

12. 某弱酸型指示剂的理论变色范围为 4.5～6.5，此指示剂的解离常数 K_a 约为（　　　）

A. 3.2×10^{-5}　　　B. 3.2×10^{-7}　　　C. 3.2×10^{-6}　　　D. 3.2×10^{-4}

13. 用 EDTA 滴定金属离子 M，若要求相对误差小于 0.1%，则滴定的酸度条件必须满足（　　　）。式中，c_M 为滴定开始时金属离子的浓度；α_Y 为 EDTA 的酸效应系数；K_{MY} 为金属离子 M 与 EDTA 的配合物稳定常数；K'_{MY} 为金属离子 M 与 EDTA 配合物的条件稳定常数。

A. $c_M K_{MY} \geqslant 10^6$　　　　　　　B. $c_M \dfrac{K'_{MY}}{\alpha_Y} \leqslant 10^6$

C. $c_M \dfrac{K_{MY}}{\alpha_Y} \geqslant 10^6$　　　　　　　D. $c_M \dfrac{\alpha_Y}{K_{MY}} \geqslant 10^6$

14. 在 pH$\approx$4 时，用莫尔法测定 Cl^- 时，分析结果会（　　　）

A. 偏高　　　　B. 偏低　　　　C. 准确　　　　D. 无法判断

15. 标定 NaOH 溶液常用的基准物有（　　　）

A. 无水 Na_2CO_3　　　　　　　　B. 邻苯二甲酸氢钾

C. 硼砂　　　　　　　　　　　　　　　D. $CaCO_3$

16. 用同一盐酸溶液分别滴定体积相等的 NaOH 溶液和 $NH_3 \cdot H_2O$ 溶液，消耗盐酸溶液的体积相等。说明两溶液（NaOH 和 $NH_3 \cdot H_2O$）中的（　　）

A. ［OH^-］相等

B. 两个滴定的 pH 突跃范围相同

C. 两物质的 pK_b 相等

D. NaOH 和 $NH_3 \cdot H_2O$ 的浓度（单位：$mol \cdot L^{-1}$）相等

17. 在 Ca^{2+}、Mg^{2+} 的混合液中，用 EDTA 法测定 Ca^{2+}，要消除 Mg^{2+} 的干扰，宜用（　　）

A. 控制酸度法　　　B. 络合掩蔽法　　C. 氧化还原掩蔽法　　D. 沉淀掩蔽法

18. 以铁铵矾为指示剂，用 NH_4CNS 标准溶液滴定 Ag^+ 时，应在（　　）条件下进行

A. 弱酸性　　　　　　B. 酸性　　　　　　C. 中性　　　　　　　D. 弱碱性

19. 在 EDTA 配合滴定中，下列有关酸效应的叙述中，正确的是（　　）

A. 酸效应系数愈大，配合物的稳定性愈大

B. pH 值愈大，酸效应系数愈大

C. 酸效应系数愈小，配合物的稳定性愈大

D. 酸效应系数愈大，配合滴定曲线的 pM 突跃范围愈大

20. 强酸强碱的滴定曲线与强酸弱碱的滴定曲线相比，突跃范围（　　）

A. 更宽　　　　　　　B. 更窄　　　　　　C. 相同　　　　　　　D. 无法判断

二、填空题（每个空格 1 分，共 10 分）

1. 福尔哈德法测定 Cl^- 时，沉淀滴定应选择_____作为指示剂。

2. 在测定某碱性物质的实验中，移取试液的移液管未用试液润洗，可使分析结果_____；锥形瓶未用试液润洗，使分析结果_____；滴定管未用标准溶液润洗，使分析结果_____。

3. 某溶液主要含有 Ca^{2+}、Mg^{2+} 及少量 Fe^{3+}、Al^{3+}。今在 pH＝10 时，加入三乙醇胺后，用 EDTA 滴定，用铬黑 T 为指示剂，则测出的是_____。

4. 标定 NaOH 溶液时，使用了含有少量中性杂质的二水草酸，结果使消耗的 NaOH 体积_____，得到的 NaOH 浓度_____。

5. 下列 $Na_2C_2O_4$、HAc、H_2O_2、$FeSO_4$、NaOH 物质中可用 $KMnO_4$ 法测定的物质有：_____，_____，_____。

三、简答题（每题 2.5 分，共 10 分）

1. 指示剂的选择原则。

2. 什么是终点误差。

3. 为什么（NH₄）₂SO₄ 不能用标准强碱溶液直接滴定？（已知 $NH_3 \cdot H_2O$ 的 $K_b = 1.8 \times 10^{-5}$）

4. 简单叙述甲醛法测定 NH_4Cl 的原理。

四、计算题（每题10分，共40分）

1. 以 $0.1000 \ mol \cdot L^{-1}$ HCl 滴定 $0.1000 \ mol \cdot L^{-1} \ NH_3 \cdot H_2O$ 为例，绘制滴定曲线，找出突跃范围并选择适当的指示剂。

2. 以硼砂为基准物，用甲基红作指示剂，标定 HCl 溶液。称取硼砂 0.9800 g，用去 HCl 22.58 mL，求 HCl 的浓度。

3. 在 0.5000 g 含 $CaCO_3$ 及不与酸反应的杂质的试样中，加入 30.00 mL $0.1500 \ mol \cdot L^{-1}$ HCl 溶液，过量的酸用 12.00 mL NaOH 溶液回滴。已知 1.00 mL NaOH 溶液相当于 1.05 mL HCl 溶液。求试样中 $CaCO_3$ 的百分含量。

4. 称取 0.1005 g 纯的 $CaCO_3$，溶解后配成 100 mL 溶液，吸取 25.00 mL，在 pH>12 时，以钙指示剂指示终点，用 EDTA 标准溶液滴定，消耗 24.90 mL，计算

(1) EDTA 的浓度；

(2) 每毫升 EDTA 溶液相当于 ZnO 和 Fe_2O_3 的量（g）。

六、自测试卷参考答案

一、选择题

1	2	3	4	5	6	7	8	9	10
B	A	C	B	D	B	A	A	C	B
11	12	13	14	15	16	17	18	19	20
D	C	C	A	B	D	D	B	C	A

二、填空题

1. 铁铵矾（$NH_4Fe(SO_4)_2$）

2. 偏低、准确、偏高

3. Ca^{2+} 和 Mg^{2+} 总量

4. 减少、增大

5. $Na_2C_2O_4$、H_2O_2、$FeSO_4$

三、简答题

1. 指示剂的变色范围全部或部分落入滴定的 pH 突跃范围之内。

2. 滴定终点（利用指示剂颜色变化确定）与化学计量点之间的误差。

3. 因为 $NH_3 \cdot H_2O$ 的 $K_b=1.8\times10^{-5}$（$pK_b=4.74$），所以 NH_4^+ 的 $K_a=5.5\times10^{-10}$（$pK_a=14-4.74=9.26$），显然不符合 $cK_a \geqslant 10^{-8}$ 的滴定条件。

4. $NH_4^+ + 6HCHO \Longrightarrow (CH_2)_6N_4H^+ + 3H^+ + 6H_2O$

$(CH_2)_6N_4H^+ + 3H^+ + OH^- \Longrightarrow (CH_2)_6N_4 + 4H_2O$

四、计算题

1. 曲线略。突跃范围 pH＝6.25－4.30，可用甲基红、溴甲酚绿作指示剂

2. $0.2276 \text{ mol} \cdot \text{L}^{-1}$

3. 26.13%

4. $c_{\text{EDTA}} = 0.01008 \text{ mol} \cdot \text{L}^{-1}$

   $T_{\text{EDTA/ZnO}} = 8.205 \times 10^{-4} \text{ g} \cdot \text{mL}^{-1}$

   $T_{\text{EDTA/Fe}_2\text{O}_3} = 8.046 \times 10^{-4} \text{ g} \cdot \text{mL}^{-1}$

第十三章

现代仪器分析基础

一、学习要求

1. **掌握：** 电化学分析方法的定性和定量分析方法及其应用；紫外-可见吸收光谱法的定性分析和定量分析方法及其应用。

2. **熟悉：** 电化学分析方法的基本原理；紫外-可见吸收光谱法的基本原理。

3. **了解：** 仪器分析方法的分类、特点和各种分析方法相对应的仪器。

二、本章要点

（一） 仪器分析方法概述

1. 仪器分析方法的分类

仪器分析是测量物质的某些物理或物理化学性质的参数来确定其化学组成、含量或结构的分析方法。习惯上，仪器分析法可以分为以下几类。

（1）电化学分析法是建立在溶液电化学性质基础上的一类分析方法。

（2）色谱法利用混合物中各组分的不同的物理或化学性质来达到分离的目的。分离后的组分可以进行定性或定量分析。

（3）光学分析法是建立在物质与电磁辐射相互作用的基础上的一类分析方法。

（4）质谱分析法是利用物质的质谱图进行成分与结构分析的分析方法。

2. 分析仪器的组成

（二） 电化学分析法简介

电化学是将电学与化学有机结合并研究它们之间相互关系的一门学科。电化学分析或电分析化学是依据电化学原理和物质的电化学性质建立的一类分析方法。

1. 电极及电极的分类

（1）金属电极、膜电极、微电极和化学修饰电极

（2）指示电极和参比电极

指示电极　指示电极是能对溶液中待测离子的活度产生灵敏的能斯特响应的电极，响应速度快，并且很快达到平衡，干扰物质少，且较易消除。

pH 玻璃电极（图 13-1）是分析化学实验中经常会使用到的电极，也是最早出现的离子选择电极。pH 玻璃电极的关键部分是敏感玻璃膜，内充 $0.1\text{mol} \cdot \text{L}^{-1}$ HCl 溶液作为内参比溶液，内参比电极是 Ag｜AgCl。

pH 玻璃电极电位可表示为：

$$E_g = k - 0.0592\text{pH}（k\text{ 在一定温度下为常数}）$$

作用原理：测定溶液的 pH 值时，组成如下测量电池：

pH 玻璃电极｜试液$(a_{H+} = x)$‖饱和甘汞电极

电池电动势：

$$E = E_{SCE} - E_g$$

E_{SCE} 是定值，得：

$$E = b + 0.0592\text{pH}（b\text{ 在一定温度下为常数}）$$

在实际测定未知溶液的 pH 值时，需先用 pH 标准缓冲溶液定位校准

$$\text{pH}_x = \text{pH}_s + \frac{E_x - E_s}{0.0592}$$

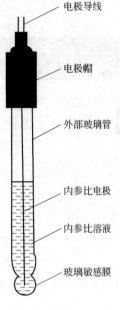

图 13-1　pH 玻璃电极

（图中标注：电极导线、电极帽、外部玻璃管、内参比电极、内参比溶液、玻璃敏感膜）

参比电极　凡是提供标准电位的辅助电极称为**参比电极**。它是测量电池电动势和计算指示电极电势的必不可少的基准。电化学分析中常用的参比电极是甘汞电极（尤其是饱和甘汞电极）以及银-氯化银电极。

2．电位分析法

电位分析法是在通过电池的电流为零的条件下测定电池的电动势或电极电位，从而利用电极电位与浓度的关系来测定物质浓度的一种电化学分析方法。

电位分析法分为电位法和电位滴定法两类。

电位法使用专用的指示电极如离子选择电极，把被测离子 A 的活度转变为电极电位，电极电位与离子活度间的关系可用能斯特方程表示：

$$E = 常数 + \frac{0.0592}{z_A}\lg a_A$$

电位滴定法是利用电极电位的突变代替化学指示剂颜色的变化来确定终点的滴定分析法。

（三）　紫外-可见吸光光度法简介

1．紫外-可见吸光光度法概论

紫外-可见吸收光度法（UV-VIS）是研究物质在紫外-可见光区（200～800 nm）分子吸收光谱的分析方法。紫外-可见吸收光谱属于电子光谱。

如果两种颜色的光按适当的强度比例混合后组成白光，则这两种颜色互为**互补色**，如图13-2所示。

图 13-2 有色光的互补色

2. 光的吸收定律

(1) 朗伯-比耳定律

当一束平行的单色光通过已均匀的吸光物质溶液时，吸光物质吸收了光能，光的强度将减弱，其减弱的程度同入射光的强度、溶液液层的厚度、溶液的浓度有关。表示它们之间的定量关系的定律称为朗伯-比耳定律，这是各类吸光光度法定量测定的依据。

$$A = \lg \frac{I_0}{I} = abc$$

式中，A 为吸光度；I_0 为入射光强度；I 为透射光强度；b 为液层厚度（光程长度）；a 为比例常数，它与吸光物质性质、入射光波长及温度等因素有关。该常数称吸光系数。如果 c 以 $\text{mol} \cdot \text{L}^{-1}$ 为单位，此时的吸光系数称为摩尔吸光系数，用 ε 表示，它的单位为 $\text{L} \cdot \text{mol}^{-1} \cdot \text{cm}^{-1}$。则上式可改写为：

$$A = \varepsilon bc$$

其物质意义为：当一束平行的单色光通过一均匀的、非散射的吸光物质溶液时，其吸光度与溶液液层厚度和浓度的乘积成正比。它不仅适用于溶液，也适用于均匀的气体和固体状态的吸光物质。这是各类吸光光度法定量测定的依据。

朗伯-比耳定律用于互相不作用的多组分体系测定时，总吸光度是各组分吸光度之和：

$$A_{总} = \varepsilon_1 bc_1 + \varepsilon_2 bc_2 + \cdots \varepsilon_i bc_i$$

(2) 引起偏离朗伯-比耳定律的因素

偏离朗伯-比耳定律是由定律本身的局限性、溶液的化学因素以及仪器因素等引起的。

3. 紫外-可见分光光度计

紫外-可见分光光度计分为单波长和双波长分光光度计两类。单波长分光光度计又分为单光束和双光束分光光度计。

4. 显色反应和显色条件的选择

(1) 对显色反应的要求　显色反应首先应有较高的灵敏度与选择性。其次是形成的有色螯合物的组成要恒定，化学性质要稳定，生成的有色螯合物与显色剂之间的颜色差别要大，显色条件要易于控制等。

(2) 显色反应的选择　实际工作中，为了提高准确度，在选定显色剂后必须了解影响显色反应的因素，控制其最佳分析条件。

5. 紫外-可见吸光光度法的应用

紫外-可见吸光光度法可以用于定性和定量分析，也可用于配合物的组成和稳定常数的测定等。

6. 紫外光度法在生物学中的应用

紫外光度法在生物学中主要应用于对组分的定量测定、生物成分的鉴定和结构分析。

三、解题示例

1. 用 pH 玻璃电极测定 pH=5.0 的溶液，其电极电位为 +0.0435 V；测定另一未知试液时电极电位则为 +0.0145 V，电极的响应斜率每 pH 改变为 58.0 mV，求此未知液的 pH 值。

解： $E = k - 0.058\text{pH}$

$$+0.0435 = k - 0.058 \times 5 \qquad (1)$$
$$+0.0145 = k - 0.058\text{pH} \qquad (2)$$

解式(1) 和式(2)，则 pH=5.5

2. 用 pNa 玻璃膜电极（$K_{\text{Na}^+, \text{K}^+} = 0.001$）测定 pNa=3 的试液时，如试液中含有 pK=2 的钾离子，则产生的误差是多少？

解： 误差 $\% = (K_{\text{Na}^+, \text{K}^+} a_{\text{K}^+})/a_{\text{Na}^+} \times 100\%$

$$= (0.001 \times 10^{-2})/10^{-3} \times 100\%$$
$$= 1\%$$

3. 符合吸收定律的溶液稀释时，其最大吸收峰波长位置将如何变化？

解： 虽然溶液稀释，溶液浓度降低，但是分子本身的结构没有发生改变，对化合物的最大吸收峰波长没有影响，所以最大吸收峰波长的位置不变。

4. 已知某化合物萃取物为紫红色配位化合物，其吸收最大光的颜色是什么？

解： 紫红色和绿色为互补色，物质呈现的颜色与其吸收的颜色是互补色的关系，所以该萃取物吸收光的颜色应该为绿色。

5. 用新亚铜灵光度法测定铜含量时，50 mL 的溶液中含有 2.55×10^{-4} g Cu^{2+}，在一定波长下，用 2 cm 的比色皿测得透光率为 50.5%，那么该配合物的摩尔吸光系数是多少？（已知 $M_{\text{Cu}} = 63.55$ g·mol^{-1}）

解： $A = -\lg T = \varepsilon bc$

$$c = \frac{m}{MV}$$

$$\varepsilon = \frac{-\lg T M V}{bm} = \frac{-\lg 0.505 \times 63.55 \times 50}{2 \times 2.55 \times 10^{-4}} = 1.85 \times 10^6 \text{ L·mol}^{-1}\text{·cm}^{-1}$$

6. 用邻二氮菲法测定铁含量时，测得其在浓度 c 时透光率为 T，当铁浓度为 $1.5c$ 时，在同样实验条件下，测定其透光率应该为多少？

解： 根据 $A = -\lg T = \varepsilon bc$

$$-\lg T' = \varepsilon \times b \times 1.5c = -1.5\lg T$$
$$T' = T^{1.5}$$

7. 有甲乙两个同一物质的溶液，甲用 2 cm 的比色皿，乙用 1 cm 的比色皿测定，所得的吸光度相等，那么两者的浓度之间是什么关系？

解： $A = \varepsilon bc$

$$\varepsilon \times 2 \times c_甲 = \varepsilon \times 1 \times c_乙$$
$$c_乙 = 2c_甲$$

8. 某金属离子 A 与试剂 R 形成有色配合物，若 A 的浓度为 1.0×10^{-4} mol·L^{-1}，用 1 cm 的比色皿测得 435 nm 处的吸光度为 0.826，则此化合物在 435 nm 处的摩尔吸光系数为多少？

解：$A = -\lg T = \varepsilon bc$

$\qquad 0.826 = \varepsilon \times 1 \times 1.0 \times 10^{-4}$

$\qquad \varepsilon = 8.26 \times 10^3$ L·mol^{-1}·cm^{-1}

9. 试样中微量锰含量的测定通常用 $KMnO_4$ 法，已知 M（Mn）$= 55.00$ g·mol^{-1}。称取含锰合金 0.5000 g，经溶解氧化后稀释至 500.0 mL，在 525 nm 处测得吸光度为 0.400，另取锰含量为 1.0×10^{-4} mol·L^{-1} 的溶液，在同样的条件下测得吸光度为 0.585，已知它们的测量符合吸收定律，则合金中锰的百分含量为多少？

解：$A = \varepsilon bc$

$\qquad A_1 / A_2 = c_1 / c_2 = 0.585 / 0.400 = 1.4625$

$\qquad c_2 = 6.84 \times 10^{-5}$ mol·L^{-1}

锰的百分含量：$w = \dfrac{6.84 \times 10^{-5} \times 500 \times 10^{-3} \times 55.00}{0.500} \times 100\%$

$\qquad\qquad = 0.376\%$

10. 已知溴百里酚蓝水溶液在一定波长下的摩尔吸光系数 $\varepsilon = 1.2 \times 10^4$ L·mol^{-1}·cm^{-1}，若测定其吸光度时，采用 2 cm 的比色皿，要求吸光度落在 0.2~0.8 之间，则应使其浓度在什么范围之内？

解：$A = \varepsilon bc$

$\qquad c = \dfrac{A}{\varepsilon b}$

$\qquad c_1 = 8.33 \times 10^{-6}$ mol·L^{-1}

$\qquad c_2 = 3.33 \times 10^{-5}$ mol·L^{-1}

11. Fe 和 Cd 的摩尔质量分别为 55.85 g·mol^{-1} 以及 112.4 g·mol^{-1}，各用一种显色剂用分光光度法进行测定，同样质量的两物质配置成同体积的溶液，前者采用 2 cm 的吸收池，后者采用 1 cm 的吸收池，所得吸光度相等，则两物质的摩尔吸光系数 ε 之间的关系是什么？

解：$A = \varepsilon bc$

$\qquad c = \dfrac{m}{MV}$

$\qquad \dfrac{\varepsilon_1}{\varepsilon_2} = \dfrac{M_1 b_2}{M_2 b_1} = \dfrac{55.85 \times 1}{112.4 \times 2} = 0.248$

12. 某一有色溶液在吸收池的厚度为 2 cm 时，测定得到其透光率为 60%，若在相同的试验条件下，改用 1 cm 比色皿或 3 cm 的比色皿时，测定得到的吸光度分别为多少？

解：当 $b = 1$ cm 时，令吸光度为 A_1，$b = 2$ cm 时，令吸光度为 A_2，$b = 3$ cm 时，令吸光度为 A_3。

$\qquad A = -\lg T = \varepsilon bc$

$$A_2 = -\lg 60\% = 2\varepsilon c$$
$$A_1 = 1\varepsilon c = A_2/2 = -\lg 60\%/2 = 0.11$$

同理可得
$$A_3 = 0.33$$

四、习题解答

1. 计算下列电极的电极电位（25℃），并将其换算为相对于饱和甘汞电极的电位值。

(1) Ag ｜ Ag$^+$(0.001 mol·L^{-1})

(2) Ag ｜ AgCl(s) ｜ Cl(0.1 mol·L^{-1})

(3) Pt ｜ Fe^{3+}(0.01 mol·L^{-1})，Fe^{2+}(0.001 mol·L^{-1})

解：(1)

$$\begin{aligned}
E &= E^{\ominus}_{Ag^+,Ag} + 0.0592\lg c_{Ag^+}\\
&= E^{\ominus}_{Ag^+,Ag} + 0.0592\lg 0.001\\
&= 0.7996 - 0.1776\\
&= 0.622 \text{ V}
\end{aligned}$$

其相对于饱和甘汞电极的电位值 $E = E_{Ag^+/Ag} - E_{SCE} = 0.622 - 0.242 = 0.380$ V

(2)

$$\begin{aligned}
E_{Ag^+/Ag} &= E^{\ominus}_{AgCl,Ag} - 0.0592\lg c_{Cl^-}\\
&= 0.2227 + 0.0592\\
&= 0.282 \text{ V}
\end{aligned}$$

其相对于饱和甘汞电极的电位值 $E = E_{Ag^+/Ag} - E_{SCE} = 0.282 - 0.242 = 0.040$ V

(3)

$$\begin{aligned}
E &= E^{\ominus}_{Fe^{3+},Fe^{2+}} + 0.0592\lg \frac{c_{Fe^{3+}}}{c_{Fe^{2+}}}\\
&= 0.771 + 0.0592\lg \frac{0.01}{0.001}\\
&= 0.830 \text{ V}
\end{aligned}$$

其相对于饱和甘汞电极的电位值 $E = E_{Fe^{3+},Fe^{2+}} - E_{SCE} = 0.830 - 0.242 = 0.588$ V

2. 计算下列电池 25℃时的电动势，并判断银电极的极性。

Cu ｜ Cu^{2+}(0.01 mol·L^{-1}) ‖ Cl$^-$(0.01 mol·L^{-1}) ｜ AgCl(s) ｜ Ag

解：左边：

$$\begin{aligned}
E &= E^{\ominus}_{Cu^{2+},Cu} + \frac{0.0592}{2}\lg c_{Cu^{2+}}\\
&= 0.3419 + \frac{0.0592}{2}\lg 0.01\\
&= 0.283 \text{ V}
\end{aligned}$$

右边：

$$E_{Ag^+/Ag} = E^{\ominus}_{AgCl,Ag} - 0.0592\lg c_{Cl^-}$$

$$=0.2227-0.0592\lg 0.01$$
$$=0.341\ V$$

电池的电动势：$E=0.341-0.283=0.058\ V$

银电极是正极。

3. 用下面电池测量溶液 pH：玻璃电极 $\mid$ $H^+(x\ mol \cdot L^{-1})$ $\parallel$ SCE

用 pH=4.00 缓冲溶液，25℃时测得电动势为 0.209 V。改用未知溶液代替缓冲溶液，测得电动势分别为 0.312 V、0.088 V，计算未知溶液的 pH。

解：

$$\begin{aligned}
pH_{x1} &= pH_s + \frac{E_{x1}-E_s}{0.0592}\\
&= 4.00 + \frac{0.312-0.209}{0.0592}\\
&= 5.74
\end{aligned}$$

$$\begin{aligned}
pH_{x2} &= pH_s + \frac{E_{x2}-E_s}{0.0592}\\
&= 4.00 + \frac{0.088-0.209}{0.0592}\\
&= 1.96
\end{aligned}$$

未知溶液的 pH 值分别为 5.74 和 1.96。

4. 在 25℃时，测定得到下列电池：

$Hg\mid Hg_2Cl_2(s)\mid Cl^-\parallel M^{n+}\mid M$ 的电动势为 0.100 V，如果将 M^{n+} 浓度稀释 50 倍，电池电动势下降为 0.050 V，求金属离子 M^{n+} 的电荷 n 为何值？

解： 电动势 $E=E_{M^{n+},M}^{\ominus}-\dfrac{0.0592}{n}\lg\dfrac{c_{M^{n+}}}{c_M}-E_{SCE}$

$$E_1=E_{M^{n+},M}^{\ominus}-\frac{0.0592}{n}\lg\frac{c_{M^{n+}1}}{c_M}-E_{SCE} \tag{1}$$

$$E_2=E_{M^{n+},M}^{\ominus}-\frac{0.0592}{n}\lg\frac{c_{M^{n+}2}}{c_M}-E_{SCE} \tag{2}$$

其中：$c_{M^{n+}2}=\dfrac{c_{M^{n+}1}}{50}$

用(2)-(1)，得：

$$E_2-E_1=0.050\ V$$

则：$n\approx 2$

金属离子 M^{n+} 的电荷 n 为 2。

*5. 将一支 ClO_4^- 离子选择电极插入 50.00 mL 某高氯酸盐待测溶液，与饱和甘汞电极（为负极）组成电池，25℃时测得电动势为 358.7 mV，加入 1.00 mL $NaClO_4$ 标准溶液（0.0500 $mol \cdot L^{-1}$）后，电动势变成 346.1 mV，求待测溶液中 ClO_4^- 浓度？

解：
$$E=k+\frac{0.0592}{1}\lg c_{ClO_4^-}$$

$$E_1=358.7\ mV$$

$$E_2 = 346.1 \text{ mV}$$

$$E_2 - E_1 = \lg c_2 - \lg c_1$$

$$c_2 = \frac{50c_1 + 0.0500 \times 1}{50 + 1}$$

$$c_1 = 0.0015 \text{ mol} \cdot \text{L}^{-1}$$

待测溶液中 ClO_4^- 浓度为 $0.0015 \text{ mol} \cdot \text{L}^{-1}$。

*6. 用 Ca^{2+} 选择性电极测定 $4.0 \times 10^{-4} \text{ mol} \cdot \text{L}^{-1}$ 的 $CaCl_2$ 溶液的浓度，若溶液中存在 $0.20 \text{ mol} \cdot \text{L}^{-1}$ 的 NaCl，计算

(1) 由于 NaCl 的存在，所引起的相对误差是多少？（已知 $K_{Ca^{2+}, Na^+} = 0.0016$）

(2) 若要使得误差减小至 2%，允许 NaCl 的最高浓度是多少？

解：根据误差公式：

(1) 误差 $= \dfrac{K_{Ca^{2+}, Na^+} c_{Na^+}^{2/1}}{c_{Ca^{2+}}} \times 100\%$

$ = \dfrac{0.0016 \times 0.2^2}{4.0 \times 10^{-4}} \times 100\%$

$ = 16\%$

(2)

$$\frac{K_{Ca^{2+}, Na^+} c_{Na^+}^{2/1}}{c_{Ca^{2+}}} \times 100\% = 2\%$$

$$\frac{0.0016 \times c_{Na^+}^2}{4.0 \times 10^{-4}} \times 100\% = 2\%$$

$$c_{Na^+} = 7.1 \times 10^{-2} \text{ mol} \cdot \text{L}^{-1}$$

所引起的误差为 16%；NaCl 的最高浓度是 $7.1 \times 10^{-2} \text{ mol} \cdot \text{L}^{-1}$。

*7. 设溶液中 pBr = 3，pCl = 1。如果用溴离子选择性电极测定 Br^- 活度，将产生多大的误差？已知电极的选择性系数 $K_{Br^-, Cl^-} = 6 \times 10^{-3}$。

解：pBr = 3，pCl = 1 $\quad c(Br^-) = 10^{-3} \text{ mol} \cdot \text{L}^{-1}$，$c(Cl^-) = 10^{-1} \text{ mol} \cdot \text{L}^{-1}$

根据误差公式，则

$$误差 = \frac{K_{A,B} c_B^{n_A/n_B}}{c_A} \times 100\%$$

$$= \frac{K_{Br^-, Cl^-} c_{Cl^-}^{1/1}}{c_{Br^-}} \times 100\%$$

$$= 60\%$$

产生 60% 的误差。

*8. 用标准加入法测定离子浓度时，于 100 mL 铜盐中加入 1 mL $0.1 \text{ mol} \cdot \text{L}^{-1}$ $Cu(NO_3)_2$ 后，电动势增加 4 mV，求铜的原来的总浓度。

解：由于采用标准加入法，则

$$c_x = \frac{c_\Delta}{10^{n\Delta E/S} - 1}$$

$$=\frac{\dfrac{1 \times 0.1}{100+1}}{10^{2 \times 4 \times 10^{-3}/0.0592}-1}$$

$$=2.7 \times 10^{-3} \text{ mol} \cdot \text{L}^{-1}$$

铜的原来的总浓度为 2.7×10^{-3} mol·L^{-1}。

9. 将下列百分透光度值换算为吸光度：

(1) 1%　　 (2) 10%　　 (3) 50%　　 (4) 75%　　 (5) 99%

解：$A=-\lg T$

$A=-\lg 1\%=2$

$A=-\lg 10\%=1$

$A=-\lg 50\%=0.30$

$A=-\lg 75\%=0.12$

$A=-\lg 99\%=0.0044$

10. 将下列吸光度值换算为百分透光度：

(1) 0.01　　 (2) 0.10　　 (3) 0.50　　 (4) 1.00

解：$A=-\lg T$

$T_1=0.97$，$T_2=0.79$，$T_3=0.31$，$T_4=0.10$

11. 有两种不同浓度的 $KMnO_4$ 溶液，当液层厚度相同时，在 527 nm 处测得其透光度 T 分别为 (1) 65.0%，(2) 41.8%。求它们的吸光度 A 各为多少？若已知溶液 (1) 的浓度为 6.51×10^{-4} mol·L^{-1}，求出溶液 (2) 的浓度为多少？

解：$A=-\lg T$

$A_1=-\lg 65.0\%=0.187$

$A_2=-\lg 41.8\%=0.379$

$A_1/A_2=c_1/c_2$

$c_2=1.32 \times 10^{-3}$ mol·L^{-1}

溶液 (2) 的浓度为 1.32×10^{-3} mol·L^{-1}。

12. 有一含 0.088 mg Fe^{3+} 的溶液用 SCN^- 显色后，用水稀释到 50.00 mL，以 1.0 cm 的吸收池在 480 nm 处测得吸光度为 0.740，计算配合物 Fe$(SCN)^{2+}$ 的摩尔吸光系数。

解：$A=-\lg T=\varepsilon bc$

$$\varepsilon=\frac{A}{bc}=\frac{0.740}{1 \times \dfrac{0.088 \times 10^{-3}}{65 \times 50 \times 10^{-3}}}=2.35 \times 10^4 \text{ L} \cdot \text{mol}^{-1} \cdot \text{cm}^{-1}$$

配合物 Fe$(SCN)^{2+}$ 的摩尔吸光系数为 2.35×10^4 L·mol^{-1}·cm^{-1}。

13. 在 pH=3 时，于 655 nm 处测定得到偶氮胂Ⅲ与镧的紫蓝色配合物的摩尔吸光系数为 4.5×10^{-4}。如果在 25 mL 的容量瓶中有 30 μg La^{3+}，用偶氮胂Ⅲ显色，用 2.0 cm 的吸收池在 655 nm 处测量，其吸光度应该为多少？

解：$A=\varepsilon bc=4.5 \times 10^{-4} \times 2 \times \dfrac{\dfrac{0.00003}{138.9}}{25 \times 10^{-3}}=7.78 \times 10^{-9}$

吸光度应该为 7.78×10^{-9}。

14. 设有 X 和 Y 两种组分的混合物，X 组分在波长 λ_1 和 λ_2 处的摩尔吸光系数分别为 1.98×10^3 $L\cdot mol^{-1}\cdot cm^{-1}$ 和 2.80×10^4 $L\cdot mol^{-1}\cdot cm^{-1}$。Y 组分在波长 λ_1 和 λ_2 处的摩尔吸光系数分别为 2.04×10^4 $L\cdot mol^{-1}\cdot cm^{-1}$ 和 3.13×10^2 $L\cdot mol^{-1}\cdot cm^{-1}$。液层厚度相同，在 λ_1 处测得总吸光度为 0.301，在 λ_2 处为 0.398。求算 X 和 Y 两组分的浓度是多少？

解：

$$\begin{cases} A_1 = \varepsilon_{X_1} bc_X + \varepsilon_{Y_1} bc_Y (在 \lambda_1 处) \\ A_2 = \varepsilon_{X_2} bc_X + \varepsilon_{Y_2} bc_Y (在 \lambda_2 处) \end{cases}$$

假设 $b = 1$ cm

$$\begin{cases} c_X = 1.34\times10^{-5} \ mol\cdot L^{-1} \\ c_Y = 1.38\times10^{-5} \ mol\cdot L^{-1} \end{cases}$$

X 和 Y 两组分的浓度是 1.34×10^{-5} $mol\cdot L^{-1}$、1.38×10^{-5} $mol\cdot L^{-1}$。

15. 某试液用 2.0 cm 的吸收池测量时 $T = 60\%$，若用 1.0 cm 和 4.0 cm 吸收池测定时，透光率各是多少？

解： $A = -\lg T = \varepsilon bc$

ε，c 均不变，所以 $A \propto b$

$T_1 = 77\%$；$T_2 = 36\%$

所以，透光率各是 77%，36%。

16. 有一标准 Fe^{3+} 溶液，浓度为 6 $\mu g\cdot mL^{-1}$，其吸光度为 0.304，而样品溶液在同一条件下测得吸光度为 0.510，求样品溶液中 Fe^{3+} 的含量（$mg\cdot mL^{-1}$）。

解： $A = -\lg T = \varepsilon bc$

ε，b 均不变，所以 $A \propto c$

$A_1/A_2 = c_1/c_2$

$0.304 / 0.510 = 6.00 / c_2$

$c_2 = 10.1 \ mg\cdot mL^{-1}$

样品溶液中 Fe^{3+} 的含量为 10.1 $mg\cdot mL^{-1}$。

17. K_2CrO_4 的碱性溶液在 372 nm 有最大吸收。已知浓度为 3.00×10^{-5} $mol\cdot L^{-1}$ 的 K_2CrO_4 碱性溶液，于 1 cm 的吸收池中，在 372 nm 处测得 $T = 71.6\%$，求（1）该溶液的吸光度；（2）K_2CrO_4 溶液的 ε；（3）当吸收池为 3 cm 时该溶液的 T？

解： 根据：$A = -\lg T = \varepsilon bc$

（1）　$A = -\lg 0.716 = 0.145$

（2）　$A = \varepsilon \times 1 \times 3.00\times10^{-5}$

　　　$\varepsilon = 4.83\times10^3 \ L\cdot mol^{-1}\cdot cm^{-1}$

（3）　$-\lg T' = 4.83\times10^3 \times 3 \times 3.00\times10^{-5}$

　　　$T' = 36.7\%$

所以，（1）该溶液的吸光度为 0.145；（2）K_2CrO_4 溶液的 ε 为 4.83×10^3 $L\cdot mol^{-1}\cdot cm^{-1}$；（3）当吸收池为 3 cm 时该溶液的 T 为 36.7%。

18. 安络血的分子量为 236，将其配制每 100 mL 含 0.4962 mg 的溶液，盛于 1 cm 吸收池中，在 λ_{max} 为 355 nm 处测得 A 值为 0.557，试求安络血的 ε 值。

解： $A = -\lg T = \varepsilon bc$

$0.557 = \varepsilon \times 1 \times 2.1 \times 10^{-5}$

$\varepsilon = 2.64 \times 10^4 \ \text{L} \cdot \text{mol}^{-1} \cdot \text{cm}^{-1}$

安络血的 ε 值为 $2.64 \times 10^4 \ \text{L} \cdot \text{mol}^{-1} \cdot \text{cm}^{-1}$。

19. Fe(Ⅱ)—2,2′,2″-三联吡啶在波长 522 nm 处的摩尔吸光系数 ε 为 $1.11 \times 10^4 \ \text{L} \cdot \text{mol}^{-1} \cdot \text{cm}^{-1}$，用 1 cm 吸收池在该波长处测得百分透光度为 38.5。试计算铁的浓度为多少？

解： 根据 $A = -\lg T = \varepsilon bc$

$-\lg 0.385 = 1.11 \times 10^4 \times 1 \times c$

$c = 3.74 \times 10^{-5} \ \text{mol} \cdot \text{L}^{-1}$

铁的浓度为 $3.74 \times 10^{-5} \ \text{mol} \cdot \text{L}^{-1}$。

20. 转铁蛋白是血液中发现的输送铁的蛋白，它的分子量为 81000，并携带两个 Fe(Ⅲ)。脱铁草氨酸是铁的有效螯合剂，常用于治疗铁过量的病人，它的分子量为 650，并能螯合一个 Fe(Ⅲ)。脱铁草氨酸能从人体的许多部位摄取铁，通过肾脏与铁一起排出体外。被铁饱和的转铁蛋白（T）和脱铁草氨酸（D）在波长 λ_{max} 428 nm 和 470 nm 处的摩尔吸光系数分别为：

λ_{max}/ nm	ε/L · mol^{-1} · cm^{-1}	
	T	D
428	3540	2730
470	4170	2290

铁不存在时，两个化合物均为无色。含有 T 和 D 的试液在波长 470 nm 处，用 1.00 cm 吸收池测得的吸光度为 0.424；在 428 nm 处测得吸光度为 0.401，试计算被铁饱和的转铁蛋白（T）和脱铁草氨酸（D）中铁各占多少分数。

解： 根据吸光度具有加和性：$A = \varepsilon_1 bc_1 + \varepsilon_2 bc_2$

得方程组如下：

$$\begin{cases} 0.424 = 4170 \times 1 \times c_T + 2290 \times 1 \times c_D \\ 0.401 = 3540 \times 1 \times c_T + 2730 \times 1 \times c_D \end{cases}$$

解之为

$$\begin{cases} C_T = 7.30 \times 10^{-5} \ \text{mol} \cdot \text{L}^{-1} \\ C_D = 5.22 \times 10^{-5} \ \text{mol} \cdot \text{L}^{-1} \end{cases}$$

由于转铁蛋白携带两个 Fe(Ⅲ)；而脱铁草氨酸螯合一个 Fe(Ⅲ)，假设溶液体积为 1L，则：

$$\text{Fe\%}_T = \frac{7.30 \times 10^{-5}}{7.30 \times 10^{-5} + \dfrac{5.22 \times 10^{-5}}{2}} = 73.7\%$$

$$\text{Fe\%}_D = 26.3\%$$

所以，被铁饱和的转铁蛋白（T）和脱铁草氨酸（D）中铁各占 0.737，0.263。

21. 有一有色溶液，用 1.0 cm 吸收池在 527 nm 处测得其透光度 $T = 60\%$，如果浓度加倍则（1）T 值为多少？（2）A 值为多少？

解： $A = -\lg T = \varepsilon bc$

$-\lg 0.6 = \varepsilon \times 1 \times c$

$\varepsilon \times c = 0.222$

$-\lg T' = 2\varepsilon bc$

$T' = 36\%$

$A = -\lg T' = 0.44$

所以，（1） T 值为 36%，（2） A 值为 0.44。

22. 请将下列化合物的紫外吸收波长 λ_{max} 值按由长波到短波排列，并解释原因。

(1) $CH_2=CHCH_2CH=CHNH_2$

(2) $CH_3CH=CHCH=CHNH_2$

(3) $CH_3CH_2CH_2CH_2CH_2NH_2$

解： 在简单不饱和有机化合物分子中，若含有几个双键，但它们被二个以上的 σ 单键隔开，这种有机化合物的吸收带位置不变，而吸收带强度略有增加。如果是具有共轭体系的化合物，则原吸收带消失而产生新的吸收带。根据分子轨道理论，共轭效应使 π 电子进一步离域，在整个共轭体系内流动。这种离域效应使轨道具有更大的成键性，从而降低了能量，使 π 电子易激发，吸收带最大波长向长波方向移动，颜色加深（红移），摩尔吸光系数增大。

* 23. 某化合物在正己烷和乙醇中分别测得最大吸收波长 $\lambda_{max}=305$ nm 和 $\lambda_{max}=307$ nm，试指出该吸收是由哪一种跃迁类型所引起？为什么？

解： 溶剂的极性不同，对由 π→π* 和 n→π* 跃迁产生的吸收带的影响不同。通常，极性大的溶剂使 π→π* 跃迁的吸收带向长波方向移动；对 n→π* 跃迁的吸收带，则向短波方向移动。由于溶剂极性增加，最大吸收波长往长波方向移动，则该吸收是由 π→π* 跃迁引起的。

* 24. 问：在分子 $(CH_3)_2NCH=CH_2$ 中，预计发生的跃迁类型有哪些？

解： 该分子中含有杂原子 N，含有非成键的 n 电子；同时分子中还含有不饱和键"="，具有 π 电子，可以提供 π、π* 轨道，所以该分子可能发生的跃迁类型有 σ→σ*；n→π*；n→σ*；π→π* 四种。

* 25. 配制某弱酸的 HCl 0.5 mol·L^{-1}、NaOH 0.5 mol·L^{-1} 和邻苯二甲酸氢钾缓冲液（pH=4.00）的三种溶液，其浓度均含该弱酸 0.001 g/100mL，在 $\lambda_{max}=590$ nm 处分别测出其吸光度如下表，求该弱酸的 pK_a。

pH	$A(\lambda_{max}=590$ nm$)$	主要存在形式
4	0.430	HIn、In^-
碱	1.024	In^-
酸	0.002	HIn

解： 根据：$A = -\lg T = \varepsilon bc$，得

$$\begin{cases} 1.024 = a_{In^-} \times b \times c_{In^-} \\ \qquad = a_{In^-} \times b \times 0.01 \\ 0.002 = a_{HIn} \times b \times c_{HIn} \\ \qquad = a_{HIn} \times b \times 0.01 \end{cases}$$

$$\begin{cases} a_{In^-} \times b = 102.4 \\ a_{HIn} \times b = 0.2 \end{cases}$$

$$0.43 = a_{HIn} \times b \times c_{HIn} + a_{In^-} \times b \times c_{In^-}$$

$$= 0.2 \times c \times \frac{H^+}{H^+ + K_a} + 102.4 \times c \times \frac{K_a}{H^+ + K_a}$$

$$= 0.2 \times 0.01 \times \frac{10^{-4}}{10^{-4} + K_a} + 102.4 \times 0.01 \times \frac{K_a}{10^{-4} + K_a}$$

$$K_a = 7.2 \times 10^{-5}$$

$$pK_a = 4.14$$

所以，该弱酸的 pK_a 是 4.14。

＊＊26. 当光度计的透光度的读数误差 $\Delta T = 0.01$ 时，测得不同浓度的某吸光溶液的吸光度为：0.010，0.100，0.200，0.434。计算由仪器误差引起的浓度测量相对误差。

解： $A = -\lg T$

$$\frac{\Delta c}{c} = \frac{0.434}{T \lg T} \Delta T$$

$$\left(\frac{\Delta c}{c}\right)_1 = -0.217$$

$$\left(\frac{\Delta c}{c}\right)_2 = -0.0434$$

$$\left(\frac{\Delta c}{c}\right)_3 = -0.031$$

$$\left(\frac{\Delta c}{c}\right)_4 = -0.0278$$

＊27. Try to find the kinds of transition in the following molecules：

(a) CH_3OH (b) $CH_2 = CH - CH = CH_2$ (c)

Solution： (a) $\sigma \rightarrow \sigma *$; $n \rightarrow \sigma *$.

(b) $\sigma \rightarrow \sigma *$; $\pi \rightarrow \pi *$.

(c) $\sigma \rightarrow \sigma *$; $\pi \rightarrow \pi *$.

＊28. Whose λ_{max} is bigger? Discuss.

A. $H_3C - HC = CHCH = \overset{\overset{\displaystyle O}{\|}}{\underset{H}{C}} - CH$

B. $H_3C - CH = \overset{}{\underset{H}{C}} - CH - CH - CH = CH - \overset{\overset{\displaystyle O}{\|}}{CH}$

Solution： B

According to Molecular Orbital Theory，conjugate effect make the π electrons flow in the molecular to decrease the energy which make the π electrons easy to excite and λ_{max} shift to the bigger area.

** 29. Attempt to separate n→π* from π→π*?

Solution: If the property of the solution is changed, n→π* and π→π* would shift to different directions. So changing the property of the solutions is a good means to separate two transitions.

五、自测试卷（共 100 分）

一、选择题（每题 2 分，共 30 分）

1. 电位法测定溶液的 pH 值时，最常用的指示电极是（　　　）

A. 甘汞电极　　　　B. 银-氯化银电极　　　C. 玻璃电极　　　D. 氢电极

2. 用离子选择电极标准加入法进行定量分析时，对加入标准溶液的要求为（　　　）

A. 体积要大，其浓度要高

B. 体积要小，其浓度要高

C. 体积要大，其浓度要低

D. 体积要小，其浓度要低

3. 在电位法中作为指示电极，其电位应与待测离子的浓度（　　　）

A. 成正比　　　　　　　　　　　　　B. 符合扩散电流公式的关系

C. 的对数成正比　　　　　　　　　　D. 符合能斯特公式的关系

4. 氟电极的电位（　　　）

A. 随试液中氟离子浓度的增高向正方向变化

B. 随试液中氟离子活度的增高向正方向变化

C. 与试液中氢氧根离子的浓度无关

D. 上述三种说法都不对

5. 当金属插入其盐溶液时，金属表面和溶液界面之间形成双电层，所以产生电位差，这个电位差叫（　　　）

A. 电动势　　　　B. 电极电位　　　　C. 膜电位　　　　D. 液接电位

6. 所谓可见光区，所指的波长范围是（　　　）

A. 200～400 nm　　　　　　　　　　B. 400～780 nm

C. 780～1000 nm　　　　　　　　　　D. 100～200 nm

7. 一束（　　　）通过有色溶液时，溶液的吸光度与溶液浓度和液层厚度的乘积成正比。

A. 平行可见光　　B. 平行单色光　　　C. 白光　　　　　D. 紫外光

8. 下列说法正确的是（　　　）

A. 朗伯-比耳定律，浓度 c 与吸光度 A 之间的关系是一条通过原点的直线

B. 朗伯-比耳定律成立的条件是稀溶液，与是否单色光无关

C. 最大吸收波长 λ_{max} 是指物质能对光产生吸收所对应的最大波长

D. 同一物质在不同波长处吸光系数不同，不同物质在同一波长处的吸光系数相同

9. 符合朗伯-比耳定律的有色溶液稀释时，其最大的吸收峰的波长位置（　　　）

A. 向长波方向移动　　　　　　　　　B. 向短波方向移动

C. 不移动，但峰高降低　　　　　　　D. 无任何变化

10. 标准工作曲线不过原点的可能的原因是（　　　）

A. 显色反应的酸度控制不当   B. 显色剂的浓度过高

C. 吸收波长选择不当   D. 参比溶液选择不当

11. 某物质摩尔吸光系数很大，则表明（   ）

A. 该物质对某波长光的吸光能力很强

B. 该物质浓度很大

C. 测定该物质的精密度很高

D. 测量该物质产生的吸光度很大

12. 吸光性物质的摩尔吸光系数与下列（   ）因素有关

A. 比色皿厚度   B. 该物质浓度

C. 吸收池材料   D. 入射光波长

13. 对显色反应产生影响的因素是下面哪一种（   ）

A. 显色酸度   B. 比色皿

C. 测量波长   D. 仪器精密度

14. 有 AB 两份不同浓度的有色溶液，A 溶液用 1.0 cm 吸收池，B 溶液用 3.0 cm 吸收池，在同一波长下测得的吸光度值相等，则它们的浓度关系为（   ）

A. A 是 B 的 1/3   B. A 等于 B

C. B 是 A 的 3 倍   D. B 是 A 的 1/3

15. 在分光光度法中浓度测量的相对误差较小（<4%）的吸光度范围是多少（   ）

A. 0.01～0.09   B. 0.1～0.2

C. 0.2～0.7   D. 0.8～1.0

二、填空题（每个空格 2 分，共 20 分）

1. 当温度和溶剂种类一定时，溶液的吸光度与_____和_____成正比，这称为_____定律。

2. ε 是物质的_____。

3. 已知紫色和绿色是一对互补色光，则 $KMnO_4$ 溶液吸收的是_____色光。

4. 分光光度计基本上有_____、_____、_____及_____四大部分组成。

5. 当试液中多组分共存，且吸收曲线可能相互间产生重叠而发生干扰时，_____不经分离直接测定（填可以或不可以）。

三、简答题（每题 5 分，共 10 分）

1. 石英和玻璃都有硅-氧键结构，为什么只有玻璃能制成 pH 玻璃电极？

2. 紫外-可见分光光度计和原子吸收分光光度计的单色器分别置于吸收池的前面还是后面？为什么两者的单色器的位置不同？

四、计算题（每题 20 分，共 40 分）

1. 用 pH 玻璃电极测定 pH＝5.0 的溶液，其电极电位为＋0.0435 V；测定另一未知试液时电极电位则为＋0.0145 V，电极的响应斜率每 pH 改变为 58.0 mV，求此未知液的 pH 值。

2. 已知某 Fe^{3+} 配合物，其中铁的浓度为 $0.5\ \mu g\cdot mL^{-1}$，当吸收池的厚度为 1 cm 时，百分透光率为 80%，试计算：（1）该溶液的吸光度；（2）该配合物的摩尔吸光系数；（3）溶液浓度增大一倍时的百分透光率。

六、自测试卷参考答案

一、选择题

1	2	3	4	5	6	7	8	9	10
C	B	D	D	B	B	B	A	C	D
11	12	13	14	15					
A	D	A	D	C					

二、填空题

1. 吸光物质浓度，吸光物质的摩尔吸光系数，朗伯-比耳定律
2. 摩尔吸光系数
3. 绿色
4. 光源，单色器，吸收池，检测器
5. 不可以

三、简答题

1. 石英是纯的 SiO_2，它没有可供离子交换的电荷点（定域体），所以没有响应离子的功能。当加入碱金属的氧化物成为玻璃后，部分硅-氧键断裂，生成固定的带负电荷的骨架，形成载体，抗衡离子 H^+ 可以在其中活动，所以，只有玻璃能制成 pH 玻璃电极。

2. 紫外-可见分光光度计的单色器置于吸收池的前面，而原子吸收分光光度计的单色器置吸收池的后面。

紫外-可见分光光度计的单色器是将光源发出的连续辐射色散为单色光，然后经狭缝进入试样池。

原子吸收分光光度计的光源是半宽度很窄的锐线光源，其单色器的作用主要是将要测量的共振线与干扰谱线分开。

四、计算题

1. $E = k - 0.058 \mathrm{pH}$

$\quad + 0.0435 = k - 0.058 \times 5 \qquad (1)$

$\quad + 0.0145 = k - 0.058 \mathrm{pH} \qquad (2)$

解式（1）和式（2）则 $\mathrm{pH} = 5.5$

2. （1）$A = -\lg T = \varepsilon bc = 0.0969$

（2）$\varepsilon = \dfrac{A}{bc} = \dfrac{0.0969}{1 \times \dfrac{0.5 \times 10^{-3}}{55.85}} = 1.08 \times 10^4 \ \mathrm{L \cdot mol^{-1} \cdot cm^{-1}}$

（3）$A = -\lg T = \varepsilon bc$

浓度增大一倍，

则：$A_2 = 2A_1$

$\lg T_2 = 2\lg T_1$

$T_2 = (T_1)^2 = 64\%$

参 考 文 献

[1] 周为群，朱琴玉. 大学化学. 北京：化学工业出版社，2019.

[2] 张丽荣，于杰辉，王莉，等. 无机化学习题解答. 4版. 北京：高等教育出版社，2019.

[3] 陈素清，梁华定. 无机及分析化学学习指导. 杭州：浙江大学出版社，2013.

[4] 王明华，许莉. 普通化学解题指南. 北京：高等教育出版社，2003.

[5] 朱琴玉，周为群. 无机及分析化学习题课教程. 2版. 苏州：苏州大学出版社，2016.

[6] 邱海霞，天津大学无机化学教研室. 大学化学习题解答. 北京：高等教育出版社，2014.

[7] 魏祖期，刘德育. 基础化学学习指导与习题集. 2版. 北京：人民卫生出版社，2013.

[8] 马凤霞，王秀彦. 无机及分析化学学习指导与习题解析. 北京：化学工业出版社，2017.

[9] ［美］L. 罗森堡，M. 爱波斯坦. 大学化学习题精解. 孙家跃，杜海燕，译. 北京：科学出版社，2002.

[10] 杨怀霞，刘幸平. 无机化学学习指导. 北京：中国医药科技出版社，2014.

[11] 盛锋. 大学化学学习指导. 北京：化学工业出版社，2014.

[12] 崔建中. 无机化学考研辅导：考点、题库、精解. 4版. 北京：化学工业出版社，2014.

[13] 徐家宁，王莉，宋晓伟，等. 无机化学考研复习指导. 2版. 北京：科学出版社2019.

[14] 南京大学无机及分析化学编写组. 无机及分析化学. 北京：高等教育出版社，2015.

[15] 朱小红. 无机及分析化学学习指导. 南京：南京大学出版社，2018.

[16] 宋天佑，程鹏，徐家宁，等. 无机化学. 4版. 北京：高等教育出版社，2019.

[17] 熊双贵. Inorganic Chemistry. 武汉：华中科技大学出版社，2011.

[18] 赵明. General Chemistry. 北京：高等教育出版社，2012.

[19] 孟长功. 无机化学. 6版. 北京：高等教育出版社，2018.

[20] 傅献彩，魏元训，芦昌盛. 大学化学. 2版. 高等教育出版社. 北京：高等教育出版社，2019.

[21] 北京师范大学，华中师范大学，南京师范大学无机化学教研室. 无机化学. 4版. 北京：高等教育出版社，2018.

[22] 魏祖期，刘德育. 基础化学. 8版. 北京：人民卫生出版社，2013.

[23] 张天蓝，姜凤超. 无机化学. 7版. 北京：人民卫生出版社，2016.

[24] ［美］G. L. Miessler, P. J. Fischer, D. A. Tarr. Inorganic chemistry, 5th Edition. New Jersey：Pearson Education, Inc., 2014.

[25] ［美］K. Goldsby, R. Chang. Chemistry. 12th Edition. New York：McGraw-Hill Companies, Inc., 2015.

[26] 高岐. 无机及分析化学. 北京：化学工业出版社，2010.

[27] ［加］R. H. Petrucci, F. G. Herring, J. D. Madura, et al. General Chemistry：Principles and Modern Applications. 10th Edition. Toronto, Ontario：Pearson Canada Inc., 2011.